NISHAYUNDONGJISUANLIXUE

泥沙运动计算力学

李健 金中武 编著

长江出版社

图书在版编目(CIP)数据

泥沙运动计算力学/李健,金中武编著.

—武汉:长江出版社,2016.11

ISBN 978-7-5492-4740-0

Ⅰ.①泥… Ⅱ.①李…②金… Ⅲ.①泥沙运动－计算
力学－高等学校－教材 Ⅳ.①TV142

中国版本图书馆 CIP 数据核字(2016)第 291047 号

泥沙运动计算力学   李健 金中武 编著

责任编辑:张蔓

装帧设计:蔡丹

出版发行:长江出版社

| 地 址:武汉市解放大道 1863 号 | 邮 编:430010 |

网 址:http://www.cjpress.com.cn

电 话:(027)82926557(总编室)

    (027)82926806(市场营销部)

经 销:各地新华书店

印 刷:武汉市首壹印务有限公司

规 格:787mm×1092mm   1/16   11.5 印张   252 千字

版 次:2016 年 11 月第 1 版   2016 年 12 月第 1 次印刷

ISBN 978-7-5492-4740-0

定 价:38.00 元

目 录

1 前 言

1.1 自然界中的泥沙运动

在很多情况下,河流或海岸等水域的床面由于水流作用和泥沙运动形成不断变化的床面形态,同时伴随着河岸崩塌导致的侵蚀和堆积,河道边界改变,进而又影响河流的流动路径。如图 1.1 所示,在自然界的河流中,由于山体崩塌生成的泥石流在洪水的反复搬运作用下向河道下游输移。搬运过程中,一旦形成堆积的河床质(构成河床边界的泥沙),在湍流作用下,会再悬浮,向下游运动,最终到达河口部位堆积,形成平台状地形。极端天气时,这种平台状地形由于波浪作用而受到侵蚀,由近海岸波浪和河道入汇径流的综合作用下,在海岸周边堆积形成各种海岸地形。海岸泥沙不仅在沿岸方向,还向深海方向移动,这个过程中会形成向海床底部滑动的泥沙,该部分泥沙对陆地边界形成不起作用。自然界中见到的大多数地形,以长时间尺度(地质年代的时间尺度)来看并不是恒定不变的,由于泥沙输送的不平衡性(侵蚀和沉积之间的相对差),使得河流系统的地形地貌不断处于变化当中。

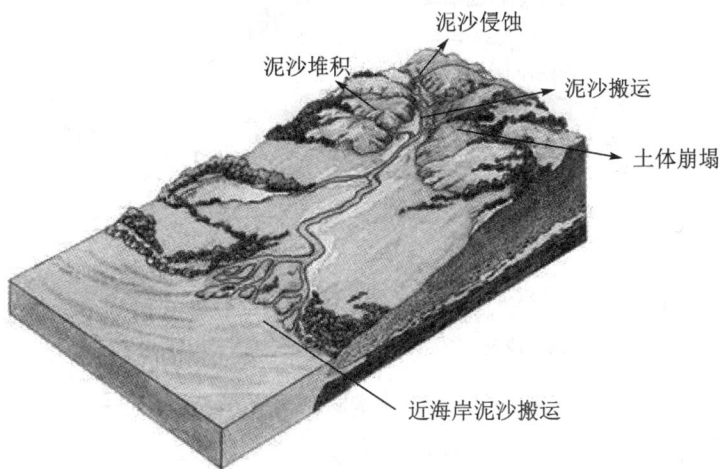

图 1.1 流域泥沙运动过程示意图

水流导致的泥沙输移现象,在河流中与在海洋中由于受到的作用力不同,而产生各种不同的运动现象,进而导致不同的床面形态。为什么要进行泥沙运动的数值模拟研究呢?比如在河岸或海岸附近,由于水流和波浪等作用,导致陆地受到侵蚀、崩塌和切削的现象,即形成河岸侵蚀和海岸侵蚀,受到社会普遍关注,相关部门对河流或海岸的形态演变密切关注,需要提前进行预测和治理,以应对可能出现的一些险情,而对于泥沙运动进行定量或机理上的研究是险情预测或河流治理的前提,泥沙运动的数值模拟研究成为该领域研究的重要研究手段。泥沙运动的数值模拟可称为"泥沙运动计算力学",由于泥沙运动会导致河床或海床的地形演变,因此,准确地说应该是"河床演变或海岸演变数值模拟"。一些名称在文献中经常混淆,很多人认为"泥沙运动数值模拟＝河床演变或海岸演变数值模拟",实际上,这是一种误解。为了明确这一点,首先对河床演变或海岸演变的数值模拟过程进行说明。

1.2 河床演变或海床演变的数值模拟

由于泥沙输移的不平衡性,在河床或海床将产生变形,即冲刷与淤积,称为演变,河流中称为河床演变,海洋中称为海岸演变。河床演变或海岸演变形式多样,时间尺度从数分钟到数十年,空间尺度从数厘米到数十千米,涵盖范围广。图1.2描述了河床演变和海床演变的不同时空尺度及对应的数学模型应用。沙涟和沙波是沙面形成小规模的波状凹凸,经过数十年的时间,形成数十千米长的河床断面形状变化,岸线长期前进或后退,可以在较大幅度的范围内看到各种现象。对于不同时空尺度的河流演变现象需要应用不同的数学模型(考虑到计算时间)。时间尺度和空间尺度存在一定的相关关系,为简单说明起见,本书中只区别为尺度大小。

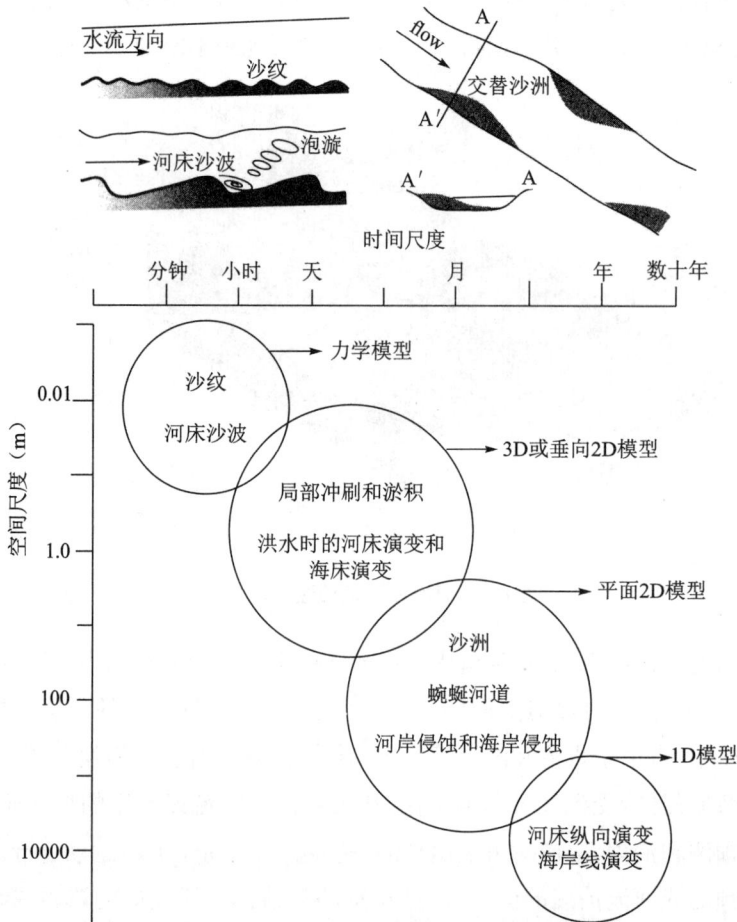

图 1.2 不同时空尺度下的河床演变和海床演变

一般地,越是小尺度的物理现象,越是与泥沙颗粒的运动机理有直接的关系,随着尺度变大,泥沙运动又会影响到水流结构。为理解沙纹和沙波的微观河床演变,基于"泥沙颗粒运动力学模型(粒子法)"的模拟将是适用的,"为什么河床会有粗糙的波状凹凸(沙纹)的发生?""在一定的水力条件下,多大波长的沙波将会形成?"这些演变过程的模拟将可以直接回答与泥沙运动力学的相关问题,这些微观过程的模拟成为当今的热门研究课题与研究对象。

其次,河流中桥墩周边或海岸附近防波堤局部冲刷的模拟,可采用3维或垂向2维数学模型。局部冲刷是明显具有3维特性的物理现象。由"局部"这个词可知,3维模拟是限定在小范围内的物理过程模拟,使用计算量较大的3维水流泥沙模型是可行的。对于较大范围河道的模拟,需要限制计算量的情况,可以设假设为垂向2维或平面2维处理。但不管选择什么模型,仅适用于现象模拟的数学模型,都不是直接模拟泥沙颗粒运动的"力学模型",而是使用了输沙量、侵蚀和沉积速率等计算公式(表示水流剪切应力与输沙量相关关系的经验公式或半经验公式)的经验模型。另外,在单次洪水过程或小范围内的河床地形演变的情况,也较多的采用3维或平面2维模型来模拟分析。

再次,对于河流中的沙洲和蜿蜒性河流,边岸侵蚀崩塌等平面形状的跟踪可采用平面2维模型。对于海岸情况,沿岸沙洲发达,由于海岸水流的平面流动分析较为重要,应该采用平面2维模型进行分析。这些模型中泥沙的运动,统一采用输沙量计算公式来处理。

最后,预测长期的河床演变或海岸演变,涉及宏观的泥沙收支问题,忽略个别局部地形特征的影响,因此,分析工具主要采用1维模型。对于河流演变的模拟研究,主要涉及两个方面的问题:"该河段的河床在较长时间内是趋于抬升还是趋于下沉?"和"河床比降是趋于增加还是趋于减小?"而对于海岸动力学的研究,岸线的前进(泥沙淤积)还是后退(水流侵蚀)的判断较为重要。

由以上总结可以看出,针对不同的研究对象,有多种类型的数学模型可应用于分析,下面进一步分析应用于河床演变或海岸演变的数学模型的基本构成。河床演变数学模型的基本构成如图1.3所示。河流泥沙输移模拟研究,可以概化为流场、泥沙(包括悬移质泥沙和推移质泥沙)和河床演变三者相互作用的系统进行建模。流场、泥沙和河床演变3部分分别为3个模型(图中的六角形),由此构成一个封闭系统。3个模型可以理解为3个输入输出系统。泥沙模型中,河床剪切应力(与河床附近的流动特性有关),作为输入条件,应用于输沙量计算(输出),输沙量根据质量守恒原则(Exner方程)用于计算河床高程变化。在时空尺度上跟踪河床高程的变化,就可以模拟河床演变过程,河床高程值是河床演变模拟的最终输出值。但是问题并非如此简单,河床高程变化即为水流流动边界条件的变化,引起的流场变化又影响到泥沙输移过程,因此还存在另外一个引起河床高程变化的系统。

通常水流模型求解需要设定一定的水流条件和几何边界条件(河床地形),模型输出流速和压力的时空分布值,河床附近流速作为泥沙输移模型的输入值,并由此可推导出河床剪切力。图1.3中,顺时针方向的模块(圆圈表示),实际上也存在逆时针方向的变换机理(比如泥沙的存在又反过来影响水流的湍流特性等)。这里为了简单说明水沙模拟的基本原理，仅介绍起主导作用的顺时针方向的3个作用传递路径(图1.3中的六角形表示3个模型)。实际上，大多数情况下，河床演变计算研究中使用的数学模型均为图1.3中表示的顺时针方向的作用系统，图1.3中忽略了其他没有考虑到的作用力系统。另外，泥沙颗粒的力学机理在模拟小尺度河床演变现象中起着非常重要的作用，在图1.3所示的数学模型系统中没有考虑。

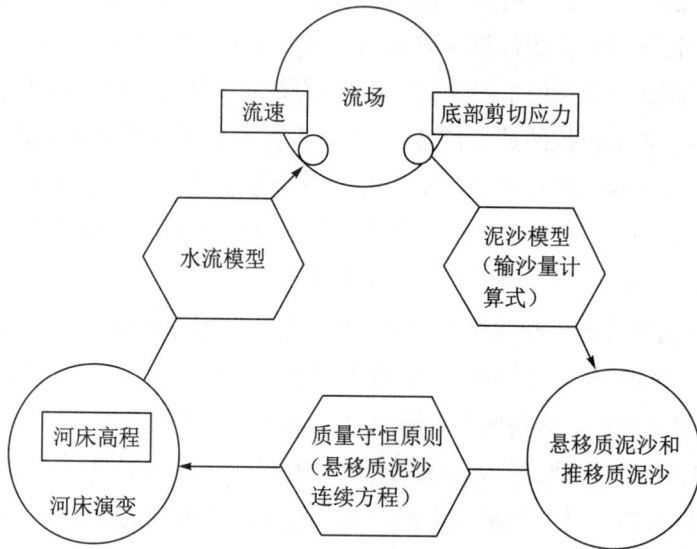

图1.3　河床演变模型的基本构成

　　海岸演变过程的数学模型框架如图1.4所示。海洋泥沙的直接驱动力是海床附近的水流剪切应力，与河床演变的模拟情况相同，底部剪切力计算需要考虑流速分布形式，流速分布受到波浪的影响。而水流又影响到波浪传播，需要进行考虑径流—波浪相互作用的流场模拟。另外，伴随着波浪传播，产生海底床面的液化，降低了海底床面的耐侵蚀度，是造成海洋泥沙输移活跃的重要原因。现实中的海岸变形计算，特别是以比较宽广的区域作为研究对象时，一般采用近似评估水流流动影响下的波浪变形的方法，来求解波浪场，并基于波浪计算结果模拟水流流动(一般为平面2维的水流流动)，进一步推导出波浪和海洋床面变形综合作用下的近底流速分布，一般就可以计算得到海床剪切力。这种情况下，流场和波浪场之间的相互作用做近似处理，通常采用已知的波浪场(输入边界条件)来计算流场。波浪变形计算，一般采用由水流的连续方程导出的水面连续变形方程来计算，并且只进行水流湍流特性的计算，不考虑波浪对湍流特性的影响(实际上水流流动和波浪是一体的)，这种单向耦合计算方法降低了计算量，方便于实际工程应用。近年来，波浪和水流流动同时进行计算的方法(耦合计算)也逐渐发展起来，对于较大尺度问题，由于受到计算量的制约，目前一般采用将波浪传播和水流流动分两个阶段进行计算的方法。

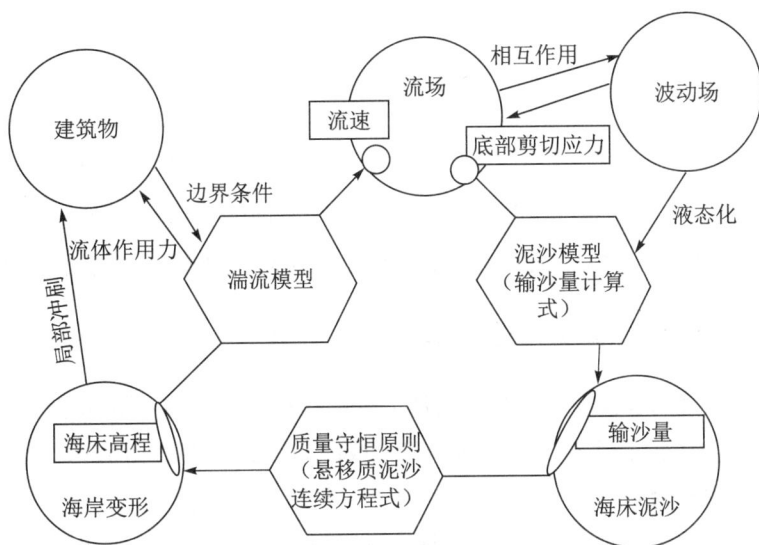

图 1.4 海岸变形数学模型的基本构成

不仅对于波浪场计算的情况,以水流调节为目的修建水工建筑物,其修建目的是治水、兴利和改善环境等,水工建筑物又形成新的水流流动边界条件。而且海岸变形(或河床变形)形成的局部冲刷会动摇建筑物的基础,当洪水来临或其他极端事件导致的流体作用力情况下,将危害建筑物而造成灾害。

另外,图 1.4 中没有涉及其他一些物理过程,如水流和泥沙输移是决定河道边岸环境的重要因素。水质、水温等水的物理特性关系到岸滩生物的生息环境,在上述的相互作用系统中,很多因素影响到泥沙输移现象。而且,底质(河床或海床的床面泥沙)的粒径,对于底栖生物也是重要的生息环境因素之一。这些物理环境,对水边生物的生存产生重要影响,个别生物的活动又对物理环境产生影响,除去一些特殊情况,这就意味着,物理环境是决定水边生息环境的重要因子。基于以上原因,图 1.4 没有显示关于生息环境的模块示意。

对于河床演变和海岸演变计算,要进行更具体的示意,需要提及一些描述水沙运动过程的未知量和控制方程。对于河流泥沙的情况,未知量和控制方程介绍如下。

固定河床情况下,未知量(3 维)包括流速矢量 $u(u, v, w)$ 和水深 h(或压力 p)等 4 部分,控制方程包括 3 个运动方程式,即 Navier-Stokes 方程:x、y、z 3 个方向,以及 1 个连续方程(质量守恒方程),共计 4 个方程,方程组封闭后,给定边界条件,可以计算流速矢量 u 和水深 h(或水压力 p)的时空演变过程。这里所指的封闭方程组,是指可以实现完全求解 Navier-Stokes 方程的情况。对于一般的湍流场,进行粗网格尺度的数值计算(与湍流的真实过程相比,采用较大的计算网格)时,将伴随出现附加应力项(也就是 Reynolds 时均应力),这又将产生新的方程封闭问题(详细过程可参考 3.3.2 节),本书将首先介绍固定床面水流运动控制方程组的封闭研究。

其次,动床情况下的未知量包括河床高程 z 和泥沙输沙量 q_B。床面附近是泥沙运动的主要区域,对于泥沙输沙量,通常分解为 x、y 两个方向分量 q_{Bx} 和 q_{By},未知量将变成 3 个。控制方程包括 x、y 方向的 2 个泥沙输移运动方程和 1 个泥沙输移连续方程(质量守恒方程),共计 3 个方程,对于泥沙输移系统,也需要封闭方程组。泥沙运动方程一般采用泥沙输移公式。如前所述,泥沙输移公式是根据床面剪切应力和泥沙输沙量的关系给出的经验公式,需要由水流流动求解得到的流速分布推导出床面的剪切应力(或者是摩阻流速)计算。以上计算可以采用多种方法,最简单的计算方法是采用阻力原理(如曼宁公式)的方法。

1.3　泥沙运动和河床演变数值模拟的研究评述

目前采用经验公式进行泥沙输移和河床演变的模拟研究存在计算精度的问题。根据阻力原理做假设的情况下,需要应用河床剪切力(或摩阻流速)变量,由流速的空间分布(如对数流速分布或指数流速分布)推导得到输沙量。但是,实际上河悬移质泥沙或推移质泥沙都是多个单个泥沙颗粒运动的集合体,单个泥沙颗粒受近底流速的影响不断运动,不能反映到泥沙颗粒运动的数学模型当中,流速的空间分布情况将偏离真实的物理现象。并且要推动泥沙颗粒运动,水流必须提供必要的动能,由于泥沙颗粒运动,水流的流动结构(流速分布)也随之发生变化。当采用阻力原理时,可以采用清水(不含泥沙颗粒的清水流动)的经验公式曼宁公式,当存在沙泥颗粒时,忽略流体流动变化进行求解。换而言之,含有泥沙颗粒的流体,考虑泥沙颗粒(固相)和水(液相)后,成为多相流问题,而单相流(即清水流动)的阻力公式可采用曼宁公式,可以忽略多相流效应。

不仅存在以上问题,泥沙输移计算通常采用泥沙运动方程的计算流程。实际上,为简化泥沙运动的解析计算,也将简化泥沙颗粒运动对流速分布的影响,回避多相流计算的问题。输沙量计算多是采用推导得到的半经验公式。因为含有若干经验参数,这些计算参数的率定需要用到水力学实验的数据结果。不仅要进行水力学实验,还要进行动床水流实验,实际的水流流动中,需要测定流速分布影响下和多相流影响下水体中输沙量的实验值。输沙量的实测值和作用于泥沙床面的表面剪切应力的相关关系,即为泥沙输移计算式。但是,某些情况下,测定含沙水流的流速分布非常困难,因此床面剪切力的计算仍然需要采用清水流速分布公式或者阻力计算公式。

现有的输沙量计算公式有很多,尽管可以根据简单的理论推导得到输沙量计算公式,但一般还是要采用床面剪切力和输沙量实测值的相关关系来表示,更进一步说,只存在基于实测数据意义上的输沙量计算公式。尽管现在可以看到有不少诸如此类的论文或研究成果发表:"得到了新的实验结果,提出了新的输沙量计算公式",毫不夸张地说,输沙量计算公式处于百家争鸣的状态。进行水流输沙实验数据积累确实重要,不仅要努力寻求普遍适用的输沙量计算公式的表达方法,而且每当有新的实验数据公布时,需要反复率定实验参数值,只有这样才能尽可能解析水流输沙现象的本质。现有如此之多的输沙量计算公式中,最具有普遍适用性的公式,就是能较好地反映输沙物理特性的公式,有必要思考寻找此类公式的方法。

　　需要寻找解决上述问题求解的方法。回到泥沙运动的本质过程上来,为反映真实过程的物理现象,可以考虑直接追踪泥沙颗粒运动轨迹的方法,实验中识别每个泥沙颗粒的跟踪轨迹是非常困难的,因此进行泥沙颗粒运动轨迹跟踪的数值模拟也非常困难。直接求解泥沙颗粒运动方程(湍流中球体的运动方程),基于跟踪泥沙颗粒运动轨迹的数值模拟方法,如果可以做到计算输沙量,就能期望得到较为有效计算输沙量的方法。实际上,这就是泥沙运动计算力学的最初思路,这将在第 3 章中进行详细讲解。但是,在较大尺度的河床演变计算当中,因为不需要进行较高精度的求解,如前所述,一般情况下忽略了精细尺度和结构的泥沙运动影响,如果依据精细尺度下与泥沙运动结构相关的输沙量的变化情况,对概化的输沙量计算公式进行修正,将有利于提高河床演变模拟精度。

　　如前所述,泥沙运动计算力学的研究目的是进行泥沙颗粒运动的数值模拟,河床演变或海岸演变的模拟方法也是多种多样,泥沙运动计算力学将为河床或海床演变模拟开辟一条新途径。传统的河床演变或海岸演变模拟中,需要大致地了解泥沙颗粒群体的运动结构,以便于统一表达输沙量计算公式,为此地形演变模拟将成为主要研究对象,泥沙颗粒运动结构将不是直接模拟对象,而只是模拟研究的前提条件之一。一方面,泥沙运动计算力学是以泥沙颗粒运动结构为研究对象,是基于泥沙颗粒层次的真实运动过程的数学模型,目的是从计算力学观点出发,明确以往输沙量计算公式的物理机制和背景。输沙量计算公式是进行河床演变或海岸演变模拟的前提条件,泥沙运动计算力学的目的就是进行这些问题的解析。

　　泥沙运动计算力学的研究目标,可以理解为是河床演变模拟研究的中间目标,泥沙运动计算力学的最终目标不是对输沙量计算进行力学验证,而是取代以往的输沙量计算公式,对输沙量计算程序代码标准化以取代经验公式计算。如果要对河床演变或海岸演变做出科学预测,虽然必须了解水流流动和输沙量之间的关系,但没有必要进行经验或半经验公式化,如果有表示两者之间关系的计算模式(程序),就可以进行输沙量的精确求解。一般常用的简化处理复杂的泥沙输移现象性做法是将泥沙颗粒作为集合体,也就是体现泥沙颗粒的粒子力学特性,这样明确表示泥沙颗粒力学特性的模型将成为具有力学机理的模型。本书中,将这种具有泥沙颗粒力学特性的输沙量计算模式定义为"动床数值模拟",该种数学模型将成为研究泥沙颗粒群体运动和河床演变的重要工具之一。

　　泥沙运动计算力学是从计算力学的观点出发,理解或已有的揭示输沙量计算公式的物理学背景,当模拟的泥沙颗粒数量较大时,该种力学模型的计算量将会很大,可能出现计算能力不足的情况。目前将该种模型应用实施局部冲刷引起的局部地形变化的直接计算还是可行的。这就意味着,本书提出的泥沙颗粒运动和河床演变的模拟方法将在动力学机理研究层面上起到一定的推动作用。

1.4　本书结构

　　本书将对泥沙运动计算力学的根本问题进行解说。第 1 章中,多处是将统一的泥沙数值模拟研究领域分为河流泥沙和海洋泥沙数值模拟两类,表示河床演变和海岸演变模拟以及泥沙运动计算力学方法是不同的,本书将阐述泥沙运动计算力学的地位以及本书的研究目标。第2章至第5章为本书的数学模型原理介绍部分,具体阐述了当前用于河流泥沙或海洋泥沙输移现象模拟的3种数学模型及其相互关系,如图1.5所示。

第2章中,为说明传统的输沙量计算公式存在哪些问题,分为平衡输沙量计算公式和非平衡输沙量计算公式两种计算方法进行阐述。如前所述,理解当前出现的百家争鸣状况的输沙量计算公式,需要回到定量计算的思路上来,才能从机理上理解泥沙的输移物理过程。在2.1节中,将重提推移质和悬移质的定义,推移质的输移计算代表性公式中,重点对卡林斯基公式和爱因斯坦公式从定量化计算的角度进行说明。另外,采用同样的思路和方法对悬移质输沙量计算方法进行描述。在2.2节和2.3节中,对于推移质的非平衡性及其模型化的方法,以中川公式为例进行解说,明确推移质泥沙运动减速过程的物理意义。当前普遍采用非平衡泥沙输移模型来描述泥沙运动现象,本书也对这种计算方法进行了介绍。

第3章对清水流动中单个泥沙颗粒运动的轨迹跟踪模型进行了阐述,轨迹跟踪模型是泥沙运动计算力学的基础部分。3.1节中,对水流中的泥沙颗粒(作为球体颗粒考虑)的运动方程进行说明,3.2节中,基于单个颗粒运动方程的推移质运动轨迹跟踪法,以单向的推移质运动为研究对象进行说明。对于相反运动方向的推移质泥沙,将描述为两个过程:与河床的发生不规则碰撞及其逆过程(概率性过程)和离开河床的确定性的不断重复的运动过程,基于这种思路发展出两种代表性模型,即滑动模型和跃移模型,3.2节中将对这两种模型进行详细说明。3.3节中将总结单个粒子轨迹跟踪方法,提出悬移质泥沙颗粒轨迹跟踪模拟方法。与推移质泥沙不同,悬移质泥沙中泥沙颗粒周围的流速变化将直接影响泥沙颗粒运动,必须对适用于湍流流场中流体作用于泥沙颗粒的不规则作用力进行概化并作计算。3.3节中,采用比较简单的湍流模型计算得到雷诺时间平均的湍流结构信息,并系统介绍采用蒙特卡洛法计算湍流脉动时间序列的方法。但湍流封闭模型复杂多样,本书将不能对其进行详细解说,只对目前常用的湍流模型进行选择性的简单介绍。

第4章中,对固液两相流模型进行阐述,固液两相流模型是泥沙运动计算力学的主要内容。如前所述,水流必须提供推动泥沙颗粒运动的能量,根据泥沙颗粒运动,可以得到水流流动结构的变化,即泥沙颗粒影响下的流速分布。4.1节中将提到流体与泥沙颗粒间相互作用的物理意义。流体与泥沙颗粒间相互作用力的参数化计算就是多相流模型。因为河流泥沙和海洋泥沙都是水流中的泥沙输移现象,因此将统一作为水流(液相)和泥沙颗粒(固相)的混合固液两相流进行研究,4.2节中将综合介绍多相流模型的分类,并阐述水流中泥沙输移现象的参数化方法。在4.3节中,将对多相流简单后的单相流模型和像泥石流模型这样常用的混合体模型进行说明。在4.4节中将总结两相流模型。两相流模型中,根据液相控制方程类推出固相的控制方程,类推法中以Euler-Lagrange影响域法较为简便,计算量最小,可用于实际天然河道的计算。本书将对实际应用较多的悬移质泥沙模型的Euler-Euler 影响域法进行说明。并且,对于伴随着水面激烈变化的急变流场中的河流输沙和海洋输沙现象的解析法,近年来可以看到作为两相流模型基础的 Lagrange-Lagrange 影响域法也得到广泛应用,即基于粒子法的两相流解析,本书对这种方法也将进行解说。4.5 节中也对描述水流(液相)和泥沙(固相)间相互作用的 Euler-Euler 影响域法进行了解说,介绍了若干种影响域法的计算思路,将展望应用该方法来进行动床地形演变的解析问题。Euler-Euler 影响域法中需要用到固液两相间的相互作用力项,也就是作用于泥沙颗粒的流体作用力项(如阻力等),本书讨论了在无限域流场中单个球体和湍流间的相互作用,泥沙颗粒运动力学模型将用到这些相互作用力。检验此类模型计算结果的正确性,必须计算泥沙颗粒周围局部的精细湍流结构(如泥沙颗粒背后尾流等),将在 4.6 节中介绍此类模型的研究现状。

第 5 章中,将描述动床上泥沙颗粒集合体运动现象的物理本质特性的数学模型称为粒状体模型,本章将对粒状体模型进行系统介绍。5.1 节中将阐述泥沙颗粒间相互碰撞的物理机制,5.2 节和 5.3 节中,将对代表性的粒状体模型(包括硬球模型和软球模型)进行解说。单粒子法是软球模型种的一种,单粒子法具有较好的稳定性和广泛的适用性,在 5.4 节中将对单个粒子法模型进行详细解说,并介绍该方法的具体应用案例。最后,将对"数值动床"问题,即基于泥沙颗粒力学模型的河床演变模拟方法进行了总结。

第 6 章介绍了应用 Euler-Lagrange 影响域法的粒子轨迹跟踪模型研究三峡库区香溪河支流水华期间浮游藻类的增殖与输移过程的计算案例。6.1 节和 6.2 节介绍了研究区域的地形及边界条件处理,作为数学模型的输入条件。6.3 节介绍了基于 3 维非结构网格水动力学模型开展香溪河支流的水动力模拟。6.4 节对基于非结构网格下的粒子轨迹跟踪算法及计算对象粒子周围粒子的搜索算法进行了详细说明。6.5 节和 6.6 节介绍了 3 维水动力模型及粒子轨迹跟踪模型的验证及在香溪河浮游藻类输移过程的算例。

第 7 章对目前河流系统演变数学模型的分类、研究现状和未来的发展方向作了总结和展望。

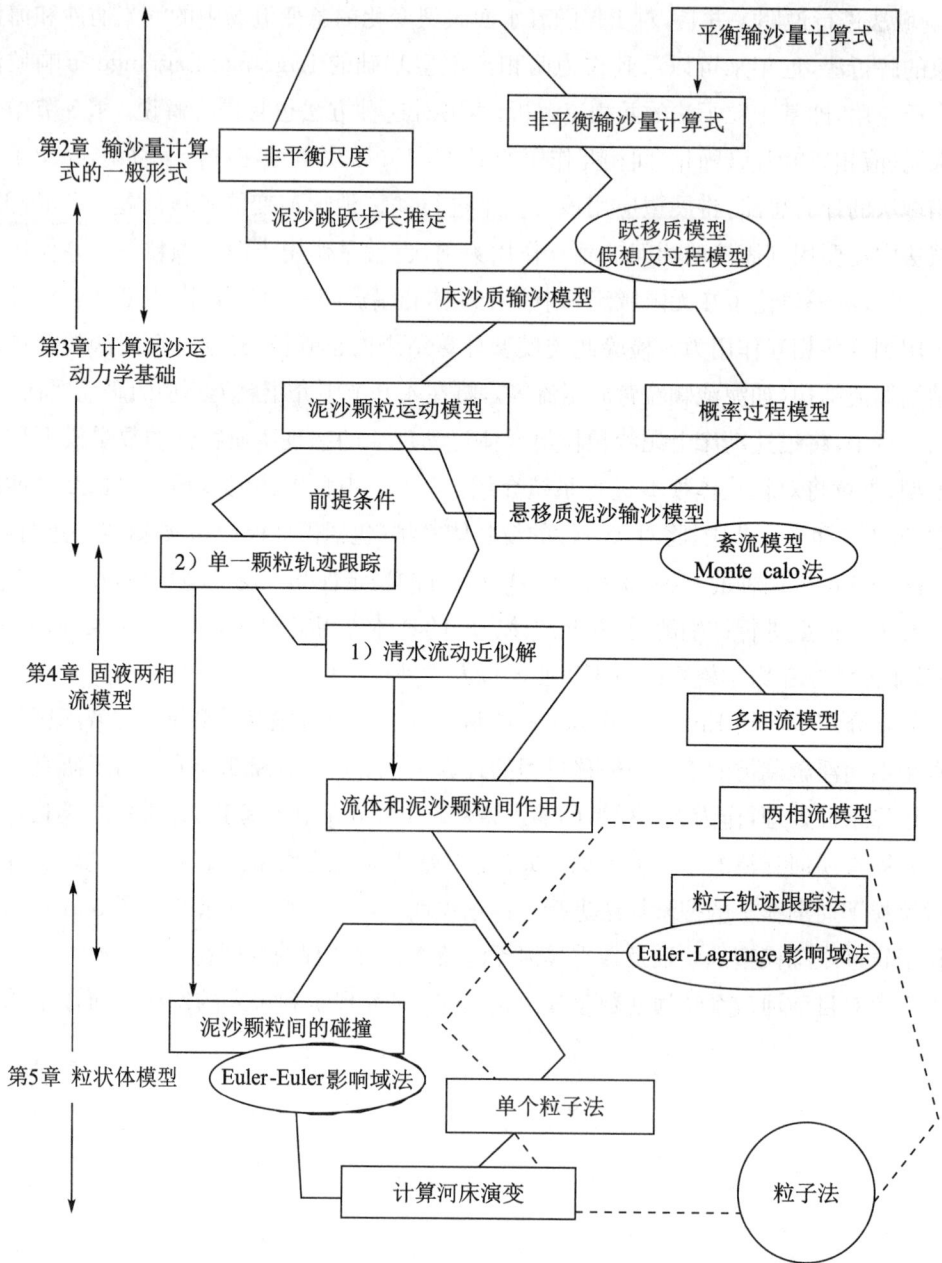

图 1.5　本书主要构成

2 计算输沙量的一般原理

2.1 平衡输沙量计算

2.1.1 推移质和悬移质

如前所述,目前用于计算河流泥沙和海洋泥沙的输沙量计算公式已有很多,一般都是半经验性质地定量计算,输沙量均采用泥沙运动方程求解,不管什么样的公式,均需要对研究问题概化,以确定泥沙的运动形态。因此,作为概化前提,需要对泥沙的运动形态进行分类。针对泥沙颗粒运动形态的研究,以河流泥沙为主要研究对象,逐步深入研究。河流泥沙与海洋泥沙不同,河流泥沙是在单向流场中生成,具有明确的移动方向,比较容易建模,因此本书中关于泥沙颗粒移动结构的研究将以河流泥沙为中心开展。下文以河流泥沙为研究对象,对其运动形态进行分类。

首先,根据是否与河床有物质交换,对泥沙运动形态进行分类。如前所述,河床演变计算需要用到河流泥沙输沙量计算值,正因为处于运动状态的泥沙颗粒与河床之间存在物质交换,才会发生河床地形演变这一自然过程,与河床有无交换的观点等同于在河床演变过程中泥沙颗粒有无直接贡献,这样就可以理解第一点分类依据。与河床进行交换的泥沙颗粒,称为床沙质,不参与交换的泥沙颗粒,称为冲泻质。构成河床的泥沙颗粒(称为河床质),不停地处于移动和停止的运动状态,脉冲式地向下游输送,对于水流条件(这里是指输送泥沙的水流动能)在局部没有较大变化的水域,与河床交换的泥沙颗粒与河床质性质相同(具体是指泥沙颗粒粒径),称为河床质。并且参与河床交换处于运动之中的泥沙颗粒中,当满足一定条件就会停止运动。具体需要什么样的条件将在后文中说明,简单地说,就是当周围泥沙颗粒提供的支持力不足时,河床演变即停止,满足一定支持力的泥沙颗粒将成为床沙质。泥沙颗粒比重大约为 2.65,泥沙颗粒的移动条件大约与泥沙颗粒粒径有关。基于这一观点,床沙质泥沙颗粒粒径只具有相对大小的意义。一方面,冲泻质是不能转化为河床质的微小粒径的泥沙颗粒,由河流上游河段的崩塌区域产生,进入水流输送后,不会落到河床或停止而一直向下游输送。但是,认为冲泻质不会参与河床演变的观点,严格来说是不正确的。如上所述,由于泥沙颗粒的混入,水流湍流结构(流速分布)会发生变化,因此会影响水流输送泥沙的能力(一般用河床剪切力表示)。这里提到的是多相流效应,将在第 4 章进行阐述。

分类依据的第二点是运动形态。与河床不间断接触而处于运动状态的泥沙称为推移质,由于水流紊动,由河床悬浮而发生不规则运动的泥沙称为悬移质,存在这两种运动形态的泥沙,很早以前研究人员就开始观察动床水槽中泥沙颗粒的运动。前面提到的冲泻质,在这一分类模式中将归入悬移质,通常,默认悬移质泥沙即等同于床沙质。并且,推移质泥沙的运动形态,可分为转动、滑动和跃移(较小幅度的跳跃)3种。对于以上关于河流泥沙运动形态的总结和分类,如图2.1所示。

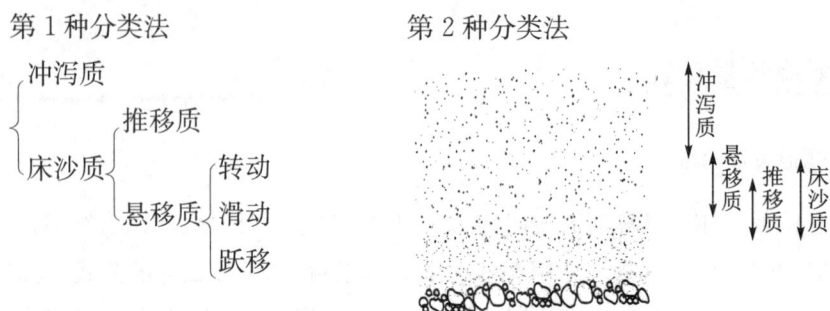

图 2.1　河流泥沙分类

河流泥沙输沙量计算公式多为半经验性质,这些公式都是假设泥沙颗粒在一定的运动形态下推导和提出的。例如,多数的推移质输沙量计算公式,以转动和滑动的球体运动方程为出发点,概化(简化方程式各项)而推导得到的。换言之,不管任何形式的河流泥沙输沙量计算公式,都以特定的运动形态为前提,没有统一涵盖所有运动形态的输沙量计算公式。尽管推移质假设为转动、滑动和跃移中的某一运动形态,也不存在涵盖推移质和悬移质的基于力学模型的输沙量计算公式。现有的河流动力学教材中也介绍到全沙输沙量计算公式,但只是计算推移质输沙量和悬移质输沙量总和的计算公式,没有基于模型的统一计算输沙量的公式或者试验公式。自然河道的动床上,推移质泥沙和悬移质泥沙共存,这种情况下,以推移质和悬移质为研究对象,分别推导出河流泥沙输沙量的计算公式,然后再求和计算输沙量的方法表面上较为合适,实际上并非如此简单(虽然这样处理,通过对推移质输沙量和悬移质输沙量求和来解决问题,这只是反映了不得已而为之的一种现状)。

下面将具体地说明单纯采用求和计算方法所存在的问题。如前所述,悬移质跟随水流紊动而进行不规则运动,尽管泥沙颗粒粒径相同,由于流场中不同区域的紊动强弱不同,有紊流使泥沙颗粒同时运动的情况,也有紊流不起作用的情况(紊流动能不足以使泥沙颗粒运动)。换言之,特定的泥沙颗粒,根据不同的水流条件,有可能成为推移质,也有可能成为悬移质,计算出推移质和悬移质输沙量后,再合计计算总输沙量,对于处于这两种运动形态之间的中间形态部分的泥沙不能很好地进行处理。解决这一问题的根本方法,就是采用可以统一处理推移质和悬移质的数学模型,对该问题将在第3章进行详细解说,本章首先对推移质的一般定义进行说明(与河床频繁接触的泥沙颗粒),然后再进行其他部分泥沙的说明。

2.1.2　控制推移质输沙量的因子

假设泥沙颗粒是在恒定均匀明渠水流中移动,泥沙颗粒粒径单一且为非黏性沙,在动床上输移,表2.1中显示的是控制泥沙输移现象的7个物理变量。

表 2.1		泥沙的控制因素	
物理特性值		流体	密度 ρ；运动黏性系数 μ
		泥沙	密度 σ；泥沙粒径 d
水流流动			水深 h；能坡 I；重力加速度 g

对这些因子进行量纲分析，得到控制泥沙输移现象的 4 个无量纲变量：

$$\tau_* \equiv u^2 / \{(\sigma/\rho - 1)gd\} \tag{2.1}$$

$$R_{e*} \equiv u_* d / \nu \tag{2.2}$$

$$h/d (\equiv Z_0) \tag{2.3}$$

$$\sigma/\rho (\equiv W_0) \tag{2.4}$$

这些无量纲变量依次称为：无量纲拖拽力、泥沙颗粒 Reynolds 数、相对水深和相对密度。无量纲拖拽力也称为 Shields 数。上式中，u_* 为摩阻流速，ν 为动力黏滞系数。

$$u_* \equiv \sqrt{\tau_0/\rho} = \sqrt{ghI} \qquad (\tau_0 \equiv \rho ghI) \tag{2.5}$$

$$\nu = \mu/\rho \tag{2.6}$$

式中，τ_0 为底部剪切应力。

以上推导过程中，需要导入河床剪切力作为泥沙颗粒运动的驱动力，也就是水流剪切泥沙颗粒堆积层的表层的作用力，可以想象出这将推动泥沙颗粒的运动，河流泥沙颗粒将聚集在河床附近，默认这是河床泥沙运动的一般模式，以此为前提，认为可以推导出适用于计算推移质输沙量的公式。即推移质输沙量 q_B 可以写作：

$$q_{B*} \equiv \frac{q_B}{\sqrt{(\sigma/\rho - 1)gd^3}} = \text{func}(\tau_*, R_{e*}, h/d, \sigma/\rho) \tag{2.7}$$

泥沙颗粒的矿物组成通常以石英和长石为主，一般泥沙比重估计在 $\sigma/\rho = 2.65$ 左右较为合适。因此，水流中的泥沙输移，不管是河流泥沙还是海洋泥沙，相对密度的大小是一定的，研究河流泥沙和海洋泥沙输移现象时，通常忽略相对密度的影响是可行的。山区急流河道中，水深相对较小，泥沙颗粒的粒径较大，不能忽视相对水深 h/d 的影响，在进行地形演变分析时，河道中游和下游的相对水深一般非常大，水面波动不对泥沙颗粒运动造成直接影响，一般情况下，也可忽略相对水深的影响。根据以上分析，推移质输沙量 q_B 就可以写为：

$$q_{B*} = \text{func}(\tau_*, R_{e*}) \tag{2.8}$$

另外，式(2.8)中的两个控制因素中，沙粒 Reynolds 数 R_{e*} 是主要与泥沙起动临界流速相关的变量，与无量纲的临界拖拽力 τ_{*c} 的函数关系为：

$$\tau_{*c} = \text{func}(\tau_*, R_{e*}) \tag{2.9}$$

以上函数关系可采用 Shields 数曲线图（后文中的图 2.6）确定，通常采用临界拖拽力代替沙粒 Reynolds 数。

$$q_{B*} = \text{func}(\tau_*, \tau_{*c}) \tag{2.10}$$

河流泥沙输沙量依赖临界拖拽力,一般处于泥沙起动临界条件附近区域的输移较少,本书仅研究活跃的泥沙输移现象。临界拖拽力计算公式将变为:

$$q_{B^*} = \text{func}(\tau_*) \tag{2.11}$$

回到"规定输沙量和河床剪切力的关系式"的输沙量计算公式的定义上来。实际上,多数输沙量计算公式,包括推移质输沙和悬移质输沙,均采用如式(2.10)或式(2.11)形式的表达式。图 2.2 显示的是推移质输沙的试验数据拟合公式 Meyer-Peter-Müller 公式(邵学军等,2005):

$$q_{B^*} = 8\tau_*^{3/2} \left(1 - \frac{\tau_{*c}}{\tau_*}\right)^{3/2} \tag{2.12}$$

在临界拖拽力附近,输沙量急剧增加,随着无量纲拖拽力增加,无量纲拖拽力曲线按一定比例关系移动(双对数坐标中为直线关系)。

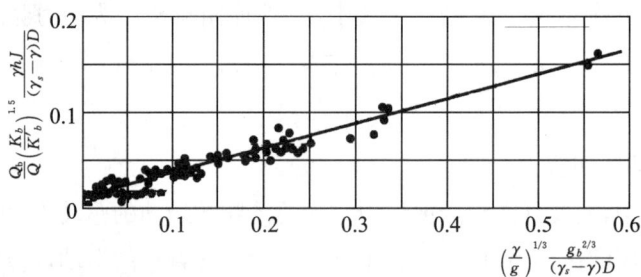

图 2.2 Meyer-Peter-Müller 公式

如前所述,目前已有很多输沙量计算公式,河床演变计算中,合理选择输沙量计算公式比较困难,多数输沙量计算公式可以根据这些公式的理论基础进行分类,在小范围内对其进行总结。以下各节将对代表性的推移质输沙量计算公式,如 Kalinske 型和 Einstein 型的平衡推移质输移量计算公式进行说明,阐述这两种公式的基本概念和平衡悬移质输沙量计算公式的相关内容。

2.1.3 Kalinske 型的平衡推移质输沙量计算公式

输沙量是水流输送泥沙单位时间内的实际当量体积(m^3/s),通常采用单宽输沙量(m^2/s)。下面说明测量输沙量的方法:最直接的测量方法就是在需要测量输沙量的河段,截留所有通过该河段的泥沙通量。但在实际的河流中是不可能实现的,只能在试验水槽中进行这种方法的测量。以推移质为研究对象,可在水槽底部设置一个沉沙池,一定时间后在水槽底部将驻留一部分泥沙,提出进行测定,沉沙池内储存的泥沙体积除以沿水流方向的沉沙池长度,就可以计算出推移质单宽输沙量。这种测量方法不需要测量单个泥沙颗粒,是在观测点(需要测量输沙量的区域)放置测量设备,进行计算通过此处的泥沙颗粒总数量的 Euler 型观测方法。

通过测量断面通量的最简单方法就是测定流量。单宽流量等于水深 h 乘以流速 u,一般

采用断面平均流速 $\overline{u}$：

$$q = \int_0^h u \mathrm{d}y = \overline{u} \cdot h \qquad (2.13)$$

清水流动的情况,表示单位体积的微小单元内所有部位均充满水,推移层(见图 2.3)内是水流和泥沙颗粒的混合体,如果不考虑泥沙颗粒浓度,就不能计算出推移层的实际体积,需要注意到这一点。采用式(2.13)按一定的公式来计算单宽推移质输沙量。

$$q_B = \int_0^{\delta_B} C_B \cdot u_g \mathrm{d}y = \overline{C_B} \cdot \overline{u_g} \cdot \delta_B \qquad (2.14)$$

式中, δ_B 为推移层厚度, C_B 和 $\overline{C_B}$ 分别为泥沙颗粒浓度和断面平均的泥沙颗粒浓度, u_g 和 $\overline{u_g}$ 为泥沙颗粒的移动速度和断面平均的泥沙颗粒移动速度。

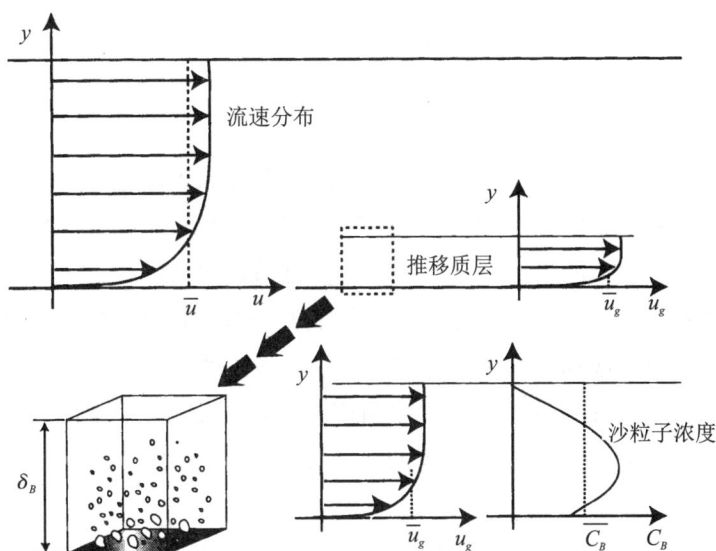

图 2.3 推移质层

断面平均的泥沙颗粒浓度和推移层厚度的乘积,等于泥沙床面表层单位面积上厚度 δ_B 的柱状区域内存在的全部推移质泥沙颗粒的体积。推移层内泥沙颗粒的体积可由泥沙颗粒的 3 维形状系数 A_3($A_3 d^3$ 是单个泥沙颗粒的体积)以及推移泥沙颗粒的数量密度 ν_g(泥沙床面表层单位面积上厚度 δ_B 的柱状区域内的推移质泥沙颗粒的个数)计算得到。

$$\overline{C_B} \cdot \delta_B = A_3 d^3 \cdot \nu_g \qquad (2.15)$$

因此,不考虑垂向上推移质的分布,1 维化处理推移质输沙量,即可得到 Kalinske 型的推移质平衡输沙量计算表达式:

$$q_B = A_3 d^3 \cdot \nu_g \cdot \overline{u_g} \qquad (2.16)$$

由上式可以看出,Kalinske 型的推移质平衡输沙量计算公式中,计算输沙量需要用到泥沙颗粒移动速度和泥沙颗粒数量密度两个变量,必须详细而合理地评价泥沙颗粒的运动机理。

这也是对单个泥沙颗粒运动机理研究较为活跃的原因之一。

评价泥沙颗粒移动速度,可以采用基于泥沙颗粒运动方程直接分析的方法。如前所述,推移质存在多种运动形态。例如,泥沙颗粒是以滑动形式运动的话,运动方程即为(方程各项的详细介绍可参考 3.1 节):

$$\rho\left(\frac{\sigma}{\rho}+C_M\right)A_3 d^3 \frac{du_g}{dt} = \frac{1}{2}C_D\rho A_2 d^2 \mid u_d-u_g \mid (u_d-u_g) - \rho\left(\frac{\sigma}{\rho}-1\right)A_3 d^3 \mu_R g \tag{2.17}$$

式中,C_M 为附加质量系数,C_D 为阻力系数,A_2 为泥沙颗粒的 2 维形状系数($A_2 d^2$ 为单个泥沙颗粒的投影面积),μ_R 为运动摩擦系数,u_d 为泥沙颗粒中心处的流速。由式(2.17)可计算出泥沙颗粒的平均运动速度(水流驱动力和摩擦阻力处于平衡状态下的速度):

$$u_{ge} = u_d - u_* \sqrt{\frac{2A_3}{A_2 C_D}\frac{\mu_R}{\tau_*}} \tag{2.18}$$

当 $u_{ge}=0$ 时,τ_* 的值定义为临界值 τ_{*c},平衡速度可由下式计算:

$$u_{ge} = u_d\left(1-\sqrt{\frac{\tau_{*c}}{\tau_*}}\right) \tag{2.19}$$

泥沙颗粒滑动过程中,试验结果已明确地表明,泥沙颗粒不断地处于反复急速的加速和减速过程,为简便起见,对其进行 1 维近似处理,平均速度可以作为泥沙颗粒移动速度。

一方面,对于泥沙颗粒的数量密度这一计算参数,如何考虑"水流支持泥沙颗粒重量的作用机理"较为关键。水流在流动方向加速泥沙颗粒运动,与其他泥沙颗粒之间发生碰撞而形成一定厚度的颗粒层(或称为推移层)。这个物理过程的特征由 Bagnold(1957)的泥沙颗粒流动试验清楚描述。Bagnold 使用两层的圆筒容器,进行泥沙颗粒剪切层的试验,指出:"①全断面剪切应力可由颗粒间碰撞产生的剪切应力 τ_0 和流体自身剪切应力 τ_f 之和来表示。②垂向应力 σ_G 造成颗粒间发生碰撞,σ_G 与颗粒间碰撞产生的剪切应力 τ_G 存在以下的关系:$\tau_G = \mu_G \sigma_G$"。换言之,颗粒之间的碰撞是维持颗粒处于松散状态的机理性原因,对其进行定量评价,需要弄清楚与颗粒层的剪切力相关的一些作用力。

芦田(1972)沿着 Bagnold 的思路对泥沙颗粒的数量密度进行研究。以平衡状态为前提,即由河床供给的泥沙净重为零(新脱离床面的泥沙量与在此处停留的泥沙量相平衡),不存在由流体直接提供的剪切力推动的泥沙颗粒运动,此时河床拖曳力定义为泥沙颗粒移动的临界拖曳力 τ_c,可得:

$$\tau_0 = \tau_{0G} + \tau_c \tag{2.20}$$

颗粒层内作用于每颗泥沙颗粒上的分散力包括向下方向的重力、向上方向的浮力和颗粒间的碰撞力,颗粒间的碰撞产生剪切力 τ_{0G},可以写为:

$$\tau_{0G} = \nu_g A_3 d^3 (\sigma-\rho)g\mu_R \tag{2.21}$$

根据以上两个公式,可以计算得到泥沙颗粒的数量密度为:

$$\nu_g = \frac{1}{A_3 d^3 \mu_R}(\tau_* - \tau_{*c}) \tag{2.22}$$

芦田(1972)采用式(2.19)计算泥沙颗粒的移动速度,采用式(2.22)计算泥沙颗粒的数量密度,将两式带入 Kalinske 型的推移质平衡输沙量计算公式(2.16),可得到无量纲的推移质输沙量计算公式:

$$q_{B*} \equiv \frac{q_B}{\sqrt{(\sigma/\rho - 1)gd^3}} = 17\tau_*^{3/2}(1 - \frac{\tau_{*c}}{\tau_*})(1 - \sqrt{\frac{\tau_{*c}}{\tau_*}}) \tag{2.23}$$

并且,式中的参数取值需要根据试验数据进行率定。推移质输沙量表达式(2.23)就是芦田公式。由以上推导过程可以清楚地看出,芦田公式是以平衡过程为前提推导得到的。

2.1.4　Einstein 型的平衡推移质输沙量计算公式

Kalinske 型的推移质输沙量计算公式,是与流量定义类似的通量型公式。如前所述,进行输沙量测量,可以通过计算泥沙颗粒移动速度和通过个数的 Lagrange 型观测法计算输沙量。很多水力学或者是流体力学教材一开始,都是介绍 Euler 型的观测法和 Lagrange 型的观测法,一般在这些教材中很少见到具体的 Lagrange 型方法解说。但是,作为对自然现象真实过程的直接求解方法,Lagrange 型的描述方法还是非常有效的。

Einstein(1942)深刻地观察和注意到试验水槽中的推移质运动,可以看到推移质泥沙长时间地处于静止状态(河床演变处于停止状态)或者处于短时间运动状态的反复交替的存在形式。以移动距离为纵轴,以移动时间为横轴,记录单个泥沙颗粒的运动过程,如图 2.4 中的模式显示的那样,推移质泥沙的运动特征呈现出阶段状运动路径的形式。描述推移质运动特征的要素包括泥沙颗粒的休止时间和跃移步长(泥沙颗粒一次移动的距离)。显而易见,休止时间和跃移步长的概念涉及变化的概率系数问题。较多地称 Einstein 型的泥沙输移模型为概率模型或者是概率过程模型,这清楚地反映出 Einstein 输沙模型的关键因子是概率性质的。

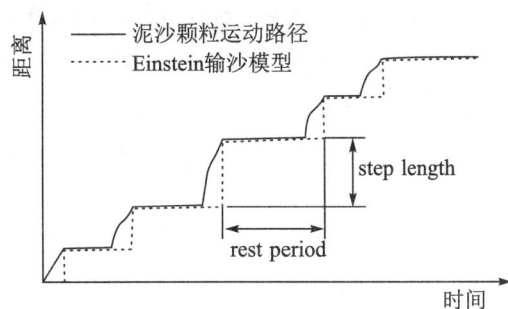

图 2.4　Einstein 输沙模型

假设每颗泥沙颗粒的运动具有统计学意义上的均质性,这样就可以测定很多泥沙颗粒的休止时间,等价于测定推移质泥沙的起动率(单位时间单位面积内脱离河床的泥沙颗粒数)。实际上,由于作为测量对象的泥沙颗粒处于高速移动状态,定点测量得到泥沙颗粒的休止时间数据比较困难。可以通过计算脱离特定区域河床的泥沙颗粒数目的方法来计算泥沙颗粒的起动率,这种用起动率代替泥沙颗粒休止时间的计算方法是可以实现的。一般来说,Einstein 型平衡推移质输沙量计算公式需要用到泥沙颗粒的起动率 p_s(平均休止时间的倒数)和平均跃移步长 Λ。Einstein 型的推移质输沙量公式如下:

$$q_B = \frac{A_3 d}{A_2} p_s \Lambda \tag{2.24}$$

这里要注意,输沙量仍然是 Euler 型的变量。也就是说,通过 Lagrange 方法捕捉泥沙颗粒运动,计算通过某一特定位置的泥沙颗粒数目,推导出输沙量计算公式(2.24)。

如前所述,推移质起动率和跃移步长需要用到概率系数,假设可用这些参数的平均值来表示各个泥沙颗粒的简单运动状态。换言之,用跃移步长的平均值来表示所有泥沙颗粒的运动状态。单位时间内通过监测断面(水流断面)的泥沙颗粒,等于在单位时间内来自监测断面上游方向的跃移长度范围的起动泥沙颗粒。使用单宽输沙量的话,泥沙可起动区域的面积是,这一区域的河床表层存在有 $\Lambda / A_2 d^2$ 个泥沙颗粒。在单位时间单位面积内泥沙脱离率等于泥沙起动率 p_s,单位时间内来自该区域的起动泥沙颗粒个数等于 $p_s(\Lambda / A_2 d^2)$。乘以一个泥沙颗粒的体积 $A_3 d^3$ 就可以得到式(2.24)的输沙量计算公式。

可见,Einstein 型的推移质平衡输沙量计算公式,立足于 Lagrange 型的单个泥沙颗粒运动描述方法,基于这种表达方式计算推移质输沙量的时候,如何比较好地描述起动率和跃移步长的概率特性,成为今后泥沙运动力学研究中的重要课题。关于跃移步长的评价将在第3章进行详细叙述,这里不再赘述,对于泥沙起动率的计算方法,下面进行简要说明。

泥沙起动概率的计算需要对泥沙起始运动结构有深入了解,这是研究河流泥沙或海洋泥沙运动结构的基础。当满足什么样的条件时,泥沙颗粒会停止在河床或海床上,或泥沙颗粒又开始运动,这是泥沙运动力学的基本研究问题,并且需要了解临界拖拽力(泥沙起动时的拖拽力)的计算问题。对于河流泥沙的情况,作用于停留在河床泥沙颗粒上的驱动力有拖拽力和上举力两种,当可以抵消重力作用时,泥沙颗粒脱离床面,在瞬间上浮起动,称为起动临界条件。推移质起动可分为:滑动脱离、转动脱离和上浮脱离三种形式,这里为便于解说,对滑动形式的泥沙颗粒运动形式进行说明。

泥沙颗粒滑动脱离河床的过程(参考图 2.5)中,包括拖拽力 D 和上举力 L 两种驱动力:

$$D = \frac{1}{2} C_D \rho A_2 d^2 u_d^2 \tag{2.25}$$

$$L = \frac{1}{2} C_L \rho A_2 d^2 u_d^2 \tag{2.26}$$

式中,C_D 为拖拽力系数,C_L 为上举力系数。重力为:

$$W = \rho(\sigma/\rho - 1) g A_3 d^3 \tag{2.27}$$

在重力的作用下产生的摩擦力为阻力。临界起动条件即为:

$$D + W\sin\alpha = \mu_f (W\cos\alpha - L) \tag{2.28}$$

式中,α 为河床床面倾角,μ_f 为静止摩擦系数。

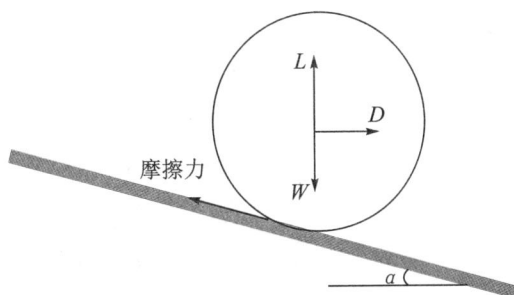

图 2.5 作用于河床泥沙颗粒上的力

这里,需要指出的是 C_D、C_L 和 u_d/u_* 是沙粒 Reynolds 数的函数,由此可以推导出:

$$\tau_{*c} = \frac{u_{*c}^2}{(\sigma/\rho - 1)gd} = \text{func}(R_{e*}) \tag{2.29}$$

式中,无量纲临界拖曳力 τ_{*c} 表示为沙粒 Reynolds 数的函数形式,这种函数关系如图 2.6所示,称为 Shields(1936)泥沙起动曲线图(邵学军等,2005)。另外,如 2.1.2 节所述,无量纲拖曳力 τ_* 称为 Shields 数。Shields 通过无量纲分析法推导出式(2.29)的关系式,水槽试验结果确定该曲线的形状。一方面,如上面表示的,以作用在停留于河床上的单个泥沙颗粒的力相平衡为基础,可推导出泥沙颗粒起动临界条件公式。

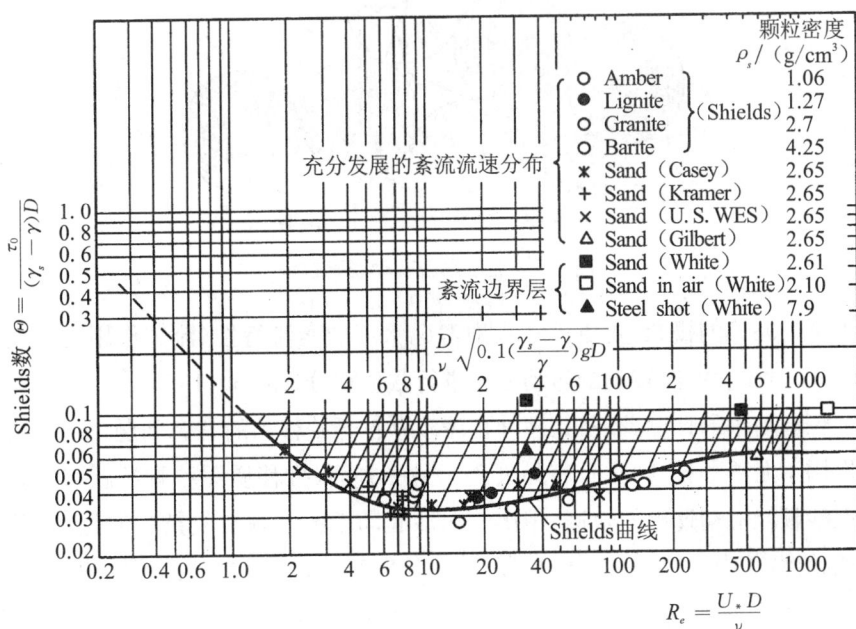

图 2.6 Shields 泥沙起动曲线图

泥沙起动临界拖曳力稍微增加,泥沙颗粒将开始脱离河床表层。计算泥沙起动概率通过延长 Shields 泥沙起动曲线得到,与泥沙起动相似,当驱动力上升超过阻力时,将产生泥沙起动。参数化泥沙颗粒脱离床面的过程较为关键,需要处理好流体作用力。对于流体作用力的变化,在建模时需要考虑流体作用力的大小和持续时间两个因素。

下面用具体的例子来说明泥沙颗粒脱离床面的过程。当可能脱离河床的泥沙颗粒只有一颗时,计算得到这颗泥沙颗粒脱离河床所需要的时间,是计算泥沙起动率的第一步。转动的情况下,假设静止在河床上的泥沙颗粒转动角度 θ_0(见图 2.7),在流体作用力的推动下,泥沙颗粒完全向上以 θ_0 角度转动脱离它正下方的泥沙颗粒的时刻,也就是泥沙颗粒转动 θ_0 角度所用的时间,定义为这颗泥沙颗粒脱离床面的时间。如果可以计算出一颗泥沙颗粒脱离床面所需的时间,这一时间的倒数就是单位时间内脱离床面的泥沙颗粒数,再假设泥沙颗粒停留在河床上的状态概率,就可以计算得到泥沙颗粒的起动率。中川(1980)基于这一概念提出泥沙颗粒起动率的计算法,下面是近似计算公式:

$$p_{s*} \equiv p_s \sqrt{\frac{(\sigma/\rho - 1)g}{d}} = F_0 \tau_* \left(1 - k_2 \frac{\tau_{*c}}{\tau_*}\right)^m \tag{2.30}$$

式中,F_0、k_2 和 m 为计算参数,取值分别为 0.03、0.7 和 3。

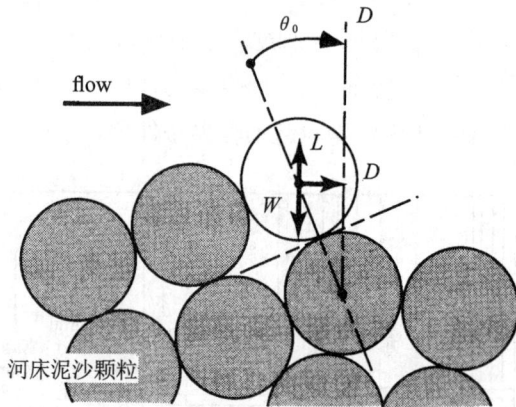

图 2.7　泥沙颗粒转动脱离过程

按照中川(1980)的概念,要更进一步地考虑水流的紊流特性(流体作用力的变化模式)的影响,就需要对泥沙颗粒转动的运动方程进行数值积分(Gotoh,1993)。

泥沙颗粒起动率的计算,涉及处理静止泥沙颗粒开始移动的状态问题,如果流体推力是以固定点作用于泥沙颗粒,则比较容易处理。另一方面,推移质泥沙颗粒跃移步长的计算,需要跟踪泥沙颗粒运动过程的轨迹,相比较泥沙起动率的处理要复杂。但是,由于 Einstein 型模型的优越性,其中反映泥沙颗粒反复运动的跃移步长是以参数的形式出现在计算公式中的,在非平衡输沙的情况时,这将发挥它真正的价值。这一点将在 2.2 节进行详细说明。

2.1.5　平衡悬移质输沙量

悬移质输沙量计算方法与推移质相同,也可以分为 Kalinske 型和 Einstein 型两种表述方法,采用 Kalinske 型的表述法,一般可用泥沙颗粒浓度 C_s 和泥沙颗粒运动速度 u_s 的乘积表示悬移质输沙量 q_s:

$$q_s = \int_a^h C_s(y) u_s(y) \mathrm{d}y \tag{2.31}$$

式中,a 为基准点(表示悬移质泥沙的底部临界浓度的点)高度。

与推移质集中在河床附近薄层内输送的特点不同,悬移质泥沙分布在整个水体中,需要在水深方向做积分才能计算得出泥沙颗粒浓度以及速度的垂向分布。在推移质层内也存在泥沙颗粒浓度和垂向速度分布,按照这个思路,Kalinske 型的推移质输沙量计算公式与式(2.31)的形式相同。总之,该公式是考虑垂向分布形式的 Kalinske 型表达式。

严格来说,泥沙颗粒运动速度 u_s 是水流中悬移质泥沙颗粒的运动速度,是基于运动方程计算得到的,悬移质和推移质相比,与周围流体运动具有更好的跟随性,悬移质泥沙颗粒的运动速度一般可以用周围流体的流速来代替。关于紊流中的悬移质泥沙颗粒的运动将在第 3 章进行解说,从计算力学的观点来看,很明显可以用流体的平均流速代替悬移质泥沙颗粒的平均移动速度(后藤,1997)。如果泥沙颗粒的运动速度可以用平均流速(如对数流速分布)代替,悬移质泥沙输沙量计算只要计算泥沙颗粒浓度分布即可。以平衡状态为例,讨论悬移质浓度分布,根据相关理论,采用传统方法研究悬移质泥沙输移问题。

用水流流速代替悬移质泥沙颗的运动速度,悬移质泥沙颗粒浓度的控制方程就可以写作对流扩散方程:

$$\frac{\partial C}{\partial t} + U\frac{\partial C}{\partial x} + V\frac{\partial C}{\partial y} + W\frac{\partial C}{\partial z} = \frac{\partial}{\partial x}\left(\varepsilon_{sx}\frac{\partial C}{\partial x}\right) + \frac{\partial}{\partial y}\left(\varepsilon_{sy}\frac{\partial C}{\partial y}\right) + \frac{\partial}{\partial z}\left(\varepsilon_{sz}\frac{\partial C}{\partial z}\right) + \omega_0\frac{\partial C}{\partial y} \tag{2.32}$$

式中,U、V、W 分别为 x 方向(主流方向)、y 方向(水深方向)和 z 方向(横断面方向)的平均流速,ε_{sx}、ε_{sy}、ε_{sz} 分别为 x、y、z 方向悬移质泥沙的扩散系数,ω_0 为泥沙沉降速度,t 为时间。

为了解悬移质浓度分布基本特性,需要数值求解式(2.32)。恒定水流中的平衡输沙状态下,考虑河道较大过水宽度水面中心处(忽略横向流速比降的情况)悬移质泥沙浓度分布,可忽略 x 和 z 方向微分项及非恒定项,即 $V=W=0$,式(2.32)可简化为 1 维扩散方程:

$$\varepsilon_{sy}\frac{\partial C}{\partial y} + \omega_0 C = 0 \tag{2.33}$$

由上式可以看出悬移质泥沙在垂向上的扩散通量和沉降通量相平衡(平衡状态)。对上式积分就可求得悬移质泥沙浓度分布,需要计算泥沙颗粒沉降速度 ω_0 和悬移质泥沙扩散系数 ε_{sy}。

在水深较大的静水中,考虑缓慢放入泥沙颗粒后沉降的情况。这种情况下的泥沙颗粒运动在重力场中作加速运动[见式(2.34)],与力学中质点假设自由落体运动不同,随时间推移,泥沙颗粒运动向重力和阻力达到相抵消的定常平衡下落状态发展。这种状态下的泥沙颗粒运动速度称为沉降速度(或可称为最终沉降速度)。

$$\rho\left(\frac{\sigma}{\rho} + C_M\right)A_3 d^3 \frac{\mathrm{d}\omega_p}{\mathrm{d}t} = \frac{1}{2}C_D\rho A_2 d^2 \omega_p^2 - \rho\left(\frac{\sigma}{\rho} - 1\right)A_3 d^3 g \tag{2.34}$$

$$\omega_0 = \sqrt{\frac{2A_3}{A_2 C_D}\left(\frac{\sigma}{\rho} - 1\right)gd} \tag{2.35}$$

上式中的阻力系数 C_D 是 Reynolds 数的函数(见图 2.8):

$$C_D = \text{func}(\frac{\omega_0 d}{\nu}) \tag{2.36}$$

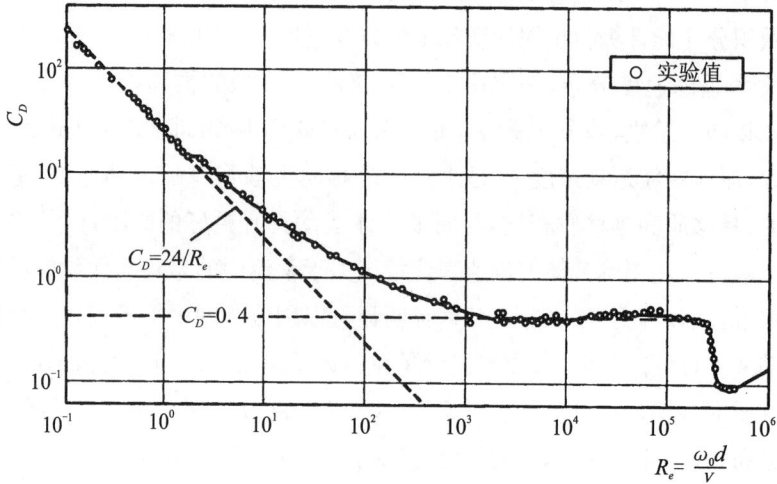

图 2.8　阻力系数

对于悬移质泥沙沉降速度 ω_0,式(2.35)为隐式方程,需要进行迭代计算求解。对沉降速度的计算,可采用 Ruby(1933)的显式表示法(近似解),实际应用中一般都是采用这种估算性的计算方法[见式(2.37)]。

$$\frac{\omega_0}{\sqrt{(\frac{\sigma}{\rho}-1)gd}} = \sqrt{\frac{2}{3}+\frac{36}{d_*}} - \sqrt{\frac{36}{d_*}}; d_* = \frac{(\frac{\sigma}{\rho}-1)gd^3}{\nu^3} \tag{2.37}$$

严格来说,必须对紊流中悬移质泥沙颗粒的运动作简化计算,才能确定悬移质泥沙扩散系数(参考第 3 章),按照近似计算的观点,假定泥沙扩散系数与水流动力黏性系数(涡黏性系数)存在以下简单的比例关系:

$$\varepsilon_{sy} = \beta \nu_t \tag{2.38}$$

式中,β 为经验参数,取定值。

最后,剩下的问题就是确定悬移质泥沙扩散系数的分布形式,可以简化求解两种类型的浓度分布,通过求解悬移质泥沙浓度分布公式就可以了解悬移质泥沙分布。

第一种类型,水流紊动黏性系数沿水深方向分布形式为:

$$\nu_t = \frac{1}{6}\kappa u_* h \tag{2.39}$$

式中,κ 为 Von Kármán 常数。

基准点 $y=a$ 处悬移质浓度为 $C=C_a$,按式(2.33)对其进行积分,得到悬移质浓度分布,这个公式称为 Lane-Kalinske 公式(1941):

$$\frac{C(y)}{C_a} = \exp\left(-6Z\frac{y-a}{h}\right); Z = \frac{\omega_0}{\beta\kappa u_*} \tag{2.40}$$

第二种类型,水流紊动黏性系数呈抛物线型分布:

$$\nu_t = \kappa u_* y\left(1 - \frac{y}{h}\right) \tag{2.41}$$

与第一类公式相似,也是采用式(2.33)对基准点 $y=a$ 处的悬移质浓度 $C=C_a$ 进行积分,得到悬移质浓度分布,这个公式称为 Rouse 公式(1937):

$$\frac{C(y)}{C_a} = \left(\frac{h-y}{y}\frac{a}{h-a}\right)^z; Z = \frac{\omega_0}{\beta\kappa u_*} \tag{2.42}$$

这两个公式反映的悬移质浓度分布形状如图 2.9 所示。由图 2.9 可以看出,悬移质泥沙沉降速度 ω_0 与摩阻流速 u_* 之比(称为 Rouse 数)依赖于悬移质泥沙扩散系数与水流动力黏性系数之比 β(Schmidt 数的倒数),悬移质浓度分布形式是可以变化的。而且要注意到,这种分布形式是表示为相对浓度的形式。绝对浓度随着定义的基准点高度以及该点浓度大小变化而变化。基准点高度的定义没有根本的物理依据,通常取相对水深 5%($y=0.05h$)的高度。

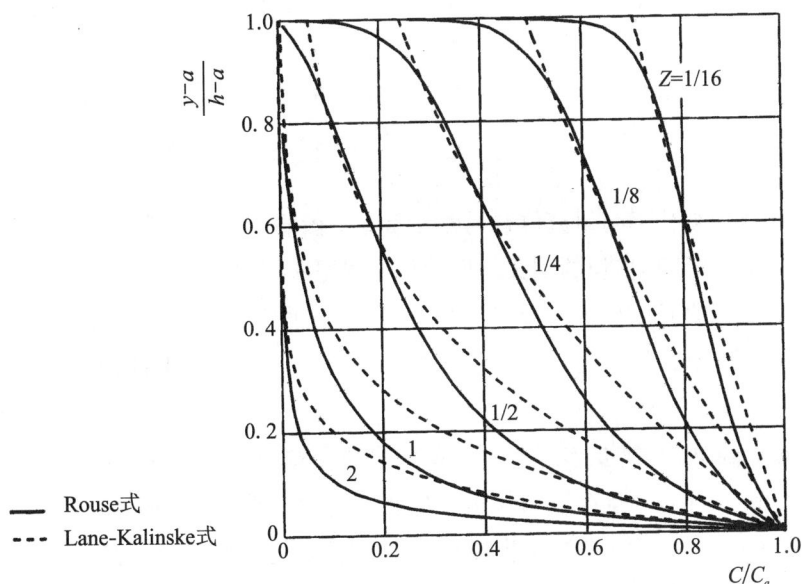

图 2.9 Lane-Kalinske 分布和 Rouse 分布

2.2 推移质的非平衡性及其概化

2.2.1 非平衡输沙模型

平衡推移质输沙量计算公式中,推移质输沙量 q_B 为无量纲拖拽力 τ_* 的函数,无量纲拖拽力和输沙量存在一对一的对应关系。然而,当处于非平衡状态时,无量纲拖拽力和输沙量将不再存在这样的一对一对应关系,因此不能采用平衡输沙量计算公式。平衡状态下,输沙量没有空间性的变化,流入一定区域流场的输沙量与流出该区域的输沙量相等,河床地形没有升高或降低。即河床变形导致了非平衡性输沙。对于该问题,可采用下式对其作了简要解说。假设单位时间内脱离单位面积河床的泥沙体积为 E,沉降在河床上停止运动的泥沙体积为 D,根据质量守恒原则,推移质泥沙的空间变化可写为:

$$\frac{\mathrm{d}q_B}{\mathrm{d}x} = E(x) - D(x) \tag{2.43}$$

该公式中,一定空间内的输沙量变化是由脱离的泥沙颗粒数和运动停止的泥沙颗粒数的不均衡形式表达的。泥沙起动率计算中,脱离河床的泥沙仅由局部水流流动特性决定,使用泥沙起动率 p_s 来表述即为:

$$E = \frac{A_3 d}{A_2} \cdot p_s \tag{2.44}$$

一方面,落淤在河床上的泥沙与局部输沙量有关,输沙量受到来自上游方向的输沙影响,反映出落淤在河床上的泥沙淤积也受上游来水来沙的影响。用平均跃移步长表述停止在河床上的泥沙体积 D,计算式可写为:

$$D = \frac{q_B}{\Lambda} \tag{2.45}$$

将式(2.43)代入式(2.44)和式(2.45),可得到平衡推移质输沙量 q_{Be} 为:

$$\frac{\mathrm{d}q_B}{\mathrm{d}x} = \frac{q_{Be} - q_B(x)}{\Lambda} \tag{2.46}$$

上式中,输沙量变化率与研究位置的输沙量和平衡输沙量的差值成一定的比例关系,比例常数可表示为平均跃移步长的倒数。也就是说泥泥沙颗粒的跃移步长可理解为是非平衡性的空间尺度(或者是长度尺度)。采用这种方法表述非平衡性,采用与泥沙颗粒的运动历史有直接关系的参数(即泥沙起动率和跃移步长)来表述 Einstein 型的推移质输沙量计算公式是合适的。

基于 Lagrange 观点,需要连续不断地观察泥沙颗粒的运动过程,可以认为多数泥沙颗粒的跃移步长是一定的,一旦泥沙颗粒运动停止,就会与河床上的突起(比河床上的泥沙颗粒周围高度更高位置的泥沙颗粒)发生接触和碰撞,造成这种接触和碰撞的原因很多。考虑一个泥沙颗粒的运动,移动开始后立即与突起发生接触,该泥沙颗粒偶然地在比较平坦的区域内运动,也就是在可以避开与明显突起发生碰撞的长距离范围内移动。按照这个思路,泥沙颗粒的跃移步长必须以一定的概率分布形式给出。中川(1979)提出了这种存在概率分布的跃移步长的非平衡推移质输沙量计算公式:

$$q_B(x) = \frac{A_3 d}{A_2} \int_0^\infty p_s(x-\xi) \int_\xi^\infty f_x(\lambda) \mathrm{d}\lambda \mathrm{d}\xi \tag{2.47}$$

式中,$f_x(\lambda)$ 为跃移步长的概率密度函数。

研究位置点 x 处的输沙量的贡献是来自位置点 x 上游方向的起动泥沙颗粒。但是,输沙量并不全是来自位置点 x 输沙量的贡献,是来自 $(x-\xi)$ 下游方向至 ξ 以上河段距离内的可起动泥沙颗粒,仅这部分泥沙对位置点 x 的输沙量有贡献。首先,由$(x-\xi)$位置的起动泥沙颗粒为:$p_s(x-\xi)$。

其中,越过位置点 x 继续运动的泥沙为:$\int_{\xi}^{\infty} f_x(\lambda)\mathrm{d}\lambda$。

泥沙颗粒的起动位置点$(x-\xi)$处于位置点 x 上游方向的整个区间内,因此采用对 x 由无限远处开始积分的表达式。

式(2.47)为双重积分形式,采用以泥沙起动率为输入,以输沙量为输出的方式描述泥沙推移运动过程,可以将跃移步长概率密度函数理解为决定系统响应特性的响应函数的作用。另外,Einstein 型推移质输沙量计算公式的概念是基于对泥沙颗粒历史运动轨迹进行跟踪而推导得到的,这也意味着上式是具有 Lagrange 思想的推移质输沙模型,由式(2.47)的推导过程可以清楚地看出,该式表示的是定点观测的 Euler 型输沙量。换而言之,是对具有 Lagrange 思想的 Einstein 型推移质输沙量计算公式进行的 Euler 型解释,这是式(2.47)的重要意义之一。

2.2.2 定床来流下的河床演变

受到上游方向泥沙起动的影响,根据泥沙颗粒跃移步长的概率分布,水流挟带一定量的泥沙向下游方向输送,泥沙输移表现出非平衡性特征,平衡状态下,将出现时间(或者为距离)延迟的现象。为了有效地从机理上了解这种延迟现象,将对从上游为定床下泄水流对与定床连接在一起的动床上的推移质输沙特性进行研究。中川(1979)测量了连接于定床的动床上的推移质输沙量,发现在动床与定床的衔接处的下游方向,推移质输沙量以指数函数形式接近于平衡输沙状态。试验假定和泥沙起动率,以及推移质输沙量的时间变化模式如图 2.10 所示。

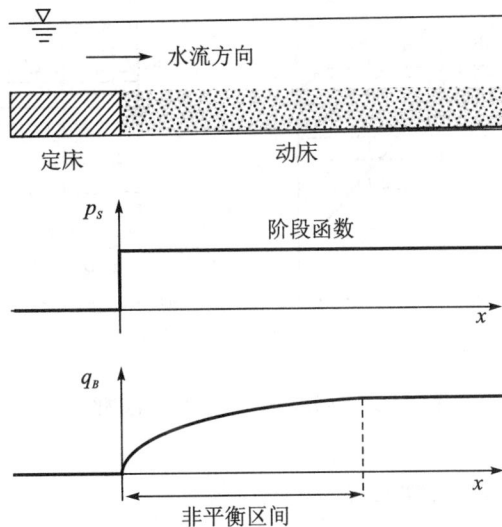

图 2.10 定床下泄水流引起的非平衡输沙过程

中川(1979)的试验中,定床上的泥沙粒径与动床上的泥沙粒径设置相同,全区间为均质的平坦河床。经过很长时间如此设置的试验后,动床上游端河床受到局部冲刷而不再是平坦河床,输沙量测量是在一直保持平坦河床状态的时间内完成,另外还要考虑整个河段内的水流条件(河床剪切力)。因此,泥沙起动率在动床上游端河床以分段函数的形式增加,动床上的泥沙起动率为定值:

$$p_s(x) = \begin{cases} 0 & (x < 0) \\ p_{s0} & (x \geqslant 0) \end{cases} \tag{2.48}$$

泥沙颗粒的跃移步长以指数形式假定为:

$$f_x(\lambda) = \frac{1}{\Lambda}\exp\left(-\frac{\lambda}{\Lambda}\right) \tag{2.49}$$

将式(2.48)和式(2.49)代入式(2.47),可得到推移质输沙量计算式:

$$q_B(x) = \frac{A_3 d}{A_2}p_{s0}\Lambda \cdot \left\{1 - \exp\left(-\frac{x}{\Lambda}\right)\right\} = q_{Be}\left\{1 - \exp\left(-\frac{x}{\Lambda}\right)\right\} \tag{2.50}$$

图 2.11 为由中川(1979)试验得到的推移质输沙量与式(2.50)的计算值的对比,计算值与实测值符合良好。可见,泥沙颗粒的跃移步长的分布形式采用指数分布形式处理是合适的。

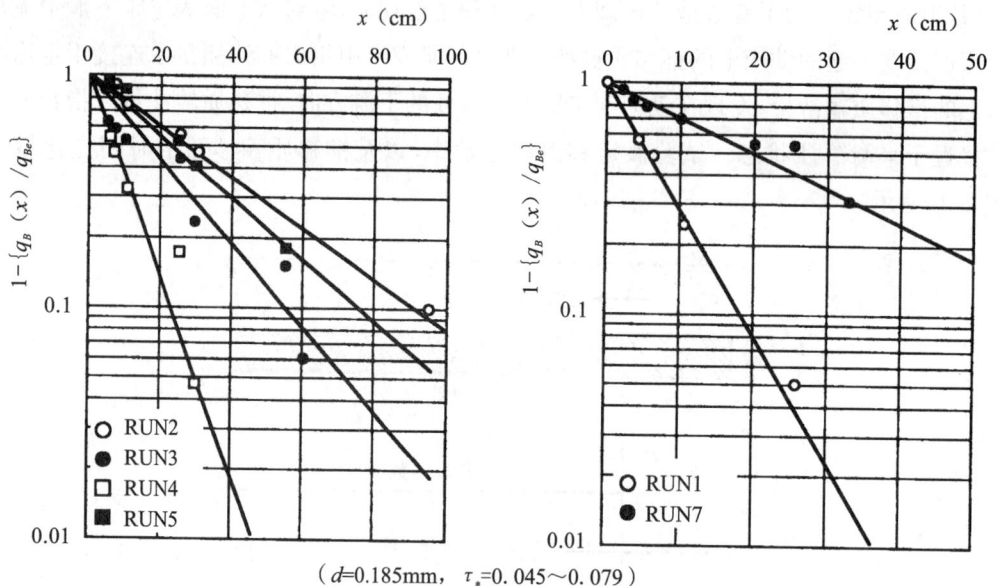

$(d=0.185\text{mm}, \tau_*=0.045\sim0.079)$

图 2.11 推移质输沙量的空间变化

2.3 非平衡输移模型的物理意义

以上说明的是泥沙输移过程的非平衡性,泥沙颗粒运动本质具有明显的力学意义,相比较自然河流中的动床现象尺度,泥沙颗粒跃移步长通常取河床泥沙粒径的 100 倍,但有时小到可以忽略的程度。预测实际尺度的泥沙输移问题的非平衡过程,也可以采用平衡泥沙输移计算公式,对于大范围的河床演变和海岸演变的预测分析中,需要合理地选择输沙量计算公式。一方面,根据水力学模型试验,讨论河流泥沙或海洋泥沙输移过程时,必须充分考虑到这种非平衡性对试验结果造成的影响。实际上,获得的模型试验结果,需根据这种非平衡理论,剔除或去除非平衡性的影响,方可进行合适的预测分析。

本章叙述了推移质的非平衡输移过程,这种非平衡过程对实际尺度的输移现象造成的直接影响可能并不大,但开展这方面的理论分析,对今后研究河流泥沙或海洋泥沙输移的力学过程很有意义,例如,对悬移质和推移质输移采用统一的 Einstein 型公式描述,毫无疑问,该方面的理论研究将推进泥沙运动计算力学的发展。总之,利用泥沙的非平衡性求得泥沙颗粒的跃移步长的概率分布,采用双重积分方法来进行这一理论框架的构建,根据这些方法如何计算跃移步长的概率分布将成为重要的研究课题,在下一章中将叙述单一颗粒的运动轨迹跟踪的数值模拟方法,并进行尝试性的应用研究。

3　泥沙运动计算力学的基础模型

3.1　泥沙颗粒的运动方程

本章将对清水水流中的单一颗粒轨迹跟踪模型进行介绍,作为泥沙运动计算力学的基础模型。如第 2 章所述,构建了非平衡泥沙输移模型的基础,有必要从非平衡输沙理论方向推动泥沙运动计算力学研究,需要从基本理论方向推进泥沙运动计算力学的研究。对极其复杂的数个泥沙颗粒运动轨迹进行数值模拟的跟踪计算,需要对由普遍运动法则和自然现象带来的复杂性进行区分,这是构建泥沙运动力学数学模型的基础。普遍运动法则就是泥沙颗粒的运动方程。其中,带来复杂性的因素包括以下几个方面:①泥沙颗粒本身固有性质;②作用于泥沙颗粒的外力;③泥沙颗粒的起动条件。

泥沙颗粒本身固有性质诸如泥沙颗粒形状的不规则性。可以说现实中不存在完全是球体的泥沙颗粒,泥沙运动计算力学中,通常将泥沙颗粒的形状当作球体来处理。重点关注颗粒尺度以下的微观构造,泥沙颗粒形状不规则,对计算作用于假设为球体上的外力(流体作用力)影响较大,相比本书中涉及的泥沙输移现象的尺度,这些问题过于微观。受计算机性能的制约,如何构建高效的数学模型将是泥沙运动计算力学的重要课题,对泥沙颗粒形状假设为球体的简单处理方式是可行的。泥沙颗粒形状确定为球体后,可采用泥沙颗粒粒径代表与形状特性有关的参数。如在 2.1.2 节中的介绍,泥沙颗粒固有性质的代表变量就是泥沙密度和泥沙粒径,泥沙密度通常由沙粒的矿物组成决定,差别不大,通常为定数。因此,仅用泥沙粒径来表示泥沙的性质变化是可行的。本书中对河流泥沙或海岸泥沙运动的概化,以泥沙粒径为定值的均质沙粒运动为基础开展研究,对于沙粒粒径分布为混合沙的情况,采用均质粒径泥沙模型来处理。

作用于泥沙颗粒的外力就是与周围流体速度差引起的流体阻力。几乎所有的河流泥沙和海岸泥沙输移现象都是在湍流场中发生,周围流体速度处于复杂的湍流脉动状态,引起阻力的不规则变化。并且,泥沙颗粒的存在也会影响到周围流体流动(多相流),不能忽略这种湍流流场变化引起的相互作用,多相流模型将在第 4 章中进行详述。另外,阻力以外的外力,将采用运动方程的描述方法进行具体阐述。

泥沙颗粒运动的起动条件,是依据泥沙与其他泥沙颗粒(具体来说是构成河床的泥沙颗粒)发生接触而推导得到的。例如,考虑既处于反复跳跃运动状态,又处于输移运动状态的跃移泥沙颗粒,与河床发生碰撞(沉降到河床上)时,泥沙颗粒的运动方向和速度都要发生变化。泥沙颗粒沉降到河床时引起的变化是采用泥沙起动条件变化来描述的,一般使用单个泥沙颗粒的轨迹跟踪模拟方法来描述。将在下一节中通过具体模型进行说明。

Tchen(1947)发展了静止流体中单个球体的运动方程,推导出了湍流中单个球体的运动方程。单个球体的运动方程可写为：

$$\sigma A_3 d^3 \frac{\mathrm{d}\vec{u}_p}{\mathrm{d}t} = \frac{1}{2} C_D \rho A_2 d^2 |\vec{u} - \vec{u}_p| (\vec{u} - \vec{u}_p) + \rho A_3 d^3 \frac{\mathrm{d}\vec{u}}{\mathrm{d}t}$$

$$+ C_M \rho A_3 d^3 \left(\frac{\mathrm{d}\vec{u}}{\mathrm{d}t} - \frac{\mathrm{d}\vec{u}_p}{\mathrm{d}t}\right) + 6\rho A_3 d^3 \sqrt{\frac{\nu}{\pi}} \int_{T_0}^{T} \frac{\left(\frac{\mathrm{d}\vec{u}}{\mathrm{d}\tau} - \frac{\mathrm{d}\vec{u}_p}{\mathrm{d}\tau}\right)}{\sqrt{\tau - t}} \mathrm{d}\tau \qquad (3.1)$$

$$+ A_3 d^3 (\sigma - \rho)\vec{g} + \vec{F}_{LM} + \vec{F}_{LS}$$

式中，u 为周围流体流速，u_p 为泥沙颗粒运动速度。

式(3.1)的左边为作用于泥沙颗粒的惯性力，右边的第 1 项为作用于泥沙颗粒的推动力，右边的第 2 项为由于周围流体的加速运动产生的作用于泥沙颗粒的力，右边的第 3 项为附加质量加速所需要的力，右边的第 4 项(Basset 项)为泥沙颗粒与周围流体的非恒定的相对运动历史有关的力，右边的第 5 项为重力和浮力，右边的第 6 项和第 7 项(F_{LM} 和 F_{LS})加起来为上举力项，式(3.1))将在下文进行说明。

流体推力在 2.1.5 节中已作了说明，与雷诺数有关，低雷诺数下存在 Stokes 理论解 $C_D = 24/R_e$，随着雷诺数增加，在高雷诺数下($R_e > 1000$)，系数 C_D 趋近于定值 $C_D = 0.4$。全部流区特性通常简单地表示如下：

$$C_D = 0.4 + \frac{24}{R_e}; R_e = \frac{|\vec{u} - \vec{u}_p| d}{\nu} \qquad (3.2)$$

由图 3.1 可以看到，过渡区域($1 < R_e < 1000$)内的试验值与计算值不一致。包含 $R_e < 1000$ 的过渡区域，Schiller 和 Naumann(1933)提出了与试验值符合较好的计算公式：

$$C_D = \frac{24}{R_e}(1 + 0.15 R_e^{0.687}) \qquad (3.3)$$

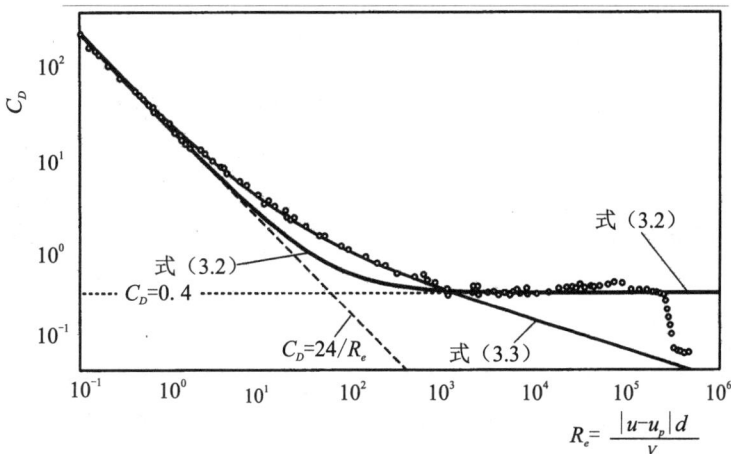

图 3.1　流体推力系数的计算式

一般当 $R_e < 1000$ 时采用式(3.3),当 $R_e > 1000$ 时,取 $C_D = 0.4$。

式(3.1)的右边第 6 项是由泥沙颗粒转动产生的上举力(Magnus 力),右边的第 7 项为泥沙颗粒周围的速度梯度产生的上举力(Saffman 力),分别可写为以下的计算公式:

$$F_{LM} = \frac{1}{2} C_{LR} \rho A_2 d^2 \frac{|\vec{u} - \vec{u_p}|}{|\vec{\omega_p} - \frac{1}{2} \nabla \times \vec{u}|} (\vec{u} - \vec{u_p}) \times (\vec{\omega_p} - \frac{1}{2} \nabla \times \vec{u}) \tag{3.4}$$

$$F_{LS} = 1.61 d^2 \sqrt{\mu \rho |\nabla \times \vec{u}|} (\vec{u} - \vec{u_p}) \times (\nabla \times \vec{u}) \tag{3.5}$$

式中,C_{LR} 为沙粒回转的上举力系数。

式(3.1)右边的第 2 项、第 3 项和第 4 项仅对泥沙颗粒密度与流体密度相当的区域(泥沙颗粒的相对密度 σ/ρ 下降到 1.0 左右)起作用(Hinze,1975),固气多相流(σ/ρ 为 10^3 数量级)计算中一般可忽略不计。对于河流泥沙或海岸泥沙问题可视为固液两相流($\sigma/\rho = 2.65$ 左右),与固气多相流相比,泥沙的相对密度比较小,这些项不能忽略。这些项中 Basset 项的计算相当复杂,根据很多研究者以悬移质泥沙颗粒运动轨迹为主要研究对象的讨论可知,与运动方程中其他项相比较,Basset 项数量级较小,可忽略作近似计算。另外,Saffman 上举力(右边的第 7 项),主要是在低雷诺数区域内有较明显的影响,以往的研究中通常对其不加考虑。并且,对于单个泥沙颗粒的运动轨迹跟踪的研究,仅以泥沙颗粒一起向前运动的情况为研究对象,不作颗粒的旋转运动的轨迹跟踪计算,因此通常也不考虑 Magnus 上举力。但是,也不是完全忽略泥沙颗粒旋转运动的影响,例如,在跃移模型中,与河床床面发生碰撞和反弹的运动过程中,反弹系数比物理属性值设置要大一些,间接地考虑了旋转运动对维持泥沙颗粒跳跃产生的影响(详细内容可参考 3.2.3 节)。基于以上分析,通常对泥沙颗粒运动方程作简化处理[见式(3.6)]。并且假定泥沙颗粒周围的流场为准恒定状态,式(3.6)右边第 2 项可忽略不计,第 2 章中提到的泥沙颗粒运动方程[见式(2.17)和式(2.34)],适用于这种情况的计算。

$$\rho(\frac{\sigma}{\rho} + C_M) A_3 d^3 \frac{d\vec{u_p}}{dt} = \frac{1}{2} C_D \rho A_2 d^2 |\vec{u} - \vec{u_p}| (\vec{u} - \vec{u_p}) + \rho(1 + C_M) A_3 d^3 \frac{d\vec{u}}{dt} + \rho(\frac{\sigma}{\rho} - 1) A_3 d^3 \vec{g}$$

$$\tag{3.6}$$

3.2 推移质数学模型

3.2.1 推移过程的概化

本节将以拉格朗日型运动方程的泥沙颗粒轨迹跟踪计算为依据,对泥沙推移过程进行描述,在此需要考虑推移质泥沙运动形态的基本定义。如 2.1.1 节的介绍,以泥沙运动形态进行分类,与河床频繁接触、持续保持运动状态的泥沙颗粒定义为推移质泥沙,由于水流紊动使泥沙颗粒从河床上悬浮上扬、作不规则运动的泥沙颗粒定义悬移质泥沙。推移质和悬移质都具有不规则运动的特点,但不规则运动的机理不同。与河床的不规则接触(碰撞)导致了推移质泥沙颗粒运动轨迹的复杂不规则性,而悬移质是受水流紊动影响,造成了泥沙颗粒运动轨迹的不规则性。

不与河床发生接触的运动是规则的,与河床不规则接触过程导致了推移质运动的不规则性,根据这一思路来分析推移质运动。以与河床发生接触后的泥沙颗粒的坐标和速度为初始条件,采用确定性的运动方程来描述不与河床发生接触的泥沙颗粒运动,对泥沙颗粒运动轨迹进行跟踪模拟。因此,为了描述每次与之发生接触的河床凸凹形状的不规则性,需要采用适当的概率性模型来计算得到与河床接触后的泥沙颗粒的坐标和速度,这又涉及基于运动方程的确定性轨迹跟踪的计算。根据这一思路,与河床的接触过程和非接触过程,都可以采用力学模型进行描述,对于非接触过程,运动方程的计算参数都是基于确定性理论,而对于接触过程,采用包含概率变量的运动法则来描述。与河床接触过程和非接触过程中,描述推移质运动的不同运动状态采用概率方法来计算,构成推移质运动全部过程(泥沙颗粒运动的一个最小单位)的模拟模式,实现了将具有多种运动形态的推移质运动过程作为一个完整过程来模拟,如前章所述,这是理解不平衡性泥沙输移过程的关键。下文将介绍基于这一理念的模型框架,包括滑动模型和跃移模型。

3.2.2　滑动模型

推移质运动过程可以理解为是一个滑动过程,泥沙颗粒一般都要与河床表面接触,分解为"与河床的接触过程和非接触过程"这两个过程是不合理的,可以分解为"与河床的概率性接触过程和确定性非接触过程"。如图 3.2 所示,假设河床由一些不规则的凸起部位构成,推移质运动过程作以下处理:不与这些凸起发生碰撞的摩擦过程为确定性过程,与凸起发生碰撞以及之后发生的跳跃过这些凸起的过程为概率性过程。基于这一理论,中川(1979)提出了以下推移质滑动模型。

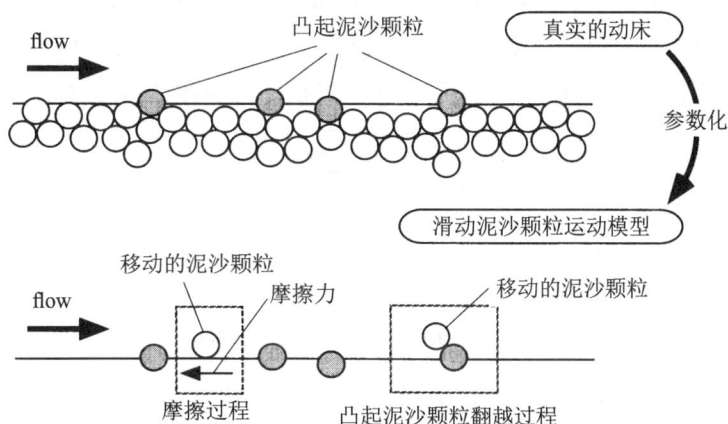

图 3.2　滑动模型理论过程示意图

摩擦过程的运动方程可写为:

$$\rho(\frac{\sigma}{\rho}+C_M)A_3d^3\frac{\mathrm{d}\vec{u_p}}{\mathrm{d}t}=\frac{1}{2}C_D\rho A_2d^2|\vec{u}-\vec{u_p}|(\vec{u}-\vec{u_p})$$

$$+\rho(1+C_M)A_3d^3\frac{\mathrm{d}\vec{u}}{\mathrm{d}t}-\rho(\frac{\sigma}{\rho}-1)A_3d^3\mu_fg \tag{3.7}$$

对于上式中的摩擦系数 μ_f,中川(1979)提出计算式:

$$\mu_f=\frac{0.6}{(u_p/\sqrt{gd})^2+0.5} \tag{3.8}$$

应用快速摄像机对泥沙颗粒运动过程进行摄影和解析,得到摩擦系数与式(3.8)的比较分析如图 3.3 所示。

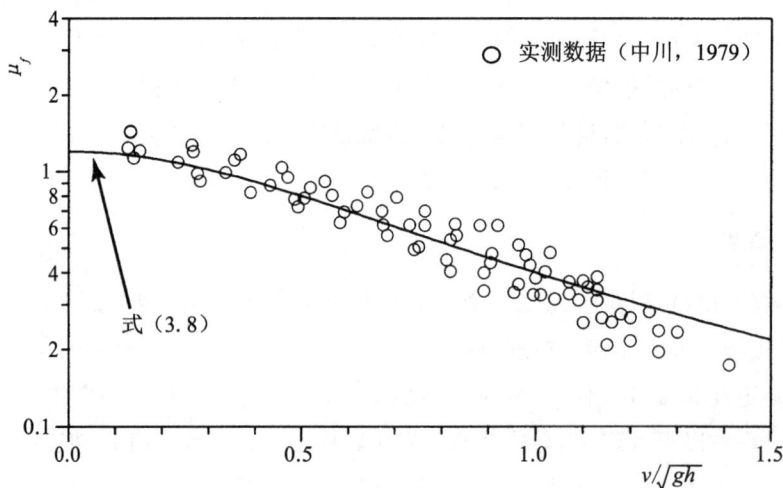

图 3.3　基于试验数据拟合的动摩擦系数计算式

描述跳跃过床面凸起运动过程的力学模型,如图 3.4 所示,可将这一过程假设为刚性球体越过台阶的过程,这是最简单的一种处理方法。中川(1979)假定河床沙砾不发生偏移滑动,基于力学理论推导出与河床凸起部位发生碰撞前后泥沙颗粒的速度 u_{in}、u_{out} 的关系式:

$$\frac{u_{out}}{\sqrt{gd}}=\sqrt{(\frac{1+4k^2/d^2-2\Delta_*}{1+4k^2/d^2})^2\frac{u_{in}^2}{gd}-2\Delta_*\cdot B_*} \tag{3.9}$$

$$B_*=\frac{\sigma/\rho-1}{(\sigma/\rho+C_M)(1+4k^2/d^2)};\Delta_*=\frac{\Delta}{d} \tag{3.10}$$

$$k=\sqrt{\frac{I_G}{M}};I_G=\frac{1}{10}\rho(\frac{\sigma}{\rho}+C_M)A_3d^5 \tag{3.11}$$

式中,k 为绕泥沙颗粒重心的旋转半径,I_G 为绕泥沙颗粒重心的惯性矩。

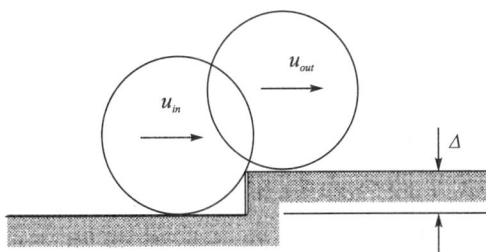

图 3.4 凸起泥沙颗粒翻越运动过程的力学模型

如前所述,这个模型是基于将泥沙颗粒跳越过床面凸起部位的运动过程作概率性处理,概率性接触过程计算涉及的重要参数是凸起部位的设置间隔和高度,这两个参数也要作简化处理。凸起部位的高度和间隔距离为几何特性,将在第 6 章中的动床数值模拟(颗粒流模型)中做理论探讨,在泥沙运动计算力学的基础模型部分,虽然还没有构建多个泥沙颗粒之间复杂接触状态进行解析的数学模型框架,但对凸起部位的几何特性基于试验数据的讨论。中川(1979)对动床表层上的凸起部位进行了仔细测量,得到的数据曲线和采用高速摄像机对泥沙颗粒运动过程进行摄影和解析得到碰撞发生点的数据,得到凸起部位的平均间隔 X_{prot0} 和凸起的平均高度 Δ_{prot0} 计算式:

$$\frac{X_{prot0}}{d} = 6.0; \frac{\Delta_{prot0}}{d} = 0.3 \tag{3.12}$$

如图 3.5 所示,可以清楚地看到凸起间隔服从伽马分布:

$$f_X(\xi) = \frac{r}{\Gamma(r)}(r\xi)^{r-1}\exp(-r\xi); \xi = \frac{X}{X_{prot0}} \tag{3.13}$$

式中,Γ 为伽马函数,r 为形状参数。

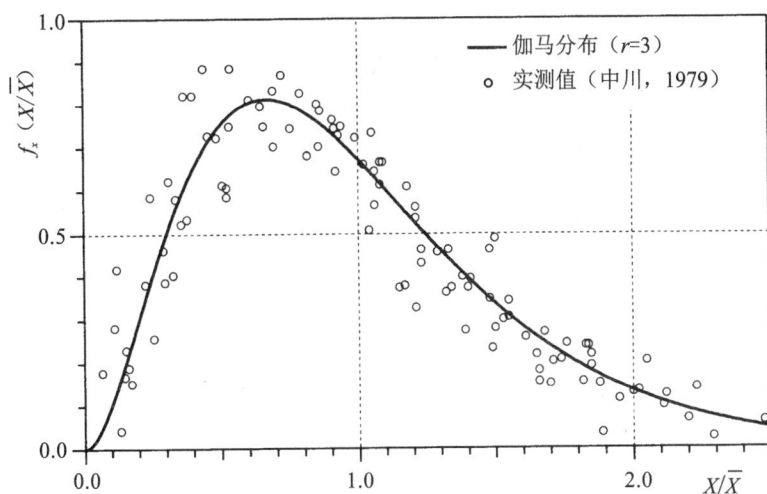

图 3.5 凸起间隔的概率分布

这种情况下,取 $r=3.0$ 比较合适。另外,也可发现凸起高度服从指数分布:

$$f_\Delta(\frac{\Delta}{d}) = \frac{d}{\Delta_{prot0}}\exp(-\frac{\Delta}{\Delta_{prot0}})$$ (3.14)

应用以上介绍的数学模型,按照如图 3.6 所示的计算流程进行单个推移质泥沙颗粒的轨迹跟踪模拟。开始时,需要设置泥沙颗粒的初始坐标和速度、凸起间隔和凸起高度等的初始条件。泥沙颗粒的初始速度,可以采用第 2 章中介绍的泥沙起动模型计算,一般近似取数倍摩阻流速的值。通过由试验测量提出的平均值计算式(3.12)和产生服从概率分布公式(3.13)和式(3.14)的模拟随机数来设置河床凸起。泥沙颗粒摩擦过程的轨迹跟踪计算,即设置初始条件求解常微分方程(泥沙颗粒运动方程),龙格库塔法等数值算法适用于该问题求解,计算得到泥沙颗粒的速度和坐标的非恒定变化过程。通过坐标位置更新计算泥沙颗粒的位移,与设定好的凸起间隔初始条件相比较,就可以判断是否发生了碰撞。如果发生了碰撞,可以采用泥沙颗粒跳跃凸起的模型[见式(3.9)]来计算出翻越凸起后的泥沙颗粒速度 u_{out} 与 u_{out} 的阈值,这是判断下一个计算步中泥沙颗粒运动是否停止的速度基准值,与阈值比较,就可以判断泥沙颗粒是继续运动还是停止。如果泥沙颗粒继续运动,将 u_{out} 作为初始速度,再次求解泥沙颗粒运动方程,对泥沙颗粒摩擦过程进行轨迹跟踪计算。判断为泥沙颗粒停止时,由累积的位移计算得到泥沙颗粒的跃移步长,这样对一颗泥沙颗粒运动轨迹的模拟计算就完成了。由于采用产生随机数种子的方法进行泥沙颗粒的轨迹跟踪模拟,因此每次的轨迹跟踪计算结果都不同,设置不同的凸起间隔的泥沙颗粒运动的轨迹跟踪,就是对多个泥沙颗粒进行同样的反复操作计算,可以计算出一定凸起设置下的泥沙颗粒运动的统计特性。

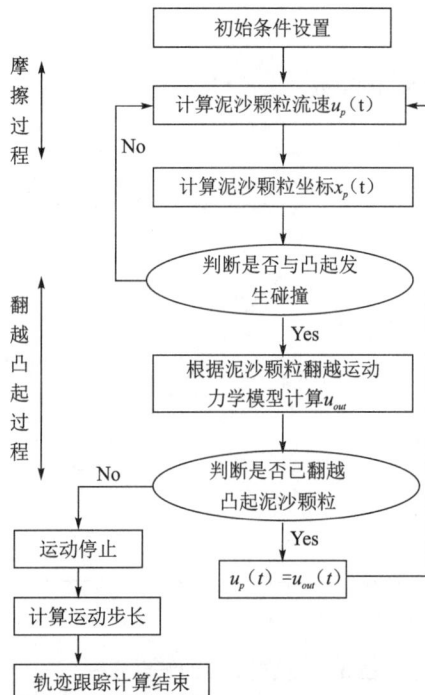

图 3.6　推移质泥沙颗粒轨迹跟踪计算流程

以海洋泥沙为研究对象,介绍采用滑动模型模拟计算的算例。海洋泥沙输移是处于波浪影响下的自然现象,由于在试验室规模的造波水槽中,再现实际海岸附近的流场比较困难,通常采用在封闭管道的水管设置往复流的水力学试验装置。因为往复流装置比较紧凑,可以产生实际海岸量级的流速值,但严格来说,还是与波浪作用下的流场不同,但可以反映出一定流向规律性回转流场的基本特性。因为这个原因,特别是在海洋泥沙力学的研究中,多进行采用往复流装置的水力学试验。如图 3.7 所示,以一定模式显示了往复流装置内的泥沙移动位相特性。往复流的流速分为正向流动和反向流动对称的两部分,半个周期的流场为正向流动,半个周期的流场为逆向流动,反复交替变化,半个周期的泥沙运动特性可视为构成泥沙运动现象的一个单位。正向流动下,流速增加,超过了泥沙起动的临界状态时,泥沙颗粒开始运动,超过流速峰值后,直到达到运动停止的临界条件之前,泥沙颗粒一直保持运动状态。并且,泥沙颗粒停止运动的临界流速比起动的临界流速要小,这是由于惯性效应的作用。

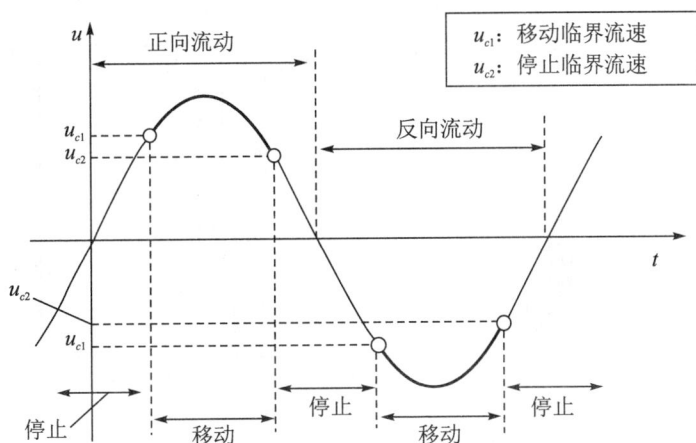

图 3.7 往复流装置内泥沙移动位相特性

天然河道的动床上,泥沙颗粒在水流阻力作用下的运动过程千差万别。一个位相中泥沙颗粒不可能一起同时运动,泥沙开始运动的位相会产生一定差别。另外,与运动中的床面泥沙颗粒的接触过程中,每个泥沙颗粒间也是有差别的,对于运动停止的位相也同样会产生一定的差别。如图 3.8 所示,根据泽本(1985)对往复流流动下的泥沙推移过程中泥沙起动率与沉积率的测量结果,了解到泥沙起动率和沉积率存在一定的分布区域。图 3.8 表明符合测量沉积率数量的泥沙颗粒将在一定的位相内开始运动,采用滑动模型做轨迹跟踪计算后,可以得到泥沙颗粒运动停止后的位相分布。少数泥沙颗粒不在观测到的沉积位相内停止运动,可以得到能较好反映沉积率分布特性的结果。基于运动方程的只对摩擦过程进行轨迹跟踪的确定性模拟结果表明:存在泥沙起动位相分布,所有泥沙颗粒可以在同一个位相内停止运动,沉积率集中分布在特定的位相内。

往复流中的泥沙运动,可以认为是非平衡输沙过程的非恒定状态。如在第 2 章中叙述

的,对于非平衡过程的非恒定过程,可以采用以下计算式来表述泥沙起动率和沉积率两者之间的关系:

$$p_d(x) = \int_0^\infty p_s(x-\xi) f_x(\xi) \mathrm{d}\xi \tag{3.15}$$

式中,$f_x(\xi)$为泥沙颗粒跃移空间步长的概率密度函数。

在时间轴上可表示为:

$$p_d(t) = \int_0^\infty p_s(t-\tau) f_T(\tau) \mathrm{d}\tau \tag{3.16}$$

式中,$f_T(\tau)$为泥沙颗粒跃时间步长的概率密度函数。

比较两式,可以看出在一定程度上、在空间轴上泥沙颗粒跃移一步的时间等于跃移步长长度。由图3.8可以看出,模拟结果很好地再现了泥沙颗粒沉积位相,颗粒轨迹跟踪模型可有效预测泥沙颗粒跃移时间步长分布和跃移空间步长分布。

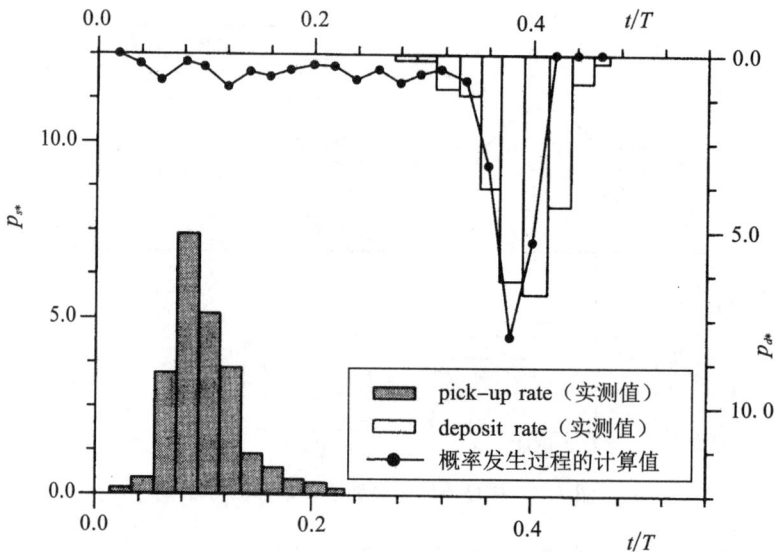

图3.8　往复流中泥沙推移运动的起动率与沉积率

3.2.3　跃移模型

随着水流拖拽力(相对特定泥沙粒径的河床附近流速)的增加,泥沙颗粒运动逐渐变活跃,由于与河床接触摩擦,随着反复与河床碰撞和反弹而发生的较小幅度跳跃,泥沙颗粒的运动形态不断发生变化。泥沙颗粒的跳跃运动,如前所述,可区分为与河床的接触过程和非接触过程,进一步还可分为如滑动模型中所描述的确定性过程和随机性过程,并且确立了这两个过程反复交替变化的运动模式。与河床不发生接触的跳跃过程是确定性的,而与河床发生碰撞和反弹的过程是随机性的。这种随机性的碰撞和反弹过程,产生了连续不同跳跃高度的跃移运动,跃移运动是不规则地连续跳跃。因此,参数化碰撞和反弹运动不规则性是构建推移质跃移模型的关键。

跃移过程中泥沙输移产生的大拖拽力起支配作用,可认为跃移对河床变形起作用比转动和滑动所产生的作用要大。根据这个观点,在 20 世纪 80 年代已开展了基于跃移模型的推移质运动概率过程模拟。下面介绍这类模型的基本思路,如前所述,这类模型的基本理念就是确定性的跳跃过程和概率性的碰撞和反弹过程的反复交替变化。

模拟确定性的跳跃运动过程,与河床发生碰撞和反弹后,设置泥沙颗粒运动速度为初始条件,求解泥沙颗粒运动方程。运动方程为:

$$\rho(\frac{\sigma}{\rho} + C_M)A_3 d^3 \frac{\mathrm{d}\,\vec{u}_p}{\mathrm{d}t} = \frac{1}{2}C_D \rho A_2 d^2 \,|\,\vec{u} - \vec{u}_p\,|\,(\vec{u} - \vec{u}_p)$$
$$+ \rho(1 + C_M)A_3 d^3 \frac{\mathrm{d}\,\vec{u}}{\mathrm{d}t} + \rho(\frac{\sigma}{\rho} - 1)A_3 d^3 g \tag{3.17}$$

由上式可以看出,跃移模型和泥沙颗粒与河床表面保持持续的接触状态的滑动模型不同,泥沙跃移过程中垂向运动很明显,运动方程采用了矢量形式。

碰撞和反弹过程是概率性的,导致这种不规则性的原因是,由于河床泥沙颗粒排列的不规则性,如何处理这种不规则性就成为研究的关键问题。为了解问题的本质,考虑所有泥沙颗粒由相同粒径的球体构成。这种情况下,河床的凸凹问题也就成了统一粒径泥沙颗粒的排列的几何学问题。泥沙颗粒排列内侧尺寸如果是粒径的整数倍,虽然可以选择按面积形心和体积形心的排列规则来排列泥沙颗粒,但所有泥沙颗粒进行规则性排列,就不能反映颗粒表层的不规则凹凸性。如果排列泥沙颗粒内侧尺寸不是粒径的整数倍,计算某泥沙颗粒与相邻颗粒间的接触力,必须采用使泥沙排列稳定的设置方法。实际上,泥沙颗粒间存在细小缝隙,要生成复杂的泥沙颗粒排列,需要再现颗粒的不规则凹凸表层。为求解一般的排列问题,采取多颗泥沙间同时接触的设置方法。对此,除了使用在第 5 章中介绍的粒状体模型,没有其他有效的方法。

相对当前构建的跃移模型,粒状体模型的计算量过高,实施计算比较困难。受计算量的制约,泥沙颗粒表层的凹凸结构是根据测量进行统计计算的,可采用计算机生成的模拟随机数,直接生成河床颗粒不规则排列。关根(1988)根据测量,发现河床周边的泥沙颗粒的平均高度分布服从正态分布,用生成正态分布的随机数进行河床表层泥沙颗粒的排列形式生成模拟河床。跃移颗粒沉降到河床附近,判断与预先设置好的河床泥沙颗粒是否发生接触,然后决定是否继续进行颗粒的轨迹跟踪计算,在与河床颗粒发生接触的位置,采用颗粒间的碰撞模型模拟刚性体的碰撞(非弹性碰撞)过程,据此计算出碰撞发生后的泥沙颗粒速度。由以上步骤计算得到的碰撞后泥沙颗粒速度作为下一步计算的初始速度,进行新的跃移过程的轨迹跟踪计算,这样就构建了整个不规则连续跃移过程的模拟。如图 3.9 所示,这种计算方法中,需要记录构成预先生成的模拟河床的所有颗粒的坐标,而且还需要不断地确认跃移颗粒和构成模拟河床的颗粒的相对位置关系,是跃移颗粒轨迹跟踪计算的必要步骤,单个颗粒轨迹跟踪模型的计算量仍然很大。辻本(1984)采用简化的数值模拟河床,即仅使用跃移颗粒的落地点(由一定的跳跃高度降落在平均河床床面上的瞬间坐标)来排列构成河床的颗粒,进行跃移质的轨迹跟踪模拟。简化的模拟河床上,河床组成颗粒是不连续排列的,不存在河床组成颗粒间的河床颗粒的连续排列问题。换言之,紧挨在一起的两个河床颗粒实际上仅满足一定的几何稳定排列关系,对于不规则的连续跃移问题在统计学意义上对其运动结构进行模拟预测,该简化模型适用于模拟单个泥沙颗粒的跃移运动。

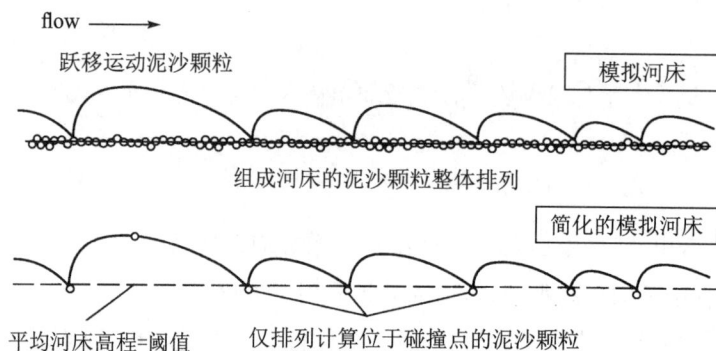

图 3.9 模拟河床

由发生碰撞之前的泥沙颗粒速度(u_{gin},v_{gin})计算得到发生碰撞之后的泥沙颗粒速度(u_{gout},v_{gout})的模型,称之为假想的反弹模型(参考图 3.10)。跃移颗粒的碰撞点所在的切向平面即假想的反弹平面,反弹平面的法线方向假设为非弹性碰撞(反弹系数 f)。在切向平面的切线方向上,由于摩擦接触颗粒速度减小,采用反映速度减小的反弹系数 e 来表示。泥沙颗粒速度(u_{gin},v_{gin})和(u_{gout},v_{gout})的关系可由下式计算:

$$\begin{bmatrix} u_{gout} \\ v_{gout} \end{bmatrix} = \begin{bmatrix} e\cos^2\alpha - f\sin^2\alpha & (e+f)\cos\alpha\sin\alpha \\ (e+f)\cos\alpha\sin\alpha & e\sin^2\alpha - f\cos^2\alpha \end{bmatrix} \begin{bmatrix} u_{gin} \\ v_{gin} \end{bmatrix} \tag{3.18}$$

式中,α 为假想反弹平面的倾斜角度。

图 3.10 中河床组成泥沙颗粒按规则的行列排列,所有的河床组成泥沙颗粒的中心均处于平均的河床平面。这种情况下,跃移颗粒的碰撞位置依赖于跃移颗粒的入射角和假想的反弹平面倾斜角度。图 3.11 中显示的是,跃移颗粒 B 与河床组成颗粒 A 发生碰撞时,河床组成颗粒 A 由于受到上游方向的河床组成颗粒 C 的隐蔽作用,跃移颗粒 B 碰撞的可能发生范围将受到制约。如图 3.11 所示,翻越过上游侧颗粒 C 的上端与颗粒 A 发生碰撞的情况,假想的反弹平面倾斜角度变成最小值 α_{min}(向下游侧倾斜最大),跃移颗粒 B 翻越过河床组成颗粒 A 的上端时,倾斜角将变为最大值 α_{max}(向上游侧倾斜最大)。由以上的描述可看出,跃移颗粒 B 碰撞的可能范围也依赖于跃移颗粒 A 的入射角度 θ_{in}。

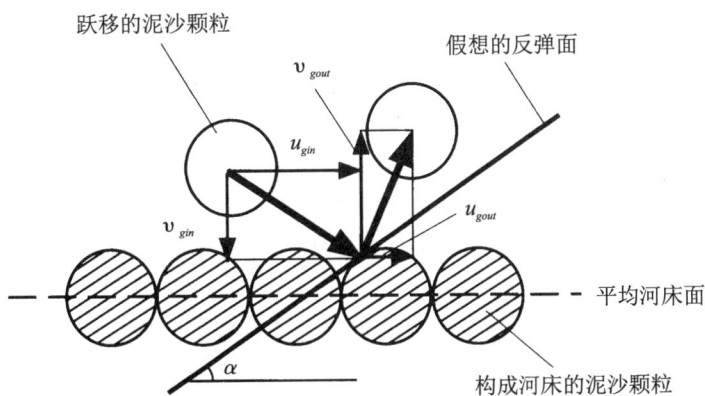

图 3.10 假想的反弹模型

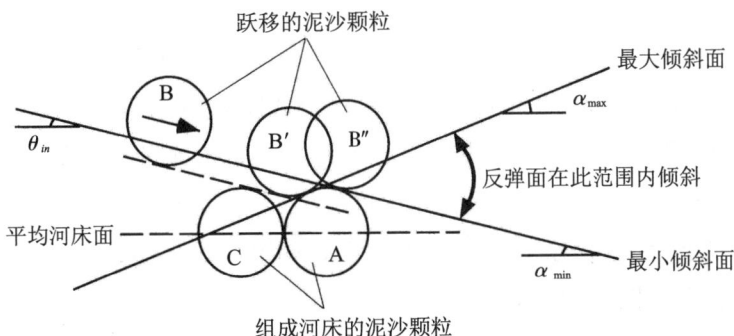

图 3.11 假想的反弹平面的最大和最小倾角

实际上,河床反弹面是处于最大和最小倾角之间的任意倾斜面,位置的任意性采用 $(0,1)$ 之间的均匀分布随机数来描述,可得到假想的反弹倾斜角度的解析表达式如下:

$$\alpha = \begin{cases} \arcsin\{(1-\xi_0)\sin\theta_{in} - 1\} - \theta_{in} + \dfrac{\pi}{2} & (\theta_{in} \leqslant \dfrac{\pi}{6}) \\ \arcsin\{(\dfrac{1}{2}-\xi_0)\sin\theta_{in} - \dfrac{\sqrt{3}}{2}\cos\theta_{in}\} - \theta_{in} + \dfrac{\pi}{2} & (\theta_{in} > \dfrac{\pi}{6}) \end{cases} \tag{3.19}$$

跃移颗粒落在平均河床平面的时候,产生均匀分布的随机数并计算出假想的反弹平面的倾斜角度,如果适用于式(3.18),也可以计算得到碰撞发生后的泥沙颗粒速度。但是,在实际河床上,如图 3.12 所示,上游方向的颗粒受到河床组成泥沙颗粒的隐蔽作用,水流中也存在露出平均河床床面的河床组成颗粒,对应于跃移颗粒的碰撞对象(河床组成颗粒)的假想反弹面的有效倾斜范围是变化的。考虑存在这种效应下对所有颗粒进行排列的模拟河床是可能的,简略型的模拟河床不能反映出这种效应。简化的模拟河床,集中表现了不规则排列的特性的假想反弹面倾斜角度,实际的河床和模拟的河床的构造方面的不同会影响到跃移颗粒运动的平均特性,根据这些特性可以理解一些模型参数的率定(如反弹系数)。

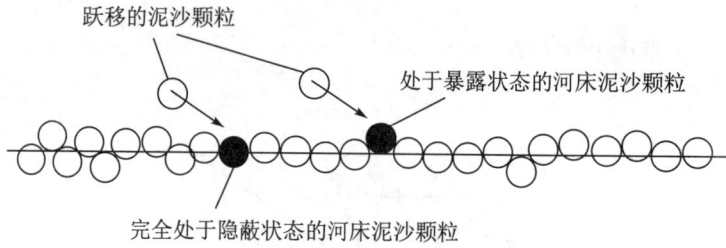

图 3.12　颗粒排列不规则性和隐蔽效应

　　图 3.13 为进行一个跃移泥沙颗粒的轨迹跟踪的计算流程。首先,设定泥沙颗粒的初始坐标和速度,即设定模拟河床的一些参数。泥沙颗粒的初始速度,有研究人员将在垂向和下游方向上的初始速度设置为与摩阻流速相同数值,也可以将初始速度设置为零。泥沙颗粒跃移过程的轨迹跟踪,就是求解常微分方程(泥沙颗粒运动方程)的初值问题,与滑动模型相同,可采用龙格库塔法等数值算法,计算泥沙颗粒速度和坐标随时间的变化过程。在滑动模型中,由于泥沙颗粒与河床床面保持接触状态下不断运动,泥沙颗粒周围的流速(平均流速)的量级限定在比较小的范围内。相对这一流速,泥沙颗粒跃移时,也就是泥沙颗粒跳跃运动中,在河床床面上的跳跃轨迹的顶点附近,泥沙颗粒周围的流速量级很大,这两处的流速差异较大。因此,在进行跃移颗粒的轨迹跟踪计算时,需要考虑流速分布。以粗度表示河床组成颗粒的粒径,以坐标原点表示平均河床床面,通常采用河床粗糙度的对数流速公式来表示平均流速 U 的分布(见图 3.14)。

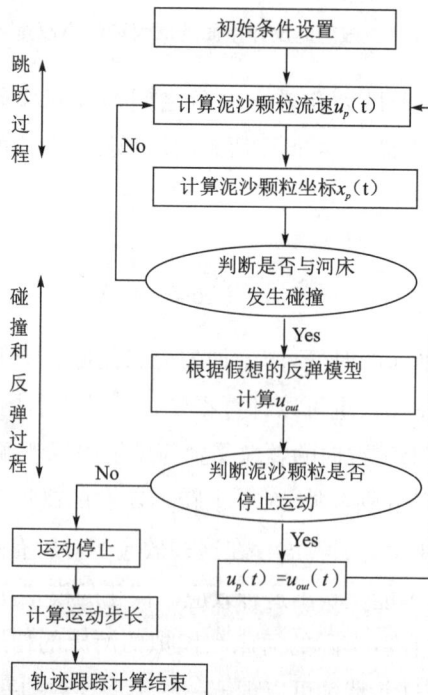

图 3.13　跃移泥沙颗粒轨迹跟踪计算流程

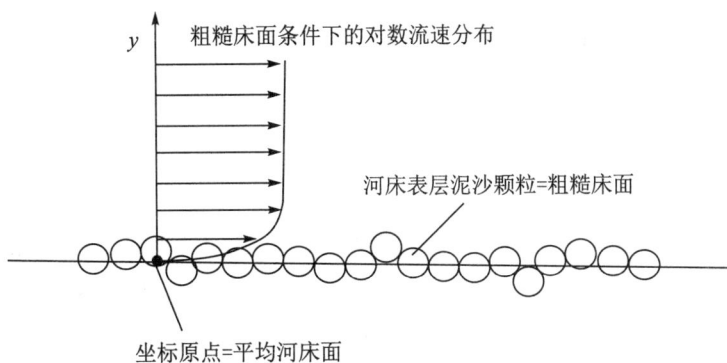

图 3.14   河床附近流场

$$\frac{U}{u_*} = \frac{1}{\kappa}\left(\frac{30.1y}{d}\right) \tag{3.20}$$

式中,κ 为 Von Kármán 常数,u_* 为摩阻流速。推移质输移也是发生于湍流场中,按照推移质和悬移质的定义,推移质的不规则运动主要体现的是与河床床面接触的不规则性,较多情况是对湍流场作近似简化处理。必须考虑湍流特性对推移质泥沙运动的情况,将在 3.3 节中进行说明。不断更新颗粒的坐标以计算颗粒的位置变化,判断是否与数值床面发生碰撞。如果发生碰撞,可采用假想的反弹模型[见式(3.18)]求得碰撞发生后的泥沙颗粒速度 u_{gout} 与 u_{gout} 的阈值(低于这个值泥沙颗粒运动将停止),与阈值作比较,判断运动是继续还是停止。如果运动继续,以 u_{gout} 为初始速度,再次求解泥沙颗粒运动方程,对颗粒的跃移过程进行轨迹跟踪。如果判断泥沙颗粒运动停止,由累积的位移值计算得到颗粒的跃移步长,至此,对一个颗粒的运动轨迹跟踪计算就结束了。对所有颗粒进行排列的数值河床上,每次泥沙颗粒轨迹跟踪计算结束时,产生的随机数都不同,使泥沙颗粒的起始运动位置不断变化,对其他的泥沙颗粒采用相同的重复步骤计算,就可以得到反映模拟河床统计特性的泥沙颗粒运动特征。在简化的数值河床上,碰撞点的河床颗粒排列根据随机数来决定,虽然对运动起始点没有进行其他计算,也可以得到反映模拟河床统计特性的泥沙颗粒运动特征。图 3.15 为采用以上介绍的方法计算得到跃移泥沙颗粒运动轨迹的结果。

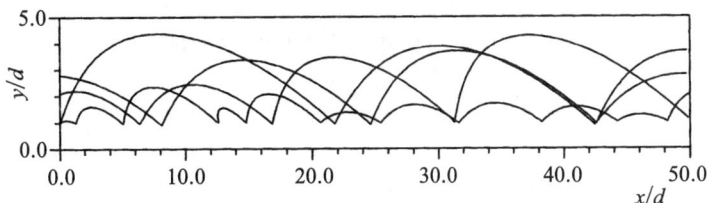

图 3.15   跃移泥沙颗粒轨迹跟踪计算

3.3 悬移质模型的拓展

3.3.1 泥沙悬移过程的参数化

如前所述,悬移质是描述由于流速变化而引起的处于不规则运动轨迹状态的泥沙颗粒,相对推移质,悬移质的运动高度和输移距离要大的多。在第 2 章中已经叙述了计算悬移质浓度分布的解析解,可以认为悬移质浓度分布与悬移质泥沙悬浮概率相似,对离散的悬移质泥沙颗粒的随机运动过程进行轨迹跟踪,然后将这些泥沙颗粒的运动轨迹进行叠加,如果这样可以计算出悬移质泥沙颗粒分布的概率密度,可以认为这样就计算出了悬移质浓度的分布形式,这是 Yalin(1973) 的悬移质概率模型的基本思路。

处于同一重力场中,时刻 t 和时刻 $t+\Delta t$ 泥沙颗粒的位置(y 坐标)的变化用 η 表示,η 的概率密度函数定义为 $g(\eta)$。如图 3.16 所示,高度 y 在时刻 $t+\Delta t$ 的泥沙颗粒的存在概率,可以由在时刻 t 由 $y-\eta$ 的位置开始运动,Δt 时间内运动 η 距离内的泥沙颗粒总数计算得到。即存在下式:

$$f_s(y,t+\Delta t) = \int_{-\infty}^{\infty} f_s(y-\eta,t)g(\eta)\mathrm{d}\eta \qquad (3.21)$$

式中,$f_s(y,t)$ 为泥沙颗粒的存在概率(在时刻 t、高度 η 的泥沙颗粒的存在概率)。

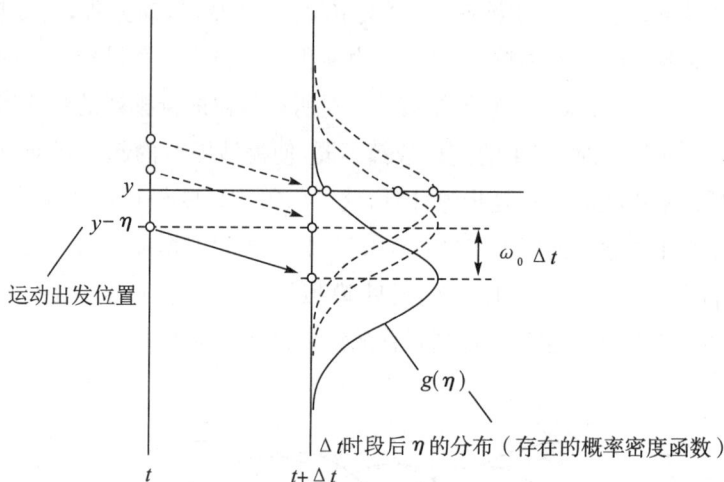

图 3.16 泥沙颗粒的存在概率密度函数

上式的右边,对 η 进行泰勒展开,忽略高阶项,整理可以得到:

$$f_s(y,t+\Delta t) = f_s(y,t) - E[\eta]\frac{\partial f_s}{\partial y} + \frac{1}{2}E[\eta^2]\frac{\partial^2 f_s}{\partial y^2} \qquad (3.22)$$

$$E[\varphi(\eta)] \equiv \int_{-\infty}^{\infty} \varphi(\eta)g(\eta)\mathrm{d}\eta \qquad (3.23)$$

平均意义上,悬移质将以最终沉降速度沉降在河床上,因此有下式成立:

$$E[\eta] = -\omega_0 \Delta t \tag{3.24}$$

考虑平衡状态的情况,有 $f_s(y, t+\Delta t) = f_s(y, t)$,由式(3.22)可得:

$$\frac{E[\eta^2]}{2\Delta t} \frac{\partial f_s}{\partial y} + \omega_0 f = 0 \tag{3.25}$$

上式中,f_s 可以由浓度 C 代替,将变为与悬移质垂向 1 维扩散方程式(2.33)等价的形式,扩散系数可以理解为下面的表达式:

$$\varepsilon_{sy} = \frac{E[\eta^2]}{2\Delta t} \tag{3.26}$$

由于 $E[\eta^2]$ 是反映悬移质泥沙颗粒分散特性的变量,根据水流紊动,通过对悬移质泥沙颗粒分散过程的轨迹跟踪,就可以计算出该变量值。

与推移质相比,悬移质的输移距离长,基于摄影图像解析,了解和掌握泥沙颗粒开始悬浮到落下和停止的连续运动过程是非常困难的,由于悬移质输移距离长,通常称为游离步长,能更好地说明其物理意义。计算悬移质泥沙颗粒移动步长,除了泥沙颗粒轨迹跟踪方法以外,还没有其他更有效的模拟方法。悬移质泥沙颗粒的轨迹跟踪计算框架,基本上与推移质的计算相同。在河床底部附近(比如,推移层上端或者在高度为 $y=0.05h$ 的基准面)对泥沙颗粒的起动点进行设置,考虑流速变化的影响,对多颗悬移质泥沙颗粒的运动轨迹进行跟踪模拟。悬移质泥沙颗粒运动方程,形式如式(3.1),考虑悬移质对流速变化敏感的特性,需要考虑 Basset 项和 Saffman 上举力项的计算。对每一个泥沙颗粒的运动,通常采用式(3.6)的简化处理方法,与推移质的确定性计算方式不同,在计算周围流体流速时需要考虑紊流脉动变化。虽然推移质也是在紊流中运动,但在推移质模拟当中,存在对与河床床面发生不规则碰撞的不规则运动的支配因素,而悬移质的情况,与河床床面的接触频率比推移质相比要低很多,对不规则运动的主要控制因素是紊流变化。基于以上思路,对紊流场(流速分布)等需要进行详细考虑,这些因素是否反映出了悬移质泥沙颗粒运动的驱动力,是悬移质泥沙颗粒轨迹跟踪模拟的关键。

3.3.2　紊流控制方程

紊流计算是流体力学研究的一大前沿课题,目前没有简单的处理办法,对介绍悬移质泥沙颗粒轨迹跟踪计算之前,对紊流模拟的基础知识进行简要介绍。

非压缩性流体运动,可以用连续方程和 Navier-Stokes 方程描述:

$$\nabla \cdot \vec{u} = 0 \tag{3.27}$$

$$\frac{D\vec{u}}{Dt} = -\frac{1}{\rho}\nabla p + \nu \nabla^2 \vec{u}; \quad \frac{D\vec{u}}{Dt} \equiv \frac{\partial \vec{u}}{\partial t} + \vec{u} \cdot \nabla \vec{u} \tag{3.28}$$

式中,$\vec{u}$ 为流速矢量,p 为压力,ν 为水流的动力黏滞系数。

通过求解式(3.27)和式(3.28)就可以得到清水水流的流速分布。在紊流中,存在大范围内传播的以一定频率变化的流速脉动和压力脉动,要得到描述紊流所有特性的 Navier-

Stokes 方程的解,需要比湍流最小时空尺度(湍流中可能存在的最小涡旋尺度)还要小的网格。基于这个思路,对连续方程和 Navier-Stokes 方程进行非常精细的高分辨率求解,获取湍流特性的方法称为直接数值模拟(DNS)。DNS 需要相当大的计算量,需要使用超级计算机,在工程意义的层次上,求解复杂边界条件的湍流问题是非常困难的,目前仅能对极少数问题在计算机上进行数值求解。

对控制方程实施雷诺时均化处理,消除控制方程的高波数周期的脉动后,可以进行较大尺度涡旋层次的数值求解。分解为物理量(流速和压力)的瞬时变化(添加符号来表示)和时间平均值(用大写字母表示的)两部分。例如,流速分量 u_k 可表述为:

$$u_k = U_k + u'_k \tag{3.29}$$

这里的平均化处理满足以下条件:

$$\overline{u'_i} = 0; \overline{u'_i U_j} = 0; \overline{U_i} = U_i \tag{3.30}$$

湍流统计特性研究中,同样采用这种标准的平均处理方法。这种平均化处理方法称为雷诺平均。

连续方程和 Navier-Stokes 方程采用标量形式表示为:

$$\frac{\partial u_k}{\partial x_k} = 0 \tag{3.31}$$

$$\frac{Du_i}{Dt} = -\frac{1}{\rho}\frac{\partial p}{\partial x_i} + \frac{\partial}{\partial x_k}(\nu\frac{\partial u_i}{\partial x_k}); \frac{Du_i}{Dt} \equiv \frac{\partial u_i}{\partial t} + \frac{\partial u_i \partial u_k}{\partial x_k} \tag{3.32}$$

上述表达式中,采用 Einstein 求和约定。求和约定中,同一项中下标字母项出现重复时,对这一下标字母项进行求和。例如:

$$a_i b_i = \sum_{j=1}^{3} a_j b_j$$

这种情况的下标字母项称为哑元标记,$a_k b_k$ 和 $a_j b_j$ 表示相同意义。同一项中仅用 1 次的下标字母[式(3.32)中的下标字母 i],对添加下标字母变量的各部分,采用方程对以上列举的变量进行描述。

连续方程(3.31)和 Navier-Stokes 方程(3.32)作雷诺平均,可得:

$$\frac{\partial U_k}{\partial x_k} = 0 \tag{3.33}$$

$$\frac{DU_i}{Dt} = -\frac{1}{\rho}\frac{\partial P}{\partial x_i} + \frac{\partial}{\partial x_k}(\nu\frac{\partial U_i}{\partial x_k}) - \frac{\partial}{\partial x_k}(\overline{u'_i u'_k}) \tag{3.34}$$

上式称为雷诺方程。式(3.34)右边的第 3 项(流速变化部分的相关项 $\overline{u'_i u'_k}$),由于紊动增加的动量输移附加项,称为雷诺应力(或者紊动应力)。雷诺应力项采用张量形式,合计有 9 个变量,考虑到变量矩阵的对称性,由雷诺应力项新增加了 6 个未知变量。连续方程和 Navier-Stokes 方程的联立方程系统中,流速有 3 个未知量,压力有 4 个未知量,而 1 个连续方程有 3 个分量,Navier-Stokes 方程有 3 个方程式,合计有 4 个控制方程式,方程个数与未知量的个数相等,可以对方程组进行求解。因此,平均化处理后的控制方程式(3.33)和式

(3.34),加上雷诺应力项这一未知量,控制方程个数比未知量的个数要少,不能得到方程组的解。作平均化处理的代价是产生了如何封闭方程组系统的问题。

解决封闭问题,需要建立新的未知数(雷诺应力)与平均流场变化(平均流速 U_i 和平均压力 P)之间的关系。为此需要推导湍流模型。

3.3.3 湍流模型

湍流模型变化多样,已有的研究成果比较完善,实用性较高(算例很多)的模型都是基于时间平均的模型。这种模型的关键之处就是涡黏性系数的引入。基基于分子黏性应力(与流速梯度成比例)作类推,也认为雷诺应力与平均流速梯度成比例,可表示为:

$$-\overline{u'_i u'_k} = \nu_t \left(\frac{\partial U_i}{\partial x_k} + \frac{\partial U_k}{\partial x_i} \right) - \frac{2}{3} k \delta_{ik} \tag{3.35}$$

式中,δ_{ik} 为 Kronecker 三角标记(当 $i = k$ 时,$\delta_{ik} = 1$;当 $i \neq k$ 时,$\delta_{ik} = 0$)。

式(3.35)为涡黏性模型,或者称为 Boussineaq 近似。式中系数 ν_t 相对于水流动力黏滞系数 ν,也可称为涡运动黏滞系数。若使用涡黏性模型,雷诺方程将变为以下公式形式:

$$\frac{DU_i}{Dt} = -\frac{1}{\rho} \frac{\partial}{\partial x_i} \left(P + \frac{2}{3} \rho k \right) + \frac{\partial}{\partial x_k} \left\{ (\nu + \nu_t) \frac{\partial U_i}{\partial x_k} \right\} \tag{3.36}$$

若能计算得到涡黏性系数,就可以理解方程组系统的封闭问题。式中的 k 为紊动动能:

$$k = \frac{1}{2} \overline{u'_i u'_k} \tag{3.37}$$

由定义可以看出,封闭雷诺应力的过程中,由于是采用传递运动的处理方法,没有出现新的未知量。

对于方程组封闭问题,通常采用推导出湍流特性变量(如紊动动能)的输移方程,联立雷诺方程进行求解的方法,根据推导出的输移方程个数,建立的湍流模型的复杂度是不一样的。

雷诺应力的输移方程可写为如下形式:

$$\frac{\partial}{\partial t} (\overline{u'_i u'_j}) + \underbrace{U_k \frac{\partial \overline{u'_i u'_j}}{\partial x_k}}_{\text{对流项}} = \underbrace{-\overline{u'_k u'_j} \frac{\partial U_i}{\partial x_k} - \overline{u'_k u'_i} \frac{\partial U_j}{\partial x_k}}_{\text{发生项}}$$

$$+ \underbrace{\frac{1}{\rho} \overline{p' \left(\frac{\partial u'_i}{\partial x_j} + \frac{\partial u'_j}{\partial x_i} \right)}}_{\text{压力—应变相关项}} - \underbrace{2\nu \overline{\frac{\partial u'_i}{\partial x_k} \frac{\partial u'_j}{\partial x_k}}}_{\text{耗散项}}$$

$$+ \underbrace{\frac{\partial}{\partial x_k} \left\{ \underbrace{(-\overline{u'_i u'_j u'_k})}_{\text{速度脉动}} - \underbrace{\frac{1}{\rho} \overline{(\delta_{jk} u'_i + \delta_{ik} u'_j) p'}}_{\text{压力脉动}} + \underbrace{\nu \frac{\partial}{\partial x_k} (\overline{u'_i u'_j})}_{\text{黏性项}} \right\}}_{\text{扩散项}} \tag{3.38}$$

推导上式的过程就是由 Navier-Stokes 方程简化为雷诺方程的过程,即推导出脉动速度(u'_i)运动方程,得到脉动速度的输移方程是雷诺平均的主要目的,式中给出了方程各项的物理意义。方程右边各项依次为脉动生成项、压力—应变相关项、耗散项和扩散项,扩散项又分为流速脉动、压力脉动和分子黏性,扩散项以引起各项通量总和的形式给出。推导出的输移方程式(3.38)中包含雷诺平均处理过程中出现的 6 个雷诺应力分量,联立连续方程和雷诺方程,就可以得到封闭的方程组。

然而,实际上,问题并不是如此简单。式(3.38)的雷诺应力输移方程中存在 2 次相关项,由于受到 Navier-Stokes 方程非线性项的影响,出现了更高次的相关项 $\overline{u'_i u'_j u'_k}$ 和 $\overline{u'_i p'}$,未知变量的数目增加了。因此,仅根据推导出的输移方程,还不能解决封闭问题。需要建立输移方程高次相关项与低次相关项之间的关系模型,即湍流模型。首先,采用"雷诺应力与平均流场变化之间的关系"来定义湍流模型,在输移方程层次上进行上述定义,这样的定义方法具有更高精度。

(1)零方程湍流模型

最简单的模型不是导入雷诺应力输移方程,而是仅根据平均流动信息表述涡黏性系数,这种模型称为零方程模型。该类模型中最有名的是 Prantl 的混掺长度模型。沿边壁的流动(边界层),主流方向(x)的流速梯度相比较边壁的法相(y)的流速梯度非常小。这里要考虑涡黏性系数的维数,采用湍流的表征长度 l 与边壁的法线方向的流速梯度结合,可得到涡黏性系数的计算公式:

$$\nu_t = l^2 \left| \frac{\partial U}{\partial y} \right| \tag{3.39}$$

湍流的表征长度 l 称为混掺长度,物理意义是微小流体团在这一距离内运动保持一定的动量不变。湍流边界层中,成立如下的关系式:

$$l = \kappa y \tag{3.40}$$

式中,κ 为 Von Kármán 常数。

众所周知,由上式可以推导出对数流速分布公式。

(2)双方程湍流模型

考虑涡黏性系数的维数,根据湍流的表征长度、表征时间和表征速度的尺度的组合,对涡黏性系数进行合适的概化,这里的组合方式有很多种。紊动动能 k 是重要的和基本的湍流特征量,几乎所有研究者都以 k 的平方根作为速度尺度导入湍流模型。对于雷诺应力输移方程式(3.38),当 $j=i$ 时,对带有 i 标记的项求和,可推导得到紊动动能 k 的输移方程:

$$\frac{\partial k}{\partial t} + U_j \frac{\partial k}{\partial x_j} = -\overline{u'_i u'_j} \frac{\partial U_i}{\partial x_j} - \nu \overline{\frac{\partial u'_i}{\partial x_j} \frac{\partial u'_i}{\partial x_j}} + \frac{\partial}{\partial x_j} \left(-\frac{1}{2} \overline{u'_i u'_j u'_k} - \frac{1}{\rho} \overline{p' u'_j} + \nu \frac{\partial k}{\partial x_j} \right) \tag{3.41}$$

假设上式为恒定状态时,时间微分项即为 0,左边仅考虑对流项,考虑控制体(由封闭曲面所包围的微小流体团),可表示为对流、扩散、生成和耗散 4 项的输入输出,即可理解紊动动能的输移方程。并且,观察雷诺应力输移方程的压力—应变相关项,可以看出由于压力作用控制体内的速度分量要进行再分配,在紊动动能输移方程的推导过程中,使用质量守恒法则,可以忽略掉压力—应变相关项,即对 k 方程式中的各项不造成任何影响。

式(3.41)右边的第 1 项和第 2 项表示为生成项和耗散项,通常写为如下形式:

$$-\overline{u'_i u'_j} \frac{\partial U_i}{\partial x_j} = P_k \tag{3.42}$$

$$\nu \overline{\frac{\partial u'_i}{\partial x_j} \frac{\partial u'_i}{\partial x_j}} = \varepsilon \tag{3.43}$$

并且,式(3.41)右边的第 3 项和第 4 项写成如下形式,与速度梯度相关联,对高次相关项进行近似处理(梯度扩散近似)和概化。

$$-\frac{1}{2}\overline{u'_i u'_j u'_k} - \frac{1}{\rho}\overline{p' u'_j} = \frac{\nu_t}{\sigma_k} \frac{\partial k}{\partial x_j} \tag{3.44}$$

双方程湍流模型中,除了紊动动能 k 以外,还有一个参数需要计算,最一般的做法就是选择 k 方程中也出现了的紊动能耗散率 ε 进行建模,称之为 $k-\varepsilon$ 方程。耗散率 ε 的输移方程的推导过程与 k 方程的推导相似,均是进行雷诺平均化处理,由于比 k 方程要复杂一些,因此本书将不进行 ε 方程的具体推导过程。严格地推导 ε 方程必须进行一定概化,归纳基于 k 方程类推的计算式。标准 $k-\varepsilon$ 模型将雷诺方程中的涡黏性系数描述为(称为 Kolmogorov-Prandtl 关系式):

$$\nu_t = C_\mu \frac{k^2}{\varepsilon} \tag{3.45}$$

$$\frac{\partial k}{\partial t} + U_j \frac{\partial k}{\partial x_j} = P_k - \varepsilon + \frac{\partial}{\partial x_j}\left\{\left(\nu + \frac{\nu_t}{\sigma_k}\right)\frac{\partial k}{\partial x_j}\right\} \tag{3.46}$$

$$\frac{\partial \varepsilon}{\partial t} + U_j \frac{\partial \varepsilon}{\partial x_j} = \frac{\varepsilon}{k}(C_{1\varepsilon} P_k - C_{2\varepsilon}\varepsilon) + \frac{\partial}{\partial x_j}\left\{\left(\nu + \frac{\nu_t}{\sigma_\varepsilon}\right)\frac{\partial \varepsilon}{\partial x_j}\right\} \tag{3.47}$$

联立连续方程、雷诺方程和 k 方程、ε 方程,就建立了可求解的湍流模型。根据试验结果对其中的一些参数进行率定,下面是这些参数的推荐标准值:

$$C_\mu = 0.09; \sigma_k = 1.0; \sigma_\varepsilon = 1.3; \sigma_{1\varepsilon} = 1.44; C_{2\varepsilon} = 1.92 \tag{3.48}$$

$k-\varepsilon$ 模型中选择紊动动能 k 和紊动动能耗散率 ε 作为输移方程的独立变量,这与保持紊动动能的紊动脉动和紊动能的耗散相关的紊动脉动有明显不同,对两者进行独立处理是前提。在高雷诺数水流流动中才满足这个前提条件,对于低雷诺数水流流动不能简单地套用标准的 $k-\varepsilon$ 模型。动床水流中在近壁区湍流区,壁面附近也是处于低雷诺数区域,更接近壁面区域的解析需要一些另外的考虑。

边界层流动模拟一般采用以下两种方式:①在近壁区域导入壁面函数;②使用低雷诺数的 $k-\varepsilon$ 模型或其他类型的模型。采用壁面函数的方法,近壁区域不能使用 $k-\varepsilon$ 模型,沿壁面的法线方向设定 $k-\varepsilon$ 模型的计算区域外缘点(第一个网格节点 y_p)。在近壁区域对数流速分布成立,假定在一定厚度层内存在湍流的局部平衡性($P_k = \varepsilon$)和剪切应力,可得到在这一点处的平均流速 U_p、紊动动能 k_p 和紊动耗散率 ε_p[见式(3.49)~式(3.51)],通常进行单个泥沙颗粒的拉格朗日型轨迹跟踪计算所需的水流条件,一般服从对数流速分布,需要用到壁面函数。

$$\frac{U_p}{u_*} = \frac{1}{\kappa}\ln(\frac{y_p u_*}{\nu}) + 5.5 \qquad (3.49)$$

$$k_p = \frac{u_*^2}{\sqrt{C_\mu}} \qquad (3.50)$$

$$\varepsilon_p = \frac{u_*^3}{\kappa y_p} \qquad (3.51)$$

不服从流速对数分布和不使用壁面函数时,需要采用适用于低雷诺数流速区域修正的 $k-\varepsilon$ 模型。Jones 和 Launder(1972)在这方面作了尝试。在 Jones-Launder 模型中,引入修正涡黏性系数的函数 f_μ 以及对 ε 方程中的生成项和耗散项进行修正的函数 f_1 和 f_2,并引入表现壁面附近分子黏性效应的修正项 D 和 E,下面介绍修正标准 $k-\varepsilon$ 模型后的 Jones-Launder 模型。后文提到的很多研究都是基于采用修正函数和修正项的湍流模型建模方法。

$$\nu_t = C_\mu f_\mu \frac{k^2}{\varepsilon} \qquad (3.52)$$

$$\frac{\partial k}{\partial t} + U_j \frac{\partial k}{\partial x_j} = P_k - \varepsilon + + \frac{\partial}{\partial x_j}\{(\nu + \frac{\nu_t}{\sigma_k})\frac{\partial k}{\partial x_j}\} + D \qquad (3.53)$$

$$\frac{\partial \varepsilon}{\partial t} + U_j \frac{\partial \varepsilon}{\partial x_j} = \frac{\varepsilon}{k}(C_{1\varepsilon}f_1 P_k - C_{2\varepsilon}f_2\varepsilon) + \frac{\partial}{\partial x_j}\{(\nu + \frac{\nu_t}{\sigma_\varepsilon})\frac{\partial \varepsilon}{\partial x_j}\} + E \qquad (3.54)$$

$$D = -2\nu(\frac{\partial \sqrt{y}}{\partial y})^2 ; E = 2\nu_t \frac{\partial^2 U}{\partial y^2} \qquad (3.55)$$

$$f_1 = 1; f_2 = 1 - 0.3\exp(-R_t^2); R_t = \frac{k^2}{\nu\varepsilon} \qquad (3.56)$$

$$f_\mu = \exp[-2.5/(1 + R_t/50)] \qquad (3.57)$$

$$C_\mu = 0.09; \sigma_k = 1.0; \sigma_\varepsilon = 1.3; \sigma_{1\varepsilon} = 1.45; C_{2\varepsilon} = 2.0 \qquad (3.58)$$

开始湍流数值模拟研究可以从 $k-\varepsilon$ 模型入手,大多数商业流体分析软件都是采用 $k-\varepsilon$ 模型,作为湍流数值模拟的工具有很多实用案例。该模型的参数个数较少,应用大量试验数据对 $k-\varepsilon$ 模型作了率定,给出了最适用的标准参数取值。并且,计算得到的涡黏性系数一般都是正值,因此计算过程非常稳定。关于该模型介绍书籍的很多,有源代码公开(Peric and Ferziger,2001)。$k-\varepsilon$ 模型不适用的情况很有很多,诸如不能保证湍流局部平衡性或者紊动各向异性较明显的情况等,但由于该模型计算量相对较小,目前已经作为进行湍流数值模拟分析的主要工具并广泛应用于河流动力学和泥沙运动力学的研究当中。

(3)雷诺应力方程模型

对于涡黏性模型不适用的流动模拟就不能使用 $k-\varepsilon$ 模型,对雷诺应力输移方程式(3.38)中的高阶相关项进行参数化来封闭方程组,将雷诺应力的多个成分均作为独立变量,联立偏微分方程组和雷诺方程,如果可以对其进行求解,就不用导入涡黏性系数进行湍流数值模拟。这就是雷诺应力方程模型的基本思路。

对于雷诺应力方程模型,不需要生成项和黏性扩散项,由于存在压力—应变相关项、耗散项、流速和压力脉动之间的高阶相关,模型中需要考虑扩散项。与 $k-\varepsilon$ 模型相比,应力方程模型的输移方程个数要多一些,因为需要对高阶相关项的参数化,雷诺应力方程也有不少参数,模型参数的总个数大幅增加。模型参数个数增加,模型计算结果的不确定性也随之增加,这也增大了模型应用的难度。实际上,目前还不能很好地确定模型参数的标准推荐值,为避免扩散系数出现负值而导致数值计算的不稳定性,需要对模型参数进行调整,雷诺应力方程模型在工程实际应用中的计算结果验证未取得显著进展。

近年,空间平均的湍流模型取得了一定研究进展,后文中介绍的大涡模拟(LES)采取了这个思路。不能应用 $k-\varepsilon$ 模型模拟流场的情况,采用 LES 进行数值模拟时计算量会增大很多,与只对时间平均湍流结构或对平均值附近的脉动统计湍流结构进行求解的双方程湍流模型和雷诺应力方程模型相比,基于空间平均处理、近似处理低频率湍流脉动结构、对平均湍流结构作非恒定计算的 LES 模型,可以提供更精细层次的用于模拟泥沙颗粒轨迹跟踪过程中必要的湍流信息。因此,本书将不再对应力方程模型进行具体介绍。

包含若干个偏微分方程的应力输移方程增加了该类模型的复杂性。为改善这个问题,提出了代数应力模型(ASM)。代数应力模型不单是对应力方程模型的近似,从理解湍流模型的基本方程结构的角度来看,计算得到紊动动能导致的紊动强度在各方向上分量的分配率计算也增加了该类模型的计算精度,实际上,在采用 $k-\varepsilon$ 模型实施湍流模拟得到的紊动流场中,紊动强度在各方向上的再分配也是悬移质泥沙颗粒轨迹跟踪计算中的一个子步骤,因此下文将对 ASM 模型作简要介绍。雷诺应力输移方程中的对流、扩散、产生和耗散各项以及再分配项这 5 项中,生成、耗散和再分配这 3 项是体积力变量,对流和扩散项仅是控制体之间流入和流出的相关项。换言之,因为存在对流和扩散,应力输移方程才变成了偏微分方程的形式,如果可以对这两项作代数式表述,就可将应力输移方程简化为代数应力方程。

代数化处理的思路相当简单。雷诺应力输移方程(3.38)中,为明确表示各项的物理意义,可以写为如下公式的形式:

$$\frac{D\overline{u'_i u'_j}}{Dt} - Diff(\overline{u'_i u'_j}) = P_{ij} + \Pi_{ij} - \varepsilon_{ij} \tag{3.59}$$

$$P_{ij} = -\overline{u'_k u'_j}\frac{\partial U_i}{\partial x_k} - \overline{u'_k u'_i}\frac{\partial U_j}{\partial x_k} \tag{3.60}$$

$$\Pi_{ij} = \frac{1}{\rho}\overline{p'(\frac{\partial u'_i}{\partial x_j} + \frac{\partial u'_j}{\partial x_i})} \tag{3.61}$$

$$\varepsilon_{ij} = 2\nu\overline{\frac{\partial u'_i}{\partial x_k}\frac{\partial u'_j}{\partial x_k}} \tag{3.62}$$

$$Diff(\overline{u'_i u'_j}) = \frac{\partial}{\partial x_k}\{-\overline{u'_i u'_j u'_k} - \frac{1}{\rho}\overline{(\delta_{jk}u'_i + \delta_{ik}u'_j)p'} + \nu\frac{\partial}{\partial x_k}(\overline{u'_i u'_j})\} \tag{3.63}$$

假定雷诺应力输移方程中对流和扩散作用与 k 方程中的对流和扩散作用具有同样的特

性,有下式成立:

$$\frac{D \overline{u'_i u'_j}}{Dt} - Diff(\overline{u'_i u'_j}) \cong \frac{\overline{u'_i u'_j}}{k}\left[\frac{Dk}{Dt} - Diff(k)\right] \tag{3.64}$$

采用 k 方程又可以得到:

$$\frac{D \overline{u'_i u'_j}}{Dt} - Diff(\overline{u'_i u'_j}) \equiv \frac{\overline{u'_i u'_j}}{k}(P_k - \varepsilon) \tag{3.65}$$

最终,雷诺应力输移方程变为式(3.66),消去了偏微分项而完成方程的代数化处理。

$$\frac{\overline{u'_i u'_j}}{k}(P_k - \varepsilon) = P_{ij} + \Pi_{ij} - \varepsilon_{ij} \tag{3.66}$$

考虑到紊动动能变为热量的过程中产生的涡旋尺度非常小,可以认为紊动能耗散率为各项同性,耗散率可写为:

$$\varepsilon_{ij} = \frac{2}{3}\delta_{ij}\varepsilon \tag{3.67}$$

对于压力—应变相关项也作同样处理,如果式(3.68)的近似式成立,就可以得到雷诺应力的代数表达式[见式(3.69)]。

$$\Pi_{ij} = -c_1 \frac{\varepsilon}{k}\left(\overline{u'_i u'_j} - \frac{2}{3}\delta_{ij}k\right) - \gamma\left(P_{ij} - \frac{2}{3}\delta_{ij}P_k\right) \tag{3.68}$$

$$\overline{u'_i u'_j} = k\left[\frac{2}{3}\delta_{ij} + \frac{(1-\gamma)\left(\dfrac{P_{ij}}{\varepsilon} - \dfrac{2}{3}\delta_{ij}\dfrac{P_k}{\varepsilon}\right)}{\dfrac{P_k}{\varepsilon} + c_1 - 1}\right] \tag{3.69}$$

式中,c_1、γ 为模型常量,一般取 $c_1 = 1.5 \sim 1.8$,$\gamma = 0.6$(Rodi,1984)。

并且,由于剪切层(壁面的法线方向,即 y 轴方向)中的雷诺应力明显,基于式(3.69)可得到沿边壁方向的流速:

$$-\overline{uv} = \frac{2}{3}\frac{1-\gamma}{c_1}\frac{\gamma\dfrac{P_k}{\varepsilon} + c_1 - 1}{(P_k + c_1 - 1)^2}\frac{k^2}{\varepsilon}\frac{\partial U}{\partial y} \tag{3.70}$$

在剪切层中,有下式成立:

$$-\overline{uv} = \nu_t \frac{\partial U}{\partial y} \tag{3.71}$$

由式(3.70)可定义式(3.72),这样又可回归到 Kolmogorov-Prandtl 的关系式[见式(3.45)]。

$$\frac{2}{3}\frac{1-\gamma}{c_1}\frac{\gamma\dfrac{P_k}{\varepsilon} + c_1 - 1}{(P_k + c_1 - 1)^2} = C_\mu \tag{3.72}$$

(4)大涡模拟

Navier-Stokes 方程是完整描述流体运动的基本方程,以此为前提进行如下思考,直接求解 Navier-Stokes 方程的直接数值模拟方法(DNS)可提供所有湍流场的时空演变信息。

但是,因为需要对紊动动能耗散过程中产生的微小涡旋进行直接求解,计算量非常大,实际应用难以实现而很少采用此方法。因此,需要采取一定方法对求解精度进行粗化,降低湍流时空解析精度,降低计算量。自此,一直都在试图对基于时间平均的雷诺方程进行求解,这是统计意义上湍流模型的一个特点(只关注一点处的湍流特性)。在恒定流场中,对使用探头测量湍流特性的点测数据,采用这种只关注一点处的湍流统计特性的方法进行处理是合适的,但如果要描述湍流的空间结构演变过程,这种模型就很不合适了。

湍流测量领域非常重视湍流的结构演变,与着重测量较大尺度的涡旋非恒定运动的 PIV 技术(在流场中撒入一些极细小的示踪颗粒,对用激光照射生成的图像进行解析)等可视化测量手段一样,也需要开发能够再现湍流时空结构演变过程的数学模型。对应于这种要求的数学模型就是大涡模拟(LES)。与 DNS 中使用的网格相比 LES 采用更粗的计算网格,一方面考虑比计算网格要小的涡旋影响,另一方面直接求解较大尺度涡旋引起的湍流时空结构。

可以采用过滤处理方法对涡旋结构进行过滤粗化,直接计算的网格尺度称为网格尺度,该网格尺度以下用于计算的网格尺度称为亚网格尺度(SGS)。过滤函数是参与直接计算的一部分,过滤函数的定义对湍流结构的模拟非常重要,亚格子尺度模型从理论上讲,会受到过滤函数形式选择的影响,LES 广泛采用 Smagorinsky 模型,Smagorinsky 模型中采用不依赖于过滤函数的亚格子尺度模型,这里不再详述过滤函数。

LES 基本方程包括过滤后的连续方程和过滤后的 Navier-Stokes 方程:

$$\frac{\partial \overline{u_i}}{\partial x_i} = 0 \tag{3.73}$$

$$\frac{\partial \overline{u_i}}{\partial t} + \frac{\partial \overline{u_i}\,\overline{u_j}}{\partial x_i} = -\frac{1}{\rho}\frac{\partial \overline{p}}{\partial x_i} + \frac{\partial}{\partial x_i}\left(-\tau_{ij} + \nu \frac{\partial \overline{u_i}}{\partial x_j}\right) \tag{3.74}$$

与雷诺方程相同,造成对流项非线性的附加应力项可表示为:

$$\tau_{ij} = \overline{u_i u_j} - \overline{u_i}\,\overline{u_j} \tag{3.75}$$

但是,这种情况的平均处理与雷诺时间平均[见式(3.29)和式(3.30)]不同,要注意到:

$$\overline{u'_i\,\overline{u_j}} \neq 0; \overline{\overline{u_i}} \neq \overline{u_i} \tag{3.76}$$

另外,严格意义上说,微分平均计算和过滤平均计算的互换性是不成立的:

$$\overline{\frac{\partial \varphi}{\partial x_i}} = \frac{\partial \overline{\varphi}}{\partial x_i}; \overline{\frac{\partial \varphi}{\partial t}} = \frac{\partial \overline{\varphi}}{\partial t} \tag{3.77}$$

假定以上两种平均计算的互换性成立,过滤后的 Navier-Stokes 方程的附加应力项 τ_{ij},一般可分解表示为:

$$\tau_{ij} = L_{ij} + C_{ij} + R_{ij} \tag{3.78}$$

$$L_{ij} = \overline{\overline{u_i}\,\overline{u_j}} - \overline{u_i}\,\overline{u_j} \tag{3.79}$$

$$C_{ij} = \overline{\overline{u_i}u'_j} + \overline{u'_i\,\overline{u_j}} \tag{3.80}$$

$$R_{ij} = \overline{u'_i u'_j} \tag{3.81}$$

式中，L_{ij} 为 Leonard 项，C_{ij} 称为交叉项，表示网格尺度涡旋能量耗散的项。R_{ij} 为亚格子尺度雷诺应力项，表示亚格子尺度涡旋对网格尺度涡旋的干扰效应。L_{ij} 和 C_{ij} 与 R_{ij} 的量级一样大，两者可相互抵消，$(L_{ij}+C_{ij})$ 与 R_{ij} 相比如果可以忽略的话，仅对亚格子尺度雷诺应力项进行参数化的方法就等同于低阶的 LES 方法。这里仅介绍 LES 的基本思路，Leonard 项和交叉相的处理方法的理论进展不再详述。

亚格子雷诺应力项的参数化可按照与雷诺方程相同的顺序进行。首先，根据涡黏性系数的类推法，在亚格子尺度的雷诺应力项导入涡黏性系数：

$$-\overline{u'_i u'_j} + \frac{2}{3}k_{SGS}\delta_{ij} = \nu_e\left(\frac{\partial \overline{u_i}}{\partial x_j} + \frac{\partial \overline{u_j}}{\partial x_i}\right) \tag{3.82}$$

式中，ν_e 为 SGS 涡黏性系数，k_{SGS} 定义为 SGS 紊动动能，表达式为：

$$k_{SGS} = \frac{\overline{u_k u_k} - \overline{u_k}\,\overline{u_k}}{2} \tag{3.83}$$

可对亚格子尺度的雷诺应力的各向同性部分分解处理，包含压力梯度项，可得式(3.84)：

$$\frac{D\overline{u_i}}{Dt} = -\frac{1}{\rho}\frac{\partial}{\partial x_i}\left(\overline{p} + \frac{2}{3}k_{SGS}\right) + \frac{\partial}{\partial x_i}\left\{(\nu + \nu_e)\frac{\partial \overline{u_i}}{\partial x_j}\right\} \tag{3.84}$$

可采用剪切应变速率张量 S_{ij} 描述式(3.82)，可得式(3.85)：

$$\tau_{ij} \cong R_{ij} = -2\nu_e \overline{S_{ij}}; \overline{S_{ij}} = \frac{1}{2}\left(\frac{\partial \overline{u_i}}{\partial x_j} + \frac{\partial \overline{u_j}}{\partial x_i}\right) \tag{3.85}$$

采取基于雷诺平均推导雷诺应力输移方程的同样顺序，可以推导出亚格子尺度的紊动动能输移方程。推导亚格子尺度的紊动动能的输移方程也和基于雷诺平均推导紊动动能 k 的输移方程相同，存在对流、生成、耗散和扩散 4 部分的平衡形式：

$$\frac{Dk_{SGS}}{Dt} = P_{k_{SGS}} - \varepsilon_{k_{SGS}} + Diff(k_{SGS}) \tag{3.86}$$

生成和耗散的定义如下：

$$P_{k_{SGS}} = -\tau_{ij}\overline{S_{ij}} \tag{3.87}$$

$$\varepsilon_{k_{SGS}} = \overline{\varepsilon} - \overline{\varepsilon_{GS}} = \nu\overline{\frac{\partial u_i}{\partial x_j}\frac{\partial u_i}{\partial x_j}} - \nu\frac{\partial \overline{u_i}}{\partial x_j}\frac{\partial \overline{u_i}}{\partial x_j} \tag{3.88}$$

此处，假定亚格子尺度具有局部平衡性，有：

$$\varepsilon_{k_{SGS}} = -\tau_{ij}\overline{S_{ij}} \tag{3.89}$$

另外。速度尺度采用 SGS 紊动动能的平方根的形式，距离尺度采用网格尺度 Δ 的形式，考虑 SGS 涡黏性系数和 SGS 能量的耗散率的维数，可得：

$$\nu_e = C_v \sqrt{k_{SGS}} \cdot \Delta \tag{3.90}$$

$$\nu_e \overline{S_{ij}}\,\overline{S_{ij}}\left(= \frac{\varepsilon_{SGS}}{2}\right) = C_\varepsilon \frac{k_{SGS}^{3/2}}{\Delta} \tag{3.91}$$

式中,C_v 和 C_ε 为比例常数。

由以上两式,消去亚格子尺度的紊动动能,可得到常数:

$$\sqrt{\frac{C_v^3}{C_\varepsilon}} = C_s^2 \tag{3.92}$$

可得到 SGS 涡黏性系数的表达式:

$$\nu_e = (C_s\Delta)^2 \sqrt{2\,\overline{S}_{ij}\,\overline{S}_{ij}} \tag{3.93}$$

以上就是 Smagorinsky 模型。最终,SGS 紊动动能生成项和耗散项可写作下式:

$$\varepsilon_{k_{SGS}} = P_{k_{SGS}} = (C_s\Delta)^2 (2\,\overline{S}_{ij}\,\overline{S}_{ij})^{3/2} \tag{3.94}$$

这里 C_s 是 Smagorinsky 模型中的唯一参数(称为 Smagorinsky 数),是一个半经验性的数值,依赖于流体的边界条件,可以看出该常数并不是一个普遍适用的常数。为解决这个问题,可以将 Smagorinsky 数作变量处理,根据局部网格尺寸下的流体信息确定 Smagorinsky 数的模型称为动态 Smagorinsky 模型,采用动态模型进行大涡模拟,进一步改善了计算精度。

目前在河流动力学领域,LES 主要是应用于清水流动的数值模拟,少见应用于动床的研究案例。另外,以 Smagorinsky 模型为代表的低阶 LES 的计算稳定性较好,因此较多采用 Smagorinsky 静态模型。低阶 LES 模型应用于不能忽略湍流结构影响的物理现象研究时具有重要意义,比如很多水工建筑物周围的流动几乎都可归入这个范围,对于泥沙运动计算力学中的流体模拟部分,引入 LES 模型的研究将是必然趋势。

3.3.4 泥沙颗粒驱动力计算和蒙特卡洛法

由于泥沙颗粒的主要驱动力是流体推力,因此必须首先进行泥沙颗粒周围的流场分析。尤其是悬移质泥沙颗粒运动对流场变化比较敏感,需要对包含湍流瞬时流速进行准确计算,这是准确计算流体推力的前提。本节将应用前文介绍的湍流模型进行水流中的泥沙颗粒轨迹跟踪的数值模拟,基于获得的湍流信息,计算悬移质泥沙颗粒周围的水流流速。严格地来说,由于悬移质泥沙颗粒干扰湍流,流体自身流速也发生了变化,首先应该完成对流场的计算,在水沙两相流情况下必须进行两相耦合计算,本章是以清水流动近似为前提,以低浓度悬移质泥沙输移过程为研究对象。考虑水流与悬移质泥沙颗粒间相互作用的多相流计算方法将在第 4 章中进行介绍。

目前存在多种方法来计算湍流场,这些湍流模型必须提供必要的湍流信息用于水沙输移过程的模拟。首先介绍应用雷诺时均类型的湍流模型计算悬移质泥沙颗粒周围流速的情况。例如,使用 $k-\varepsilon$ 模型可获得流场的数值解,包括网格节点上的平均流速 $\vec{U}=(U,V,W)$、压力 P、紊动动能 k 和紊动能耗散 ε。对于悬移质泥沙颗粒的轨迹跟踪,必须了解泥沙颗粒周围的瞬时流速(平均流速和脉动流速之和)$\vec{u}=(U+u',V+v',W+w')$。对于平均流速,由网格节点上的数值内插到泥沙颗粒坐标上进行计算是可行的,对于脉动分量 $u'=(u',v',w')$,存在以下问题:①由紊动动能如何计算各变量的脉动强度;②如何获得具有统计特性的脉动强度时间序列值。

诸如基于实测数据或利用代数应力模型计算紊动动能的方法属于由紊动动能计算脉动强度的方法一类。流速脉动强度(也称为紊动强度)可用 Nezu(1977)的普遍函数计算:

$$\frac{\sqrt{\overline{u'^2}}}{u_*} = 2.3\exp(-\frac{y}{h}) \tag{3.95}$$

$$\frac{\sqrt{\overline{v'^2}}}{u_*} = 1.27\exp(-\frac{y}{h}) \tag{3.96}$$

$$\frac{\sqrt{\overline{w'^2}}}{u_*} = 1.63\exp(-\frac{y}{h}) \tag{3.97}$$

基于上式,根据紊动动能可得到各脉动强度分量的分配率为:

$$\frac{\sqrt{\overline{u'^2}}}{2k} = 0.55; \frac{\sqrt{\overline{v'^2}}}{2k} = 0.17; \frac{\sqrt{\overline{w'^2}}}{2k} = 0.28 \tag{3.98}$$

另外,在代数应力模型(式(3.69))中,当 $j=i$ 时,下式成立:

$$\overline{u'^2} = k\left[\frac{2}{3} + \frac{(1-\gamma)(\frac{P_{ii}}{\varepsilon} - \frac{2}{3}\frac{P_k}{\varepsilon})}{\frac{P_k}{\varepsilon} + c_1 - 1}\right]; P_{ii} = -2\overline{u'_k u'_i}\frac{\partial U_i}{\partial x_k} \tag{3.99}$$

式(3.99)右边的 P_{ii} 计算需要用到雷诺应力其他分量和平均流速梯度。考虑流场的边界条件,比较平均流速梯度的量级后,需要求解雷诺应力各分量的联立方程组。

要模拟出具有统计特性的脉动强度时间序列,需要提供能体现湍流信息的边界条件和湍流模型。具体来说,由 $k-\varepsilon$ 模型不能获得湍流的历史信息,如果没有湍流脉动历史的附加信息就不能描述湍流脉动的时间序列。因此,假定平均值附近存在完全随机脉动,用产生模拟随机数的方法模拟流速脉动的时间序列,这种方法即是蒙特卡洛法,蒙特卡洛法是采用随机数进行模拟的方法总称。推移质泥沙运动过程中采用随机数计算河床凸起的间隔和高度,跃移质的假想反弹面倾斜角度也采用随机数计算,可见蒙特卡洛法具有广泛的应用基础。推移质与河床凸起发生碰撞或跃移质与床面发生碰撞都是瞬间发生的物理现象,均采用随机数来模拟这些现象,在对悬移质运动过程轨迹跟踪模拟中,对悬移质泥沙颗粒周围时刻发生变化的流速计算也是采用随机数计算方法。

采用随机数,悬移质泥沙颗粒周围的瞬时流速可表示为:

$$u(t) = r_u \cdot \sqrt{\overline{u'^2}}; v(t) = r_v \cdot \sqrt{\overline{v'^2}}; w(t) = r_w \cdot \sqrt{\overline{w'^2}} \tag{3.100}$$

式中,$\vec{r_i} = (r_u, r_v, r_w)$,为随机数序列。

紊动强度的概率分布可以用 1 次近似的正态分布表示(禰津,1977),即采用正态分布随机数。如果要计算流速脉动分量之间不存在相关结构的湍流脉动时间序列，则采用 3 个相互独立的正态分布随机数序列较为合适。在很多情况下，紊动分量间的相关结构对悬移质泥沙输移起到非常重要的作用，概率密度函数可采用标准多变量正态分布（仅处理脉动分量，对所有变量计算中平均值取 0.0，方差取 1.0）定义：

$$f_r(\vec{r}_i)=\frac{1}{(2\pi)^{P_{\dim}/2}\left|\sum\right|^{1/2}}\exp\left(-\frac{\vec{r}_i^{\,T}\sum^{-1}\vec{r}_i}{2}\right) \tag{3.101}$$

$$\sum=E[\vec{r}_i\,\vec{r}_i^{\,T}]=\frac{1}{n}\sum_{k=1}^{n}\vec{r}_k\,\vec{r}_k^{\,T} \tag{3.102}$$

式中，$P_{\dim}$ 为维数，Σ 为方差一协方差矩阵，方差一协方差矩阵的各个分量即是计算的雷诺应力分量。在上式中的 $\vec{r}_i=(r_u,r_v,r_w)^T$，$T$ 为转置计算符号。

可以采用垂向 2 维模型进行悬移质泥沙运动的拉格朗日型轨迹跟踪，可获得紊动强度的分布形式。2 维场中方差一协方差矩阵及其行列式可写为：

$$\sum=\begin{pmatrix}1 & \gamma\\ \gamma & 1\end{pmatrix};\left|\sum\right|=1-\gamma^2 \tag{3.103}$$

式中，γ 为 u' 和 v' 的相关系数。

将上式导入式(3.101)并整理，可得到脉动分量的概率密度函数：

$$f_r(r_u,r_v)=\frac{1}{\sqrt{2\pi}}\exp\left(-\frac{r_u^2}{2}\right)\frac{1}{\sqrt{2\pi}\sqrt{1-\gamma^2}}\exp\left\{-\frac{(r_v-\gamma\cdot r_u)^2}{2(1-\gamma^2)}\right\} \tag{3.104}$$

$$\gamma=\frac{-\overline{u'v'}}{\sqrt{\overline{u'^2}}\sqrt{\overline{v'^2}}} \tag{3.105}$$

并且，r_u 和 r_v 可以写为下列形式：

$$r_u=\xi_r;r_v=\gamma\cdot\xi_r+\sqrt{1-\gamma^2}\cdot\zeta_r \tag{3.106}$$

根据产生的 2 个独立的正态分布随机序列（ξ_r，ζ_r），可生成满足雷诺应力相关关系的 2 个方向的脉动速度变量的瞬时值。

对于初始时刻阶段的悬移质泥沙颗粒的轨迹跟踪，不能得到 $k-\varepsilon$ 模型等湍流模型的数值解，祢津(1977)采用普遍函数表达式[见式(3.95)、式(3.96)和式(3.97)]根据蒙特卡洛法计算脉动强度，由此可以计算出瞬时流速，祢津(1977)使用这种方法给出了平均流场中对数形式的平均流速分布公式。基于该方法，可得到式(3.107)的相关系数表达式：

$$\gamma=\frac{-\overline{u'v'}}{\sqrt{\overline{u'^2}}\sqrt{\overline{v'^2}}}=0.342\,\frac{1-\dfrac{y}{h}}{\exp\left(-\dfrac{2y}{h}\right)} \tag{3.107}$$

推移质泥沙颗粒运动方程在根本上是与跃移质泥沙运动相同的常微分方程，可应用龙格库塔法等数值算法求解该运动方程。对于轨迹跟踪计算中用到的边界条件，如图 3.17 所示的模式。轨迹跟踪计算开始时，由河床底面附近释放泥沙颗粒到水流中。设置泥沙颗粒的初始速度应该考虑到河床附近间歇性的浮射流强度,但是浮射流计算比较困难。通常采用设置向上运动的初始速度(与摩阻流速相似大小)的简易方法。悬移质泥沙运动的情况与推移质不同,不需要考虑河床床面上的反弹和再悬浮等过程。因此,泥沙颗粒到达河床床面的时刻判断为泥沙颗粒运动停止的时刻。停止时刻进行离散颗粒的轨迹坐标插值计算。在整个水体中都有运动的悬移质泥沙颗粒,还需要设置水面处的边界条件。为精确模拟流场,需要得到能反映在水面附近紊动强度衰减效果的数值解,水面附近在垂向方向上泥沙颗粒运动受到抑制,计算过程中泥沙颗粒跳出水面的情况很少发生。但是,为了提高流场的求解精度,仍然需要考虑到泥沙颗粒会以一定的频率发生跳出水面的情况。遇到这种情况时,可将水面作为镜像反射边界条件处理,计算下一时间步泥沙颗粒的坐标位置。另外,为计算泥沙颗粒运动速度,还需要变换垂向变量的符号,计算下一步泥沙颗粒的速度,泥沙颗粒会在离开水面的方向上运动。

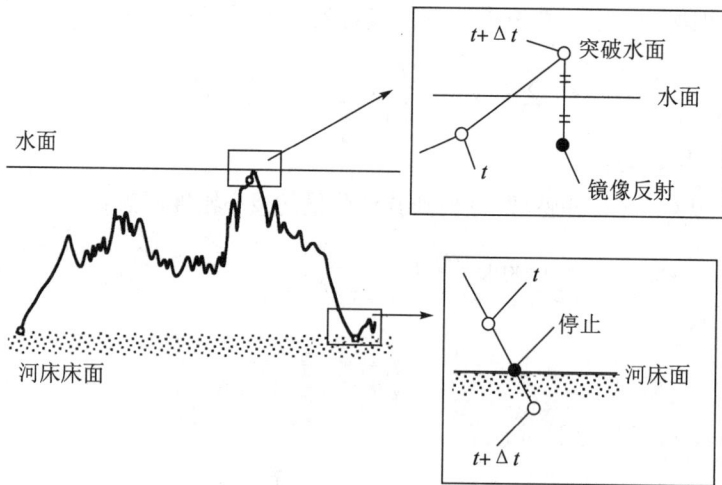

图 3.17　悬移质泥沙颗粒轨迹跟踪计算的边界条件

采用式(3.100)继续进行上述过程的描述,考虑计算区域内特定点处变量间的相关关系,可以计算得到脉动流速瞬时值,这一阶段中,不能完全反映出泥沙颗粒的运动历史信息。为能够反映泥沙颗粒的运动历史信息,需要导入马尔科夫过程模型。简单的马尔科夫过程模型如下:

$$\left.\begin{aligned}
u'(t+\Delta t) &= \alpha_u u'(t) + \sqrt{1-\alpha_u^2} \cdot r_u \cdot \sqrt{\overline{u'^2}} \\
v'(t+\Delta t) &= \alpha_v v'(t) + \sqrt{1-\alpha_v^2} \cdot r_v \cdot \sqrt{\overline{v'^2}} \\
w'(t+\Delta t) &= \alpha_w w'(t) + \sqrt{1-\alpha_w^2} \cdot r_w \cdot \sqrt{\overline{w'^2}}
\end{aligned}\right\} \quad (3.108)$$

当前时刻(时刻 $t+\Delta t$)的概率变量(即流速脉动变量)仅依赖于接近过去时刻(时刻 t)的信息,与时刻 t 以前的状态无关。这里,$(\alpha_u, \alpha_v, \alpha_w)$ 为自相关系数矢量。上述方法中,由于雷诺时间平均类型的湍流模型不能得到湍流信息,因此假设存在指数衰减的关系:

$$\alpha_u = \alpha_v = \alpha_w = \exp(-\frac{\Delta t}{T_L}) \tag{3.109}$$

式中，T_L 为紊动的拉格朗日型特征时间尺度，可用式(3.110)计算。首先，由量纲分析可以得到下式：

$$T_L \cong \frac{\nu_t}{V_L^2} \tag{3.110}$$

假设湍流各向同性，可得速度尺度与紊动动能的关系：

$$V_L = \sqrt{\frac{2}{3}k} \tag{3.111}$$

根据式(3.110)和式(3.111)，可获得紊动的拉格朗日型特征时间尺度为：

$$T_L \cong \frac{3\nu_t}{2k} \tag{3.112}$$

应用上式，可推导出基于 $k-\varepsilon$ 模型的拉格朗日型湍流特征时间尺度。当然，也可以导入 n 维马尔科夫过程模型，而这种情况时规定时间步长间相关关系的自相关系数个数增多，计算困难，实际应用中很少选择。

3.3.5　泥沙悬移过程中湍流时空结构的重要性

基于悬移质泥沙颗粒的拉格朗日型轨迹跟踪计算悬移质的浓度分布，自 Yalin(1973)以来，以简单流场为研究对象，进行了拉格朗日型轨迹跟踪的应用研究。但是，现实中的河流或海岸中，如图 3.18 所示，由于沙纹和沙波等波状泥沙床面上的悬移质泥沙输移比较活跃，在沙纹床面上的水流流动方向，悬移质输移过程并非各方向同性，这对河流泥沙或海岸泥沙的输沙量预测计算非常重要。基于雷诺时间平均的湍流模型，可较为容易地进行流场数值计算，但不能仅停留于对沙纹床面或沙波床面上的流场计算，基于蒙特卡洛数值模拟方法计算得到的流场信息，可尝试应用于悬移质泥沙颗粒运动得轨迹跟踪模拟研究。

但是，对于沙纹床面或沙波床面上的悬移质泥沙输移，有一定相干结构的湍流起到相当明显的作用。由于河床沙波上面的水流流动，河床沙波顶部下游侧面形成分离区，低速流体在此滞留。分离区的边界就是低速流体与高速流体相交接的界面，由于边界处产生不稳定的沙波，高速流体和低速流体掺混在一起，这种现象称为 Kelvin-Helmholtz 不稳定现象。边界处产生的不稳定沙波逐渐发展为分离涡，分离区下端将接触到泥沙床面(再附着点)。随着分离涡聚积，在分离区下游将形成更大规模的有组织的上升涡旋，最终涡旋到达水面处。这种上升的涡旋是间歇性的，观察水面可发现不时地有涡旋上浮的类似于沸腾的现象，称这种涡旋为沸腾涡，这种沸腾涡的存在对促使悬移质上浮的贡献很大。

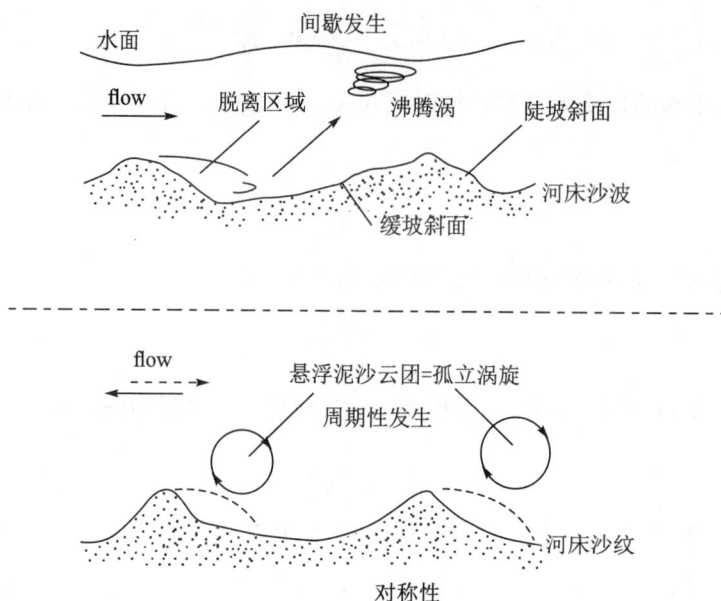

图 3.18 沙纹和沙波上的悬移质输移

在沙纹床面上,一般流体本身也存在正负方向上不断变换的往复流动,由于分离区周期性的形成和破坏,从分离涡中也周期性地释放出孤立涡,有研究者认为这些涡旋运动伴随的悬移质泥沙团对悬移质的上浮起到很大的作用。这种悬移质泥沙团状体称为悬浮泥沙云团。沸腾涡属于 3 维流动现象,而在 2 维模型河床沙波上的水力学试验中,几乎观测不到这样的涡流现象,由于往复流的外部诱因作用是周期性的,产生的悬浮泥沙云团是受水平向涡流控制的物理现象,也可以明确地确定 2 维沙纹的模型试验中同样存在这样的漩涡。基于这个原因,很多研究者开展了具有一定相干结构组织的涡流中的悬移质泥沙输移研究,早期以海岸泥沙为研究对象。泽本(1978)首次提出了涡旋层和扩散层模型,在了解沙纹床面上的往复流边界层方面取得了一定进展,并且基于早川(1985)的拉格朗日型泥沙颗粒轨迹跟踪计算对扩散过程的了解,佐藤(1985)采用湍流模型,实施了对悬移质的拉格朗日轨迹跟踪模拟,取得了较大进展。

往复流场的数值模拟当中,为描述平均流动的时间脉动,需要导入流速时间微分项的基本方程。由于存在外部边界作用力(计算区域两端施加的流量时间序列)引起的脉动,将进行平均流动的非恒定计算,这个边界脉动(与边界作用力相同周期的正弦波)对周围流场脉动的影响采用湍流模型进行描述。在某一方向的流动处于均匀流状态下定义时间平均,与往复流中的位相平均(对一定数量的振荡周期位相相同的瞬时脉动进行采样并作平均化处理,如图 3.19 所示。在了解了该处理方法的原理后,就可以应用位相平均的方法计算流速,对于平均流速,采用按一定模式变化的流场,因为采用在一个观测点上观测湍流瞬时结构的描述方法,不能完整地观测到湍流历史信息,至少不能完全观测到速度脉动分量。因此,需要应用数学模型再现存在沸腾涡或悬浮泥沙云团的湍流组织结构控制下的流场,此种情况下必须应用可计算湍流时空结构的湍流模型,如应用大涡模拟(LES)或直接数值模拟(DNS)。

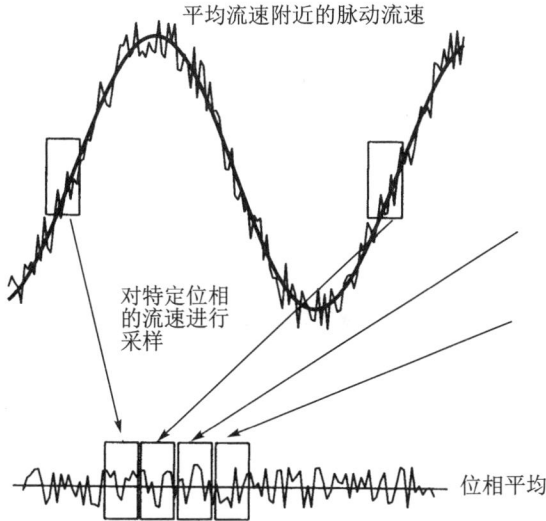

图 3.19 位相平均的概念图

在海岸泥沙研究领域中,推荐使用大涡模拟方法还有一个重要的原因:因为存在波浪的破碎现象。破碎波和逆流区域中,伴随有激烈的湍流,对产生活跃的悬移质泥沙的贡献很大,如图 3.20 所示。翻卷波浪型的破碎波中射流非常明显,射流到达自由水面时产生较强湍流,或者射流本身之间的碰撞冲击翻卷挟带底质泥沙的作用也很重要,另外还能提供促使脱离床面的泥沙颗粒长时间悬浮游动或不断上浮的必要驱动力。Nadaoka 等(1989)观测到在波浪顶部和背后会形成斜降涡,斜降涡对造成以上现象起到重要作用。斜降涡与河流中的沸腾涡相似,同属于间歇性较强的 3 维涡旋,为了模拟这种现象必须使用大涡模拟方法。破碎波浪带内伴随着波浪破碎,会产生大量不断上浮的气泡,需要开展基于包含气液二相流结构的 3 维涡结构的 LES 数值模拟研究。破碎波浪带水力学在计算流体力学领域内有很多具有研究意义的课题,不仅是在科学研究意义层面上,开发适用于模拟水沙输移现象的数学模型,提高对悬移质输沙量或对海岸建筑物的冲击波作用力的预测精度,在工程应用层面上也将具有很大贡献。

水面和沙面(河床)的相互作用问题不只局限于破碎波浪带,山区溪流中也存在这样的泥沙现象,对大量的泥沙输移过程造成影响。以水汽两相流为研究对象的气液界面的数值模拟,也是当前的前沿研究课题,存在有很多不能进行精确计算的情况。另外,本书是以河流泥沙和海岸泥沙运动动力学为主要研究对象,关于气液界面的数值模拟的具体研究,本书将不对其进行介绍。但是,光滑粒子法(SPH)的单相流解析方法近年常用于自由表面流动的模拟,是第 4 章中叙述的拉格朗日型固液两相流解析的基础模型,将在附录部分进行介绍。

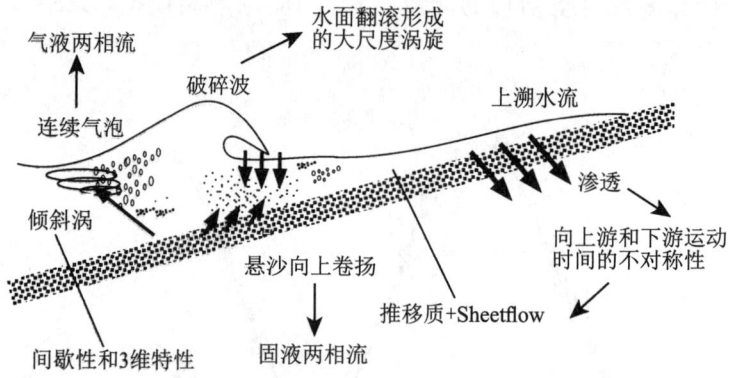

图 3.20　破碎波生成悬移质的概念图

4　固液两相流模型

4.1　流体与泥沙颗粒间相互作用的重要性

前章阐述了清水水流中泥沙颗粒运动轨迹跟踪的河流泥沙和海岸泥沙输移过程的数学模型,流场可以当作清水流动来处理仅限于水体中泥沙浓度比较低的情况。随着泥沙浓度的增大,泥沙颗粒的存在对水流流动的影响逐渐变明显,需要考虑泥沙颗粒输送过程下的流速变化,能够反映流体与泥沙颗粒间相互作用的处理方法显得尤为重要。之前各章中都涉及并介绍到了泥沙浓度比较高的状态下,流体与泥沙颗粒间相互作用的重要性增大,由于高浓度泥沙输送情况下,浑水拖曳力也较大。流体与泥沙颗粒间相互作用特别明显的流场主要存在于山区河道或海岸区域的波浪破碎带中。山区溪流河道的泥沙输移过程的特性及模式如图 4.1 所示。由于山区溪流坡降较大,水流拖曳力很大,可以输送较宽幅度粒径级配范围内的沙砾,因为只有当水流流量较大时大粒径的沙砾才会移动,平时水流漫过堰顶,水深增大,在纵断面上,就可以看到周期性的沙砾积聚、局部河床比降减小的现象,在平均比降上,水流以射流状态流动,会周期性地产生恒定流和射流迁移。在迁移区域内,由于水跃造成的水面变化(水面波动),水面波动又会产生波浪破碎,波浪在含有大量气泡的水流中传播。另外,表层的河流泥沙不是分选性的输送,而是形成明显的层状成片流动的输送状态。这时,对应于表现为显著移动层厚度内所提供的水力条件,存在可能移动的最大泥沙粒径。这样的流动形态称为推移分层流动。在溪流河道的泥沙输移过程中,类似于波浪破碎带中的海岸泥沙输移过程的地方较多。因为含有混入的大量气泡,在水层底面激起的流场对水面造成直接影响,在这些影响下,包含一些紊流特性的流场发生变化,可以看出此前章节中介绍到的清水流动的模拟方法,并不能有效解决含沙水流流动问题。

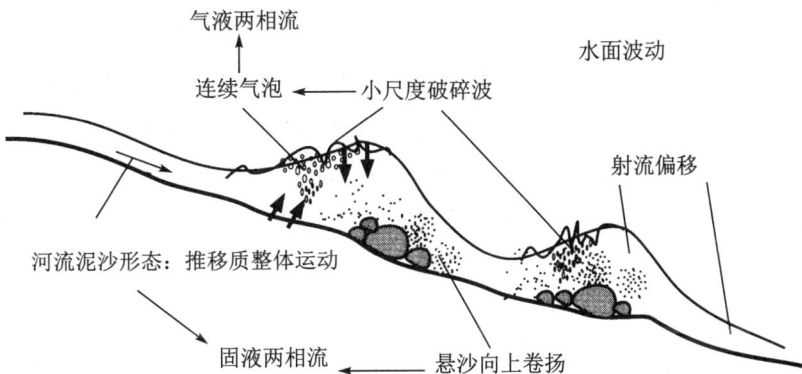

图 4.1　山区河道中的泥沙输移过程

目前还没有开发出考虑所有水沙运动特性的河流泥沙输移模型,水面波动和气泡掺混问题并不是河流泥沙引起的物理现象,而是驱动泥沙运动的载体(水流)中发生的现象,因此在当前阶段,可以将水流解析与泥沙问题分离开来考虑,简化研究问题的复杂性。这里仅将研究对象限定在河床附近的区域,考察对水流与泥沙颗粒之间相互作用起控制性影响的物理变量。本章将采用固液两相流模型进行研究水流和泥沙颗粒之间的相互作用,并介绍应用于河流泥沙输移过程的计算案例。在高浓度的河流泥沙和海岸泥沙输移过程情况下,泥沙颗粒间的相互作用也存在重要的物理机制,对于该问题将在第5章中进行详述,本章将不涉及泥沙颗粒间作用力的问题。

4.2　固液两相流模型的分类

处理泥沙和水掺混状态最简单的方法就是将泥沙和水的混合体作为单相流体来处理,这种处理方法称为混合模型。因为混合体服从与水(牛顿流体)不同的本构关系(断面剪切应力—应变速度关系),称之为非牛顿流体。众所周知的泥石流模型也称为稀疏相流体模型或宾汉流体模型,这些模型都属于非牛顿流体模型的范畴。另外,规定混合体物理性质的本构关系,是在假设固相和液相均匀掺混在一起的状态下以一定模式进行计算的。这种模型的适用情况,原理上仅限定于平衡流动状态。对于泥石流形成的扇状地形等堆积体结构,需要应用能够反映水和泥沙分离过程的两相流模型。

如图4.2所示,分为固相和液相进行处理的固液两相流模型,根据对固相和液相是作为连续系统还是作为离散系统处理进行分类。根据固相和液相之间相互作用方式分为两种流体进行描述,导入两相间的相互作用项就是两相流模型(或称双流体模型)。但是当计算河流泥沙和海岸泥沙时,液相和固相运动过程的尺度有很大差异。液相运动过程的空间尺度是处于水分子平均移动距离的量级,而固相运动过程的空间尺度是处于泥沙颗粒粒径的量级。因此,对液相进行水分子层次上的解析计算事实上是不可行的,而液相在原则上要作为连续系统进行处理。另一方面,固相(泥沙颗粒)可以选择作为连续系统也可作为离散系统进行处理。如前章所述,非平衡泥沙输移过程的本质就是泥沙颗粒运动的系列物理过程,将泥沙颗粒运动直接作为离散系统进行处理和简化建模,从计算力学观点看来是合适的。对泥沙颗粒运动轨迹跟踪的模型称为泥沙颗粒轨迹跟踪法,泥沙颗粒轨迹跟踪法中,采用液相的计算网格进行轨迹跟踪,固相的泥沙颗粒服从紊流中单个球体的运动方程,作为多个球体的集合体进行描述。多个固相泥沙颗粒受到流体推力(周围流体流速与泥沙颗粒本身速度的差成比例的推力)的驱动,由于驱动泥沙颗粒会造成相当一部分的水流动量损失,需要在流体运动方程中引入一个汇项,即动量损失项。这里包含多个球体的固相模型,并不一定需要对所有的固相泥沙颗粒进行轨迹跟踪计算。也就是说,可以与全部泥沙颗粒的统计特性相一致的部分泥沙颗粒的运动轨迹为代表轨迹进行跟踪计算,这些具有平均统计特性的泥沙颗粒群对流体造成的影响,一般是采用将这一影响作为流体运动方程中的汇项进行计算的方法。这就意味着泥沙颗粒轨迹跟踪法要与后文描述的泥沙颗粒流相区别开来。总之，一直以来较多应用的泥沙颗粒轨迹跟踪法模型都是以下面的两点作为基础：①流体推力是泥沙颗粒的驱动力；②部分泥沙颗粒轨迹跟踪。因此，对较少数目的泥沙颗粒进行运动轨迹跟踪，使描述固相特性的数学模型成为可能。

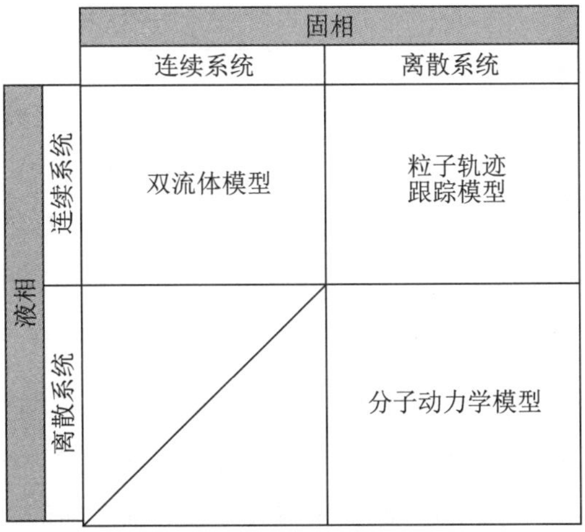

固相		
	连续系统	离散系统
液相 连续系统	双流体模型	粒子轨迹跟踪模型
离散系统		分子动力学模型

图 4.2　固液两相流模型的分类(连续系统和离散系统)

　　如前所述，将液相作为离散系统的处理方法是不现实的，撇开具体的河流泥沙和海岸泥沙问题，一般可将水沙输移问题看作固液两相流来考虑，如果固相和液相整个运动过程的空间尺度的差非常小的话，将固相和液相在分子级别上进行计算将是可能的，这种方法就是分子动力学法。例如，不同种类的气体掺混过程的模拟，各组份气体分子运动服从牛顿运动方程，直接计算分子间的排斥力和分子间碰撞的方法就属于分子动力学法。

　　一般采用 Euler 型和 Lagrange 型的区别对固液两相流模型进行分类。如图 4.3 所示的基于 Euler 型和 Lagrange 型的区别分类示意。根据连续系统和离散系统的分类，固相和液相均作为连续系统处理的模型定义为两相流模型（双流体模型），归入两组分类框架内。第1组为固相和液相都为 Euler 型描述的基于计算网格的两相流模型，第2组为固相和液相都为 Lagrange 型描述的离散粒子型的两相流模型。近年来粒子法发展迅速，是一种新的研究方法，直到数年前几乎没有使用该方法研究河流泥沙和海岸泥沙输移过程的算例。必须对液相采取 Euler 型的处理方法，需要在计算网格节点上定义物理量的变化，常用的计算方法包括：有限体积法、有限差分法和有限单元法等。而对于固相，有两种方法：以液相计算为基础联立连续方程和运动方程进行计算的方法和对固相泥沙颗粒进行轨迹跟踪的方法。以液相计算为基础类推出固相计算的方法称为 Euler-Euler 影响域法，对固相泥沙颗粒进行轨迹跟踪的方法称为 Euler-Lagrange 影响域法。

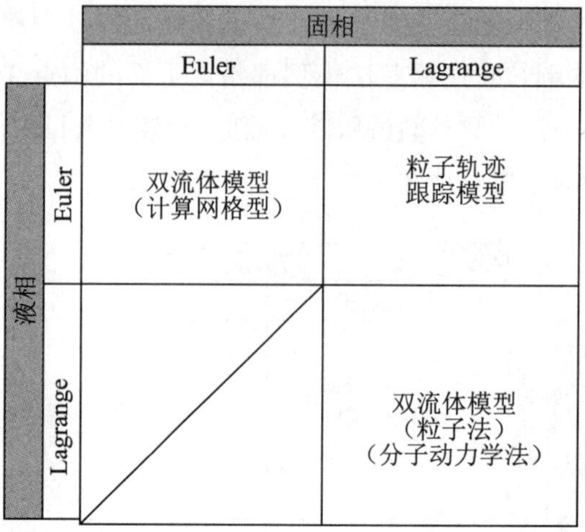

图 4.3　固液两相流模型的分类(Euler 型和 Lagrange 型)

然而,简单地将"连续系统＝Euler 型,离散系统＝Lagrange 型"而替换使用,就像是否存在类似的"分子动力学和泥沙颗粒法类型的两相流模型"两类模型一样,会引起读者误解,两者完全不同。为了避免这种误解,下面整理两类分类标准之间的关系,如图 4.4 所示。注意到对于各种各样的固相和液相都可划入到 3 个分类范围内:①连续系统和 Euler 型;②连续系统和 Lagrange 型;③离散系统和 Lagrange 型。并且为了避免可能引起的误解和混乱,先前的 2 个图中没有记入两类模型,即应该附加上泥沙颗粒流和泥沙颗粒轨迹跟踪法(多尺度固相模型的泥沙颗粒法)两类模型。除去分子动力学法,这 5 类模型中固相和液相的计算节点配置示意如图 4.5 所示。

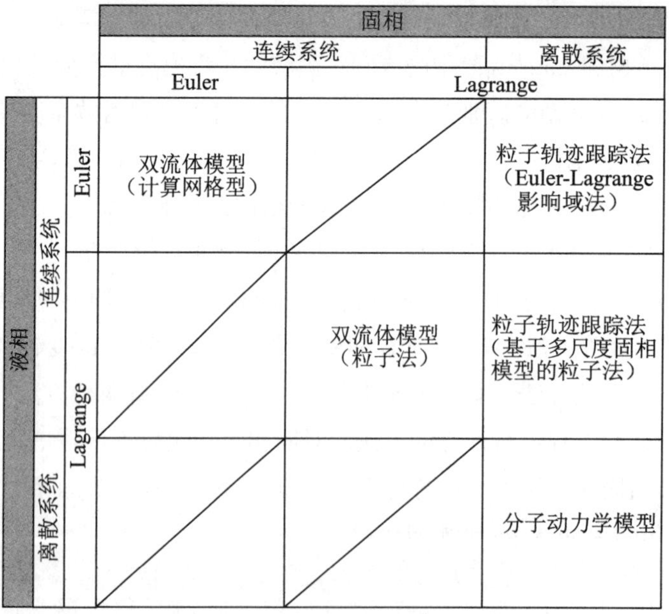

图 4.4　固液两相流模型的分类

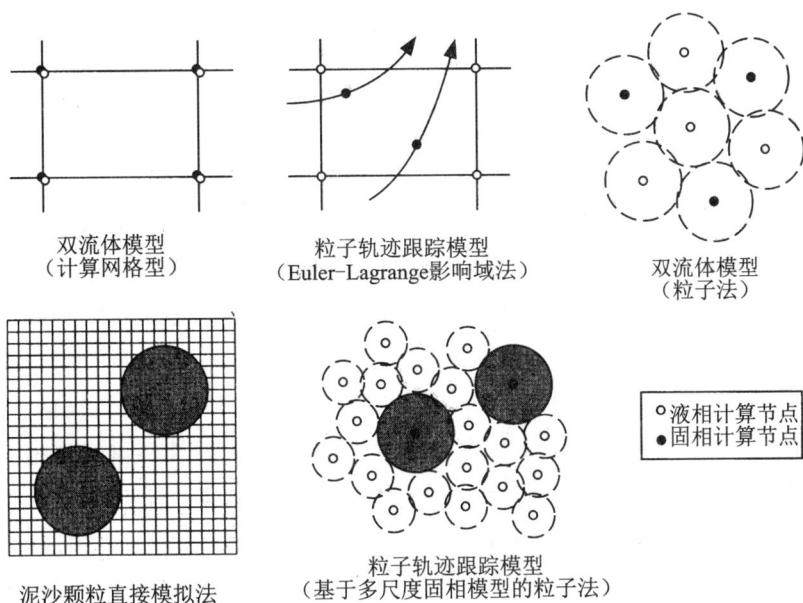

双流体模型
（计算网格型）

粒子轨迹跟踪模型
（Euler-Lagrange影响域法）

双流体模型
（粒子法）

○ 液相计算节点
● 固相计算节点

泥沙颗粒直接模拟法

粒子轨迹跟踪模型
（基于多尺度固相模型的粒子法）

图 4.5 固液两相流模型的计算节点配置示意图

计算网格型的两相流模型中,固相和液相的计算点都以计算网格形式进行配置。计算两相间相互作用的情况时,固相和液相的计算节点移动半个网格节点进行配置,采用交错网格的计算方法,固相和液相的计算点固定在网格节点上,原则上固相和液相的计算需要采用相同网格节点密度的配置方式。基于 Euler-Lagrange 影响域法的泥沙颗粒轨迹跟踪法中,液相采用固定网格的 Euler 方法计算,由固相泥沙颗粒附近的计算网格节点上的液相物理量插值得到泥沙颗粒周围流体物理量,计算出固相泥沙颗粒的驱动力。例如,流体推力之类的驱动力,由固相泥沙颗粒周围固定计算网格节点上的液相流速插值到固相泥沙颗粒的位置坐标上,计算得出泥沙颗粒的参考速度。如前所述,固液相之间相互作用力的计算具有这个特点,即需要引入网格尺寸量级平均化处理的概念,因此,并不是对所有固相泥沙颗粒都进行轨迹跟踪计算,而是仅对部分代表性泥沙颗粒进行轨迹跟踪计算,即只描述固液相之间相互作用的平均特性,这样有效地减小了计算量。近年来,这种模型成为泥沙运动计算力学中多相流研究的重点研发模型。本章将在后文中对该模型进行详细介绍。

泥沙颗粒轨迹跟踪法的两相流模型中,均对伴随有泥沙颗粒(计算区域内移动的计算点)群体相互作用的固相和液相的运动进行轨迹跟踪描述。泥沙颗粒轨迹跟踪法中计算点周围存在虚拟泥沙颗粒,泥沙颗粒间的相互作用就是对 Navier-Stokes 方程各项的参数化(关于单相流的泥沙颗粒法参考附录的介绍)。标准的泥沙颗粒法中必须保证一定密度数量的计算点,固液两相计算点密度平均意义上说应该是相同的。据此,固液相的计算分辨率之比应该与计算网格型的两相流模型大致相同。这里"平均意义"的意思就是,泥沙颗粒法的两相流模型中固相和液相的计算点在空间上不是固定不变的,各个计算点由于与周围计算点的相互作用,各个计算点的位置都在不停地发生变化,固相泥沙颗粒或者液相也有可能在局部上或短时间内发生聚集现象。在计算网格型的两相流模型中,根据各个网格单元中固相的体积密度,表现固液两相的相对变化,泥沙颗粒法的两相流模型中根据计算点的空间位置变化表现固液两相的相对变化。另外,需要注意到,这种模型中固相泥沙颗粒有固相的计算点,与固相泥沙颗粒不同,这种模型与泥沙颗粒轨迹跟踪法有所区别,原因就在于此。对于该类模型中 Lagrange-Lagrange 影响域法为代表模型,将在本章中对其进行详细介绍。

泥沙颗粒模型是对作用于泥沙颗粒上的驱动力参数化并进行直接计算的方法,因此也可称为泥沙颗粒直接数值模拟或粒子法。计算作用于泥沙颗粒上的流体推力,需要计算作用于泥沙颗粒表面应力的面积积分,如果能充分地了解泥沙颗粒周围的流场信息,就可以参数化流体推力并进行直接计算。要实施泥沙颗粒流模拟,流体计算网格间隔相对于泥沙颗粒的尺寸要足够地小。显然泥沙颗粒的轨迹跟踪是采用 Lagrange 型的计算方法。并且,泥沙颗粒法中导入了直接数值模拟的计算理念,相对固相泥沙颗粒,需要进行改良,即需要将液相计算网格尺寸设置的足够小。目前可以任意设置固相泥沙颗粒尺寸的泥沙颗粒法模型是前沿研究课题,虽然不能直接使用直接数值模拟方法,但混合粒径的固相与液相之间相互作用力的计算模型已有应用(後藤,2003)。本章将从河流泥沙和海岸泥沙运动力学的观点,以上述的固液两相流模型为重点进行介绍。

4.3 混合模型

混合模型主要是以泥石流为研究对象开展的。目前较多的泥石流运动的预测都是基于混合模型进行的,应用的案例较多。混合模型是目前比较完善的模型,了解混合模型是如何构建的,对于理解泥沙运动计算力学较为重要。本节将对代表性的混合模型进行简要介绍。

牛顿流体中根据动量守恒原则和本构关系原则(断面剪切应力—应变速度关系)推导出 Navier-Stokes 方程,再联立质量守恒原则,可以求得流场的相关信息(流速、压力)。牛顿流体的本构关系是线性的,而本构关系原则依赖于流体的物理特性,因此对研究对象的流体需要使用对应于该流体物理特性的本构关系。根据流变学(关于物质变形和流动的科学)研究提出了流体的多种本构关系形式。本构关系的一般表达式(仅包括流速分布为指数形式的流体和塑性流体)可以写为:

$$\tau_{ij} = \tau_{yij} + 2\eta S_{ij} \tag{4.1}$$

$$S_{ij} = \frac{1}{2}(\frac{\partial u_i}{\partial x_j} + \frac{\partial u_j}{\partial x_i}) \tag{4.2}$$

$$\eta = \mu \{2\Pi\}^{\frac{n-1}{2}}; \Pi = \sum_{ij} S_{ij}S_{ij} \tag{4.3}$$

式中,τ_{yij} 为屈服应力,η 为黏性系数,S_{ij} 为应变速度,n 为常数。

泥石流模型的主要原理是稀疏相流体和宾汉流体的本构关系,根据常数 n 和屈服应力 τ_{yij} 的条件,可定义下列表达式:

$$n > 1, \tau_{yij} = 0 \to \text{稀疏相流体}$$
$$n = 1, \tau_{yij} = 0 \to \text{牛顿流体}$$
$$n < 1, \tau_{yij} \neq 0 \to \text{宾汉流体}$$

$$(4.4)$$

这些非牛顿流体的本构关系如图 4.6 所示的模式。牛顿流体中剪切应力和应变速率呈线性关系,而稀疏相流体随着应变速率增加,流体黏性也增加。这种特性一般在高浓度固液混合物的流体中经常见到,该特性已被人们所了解。塑性流体的剪切应力存在一定的极限值,达到这个极限值流体才开始流动。塑性流体一旦开始流动,表现出牛顿流体的一些特征,称这样的流体为宾汉塑性流体,从开始流体即表现出非牛顿流体的特征,称为非宾汉塑性流体。

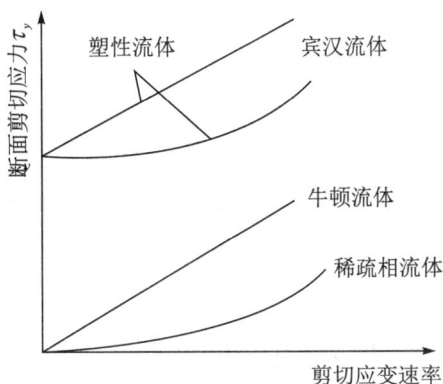

图 4.6 非牛顿流体的本构关系

在了解了泥石流的流变特性后,联立混合体的质量守恒方程[见式(4.5)]、动量守恒方程[见式(4.6)]和本构关系方程进行求解,可计算得到混合体的流动特性(流速、压力)。

$$\frac{\partial \rho_m}{\partial t} + \frac{\partial \rho_m u_i}{\partial x_i} = 0$$

$$(4.5)$$

$$\frac{\partial u_i}{\partial t} + \frac{\partial u_i u_j}{\partial x_j} = -\frac{1}{\rho_m}\frac{\partial p}{\partial x_i} + \frac{1}{\rho_m}\frac{\partial \tau_{ij}}{\partial x_j} + g_i$$

$$(4.6)$$

式中,u_i 为混合体的速度分量,p 为混合体的压力,g 为重力加速度分量。

上式中混合体的表征密度 ρ_m 可采用固相和液相的密度以及固相的体积浓度 c 计算得到:

$$\rho_m = \rho\{(\sigma/\rho - 1)c + 1\}$$

$$(4.7)$$

基于混合模型可求解泥石流的平衡流动状态(恒定均匀流)的数值解,本节将对这一求解过程进行简要说明。与将明渠水流流动当作恒定均匀流状态进行研究一样,泥石流在足够长的流动路径上最终也会达到平衡流动状态,了解这一基本流动特性是基础。首先,在垂向 2 维流场中式(4.1)和式(4.2)可以写为如下形式:

$$\tau_{ixx} = \tau_{y,xx} + 2\eta\frac{\partial u}{\partial x}; \tau_{yy} = \tau_{y,yy} + 2\eta\frac{\partial v}{\partial y}$$

$$(4.8)$$

$$\tau_{xy} = \tau_{yx} + \eta(\frac{\partial u}{\partial y} + \frac{\partial v}{\partial x}) \tag{4.9}$$

$$\Pi = \frac{1}{4}(\frac{\partial u}{\partial y} + \frac{\partial v}{\partial x})^2 + (\frac{\partial u}{\partial x})^2 \tag{4.10}$$

另外如果认为在斜面方向(x 轴)上,平衡流动状态明显,本构关系就变为:

$$\tau = \tau_y + \mu\frac{\partial u}{\partial y} \tag{4.11}$$

根据 Bagnold 的泥沙颗粒离散系统本构关系对泥石流模型进行修正即为高桥(1977)模型,高桥模型为代表性的稀疏相流体模型:

$$\tau = K\sigma d^2(\frac{\partial u}{\partial y})^2 \tag{4.12}$$

$$p = \frac{\tau}{\tan\alpha} \tag{4.13}$$

$$\tan\alpha = (c_*/c)^{1/3}\tan\varphi \tag{4.14}$$

$$K = a_i\sin\alpha \cdot \{(c_*/c)^{1/3} - 1\}^{-2} \tag{4.15}$$

式中,α 为碰撞角度(规定泥沙颗粒的碰撞条件),φ 为沙粒的摩擦角度,c 为(流动层中的)泥沙颗粒浓度,c_* 为静止的堆积层中的泥沙颗粒浓度,a_i 为常数(取 0.042)。高桥模型相当于式(4.11)中 $\tau_y = 0$,$n = 2$ 的情况。

在恒定均匀流状态下,动量守恒方程沿水深方向积分,可得到剪切应力分布和压力(为分散压力,是泥沙颗粒的接触和碰撞、反弹等造成的在与主流方向正交方向上的压力)分布公式:

$$\tau(y) = g\sin\theta \cdot \int_y^h \rho_m \mathrm{d}y \tag{4.16}$$

$$p(y) = g\cos\theta \cdot \int_y^h (\rho_m - \rho)\mathrm{d}y \tag{4.17}$$

式中,θ 为明渠河床的坡降。

另外,混合模型中泥沙颗粒间隙水压力分布按静水压力给出,通常将泥沙颗粒的接触压力和分散压力分开处理,这里的压力分布是采用扣除间隙水压力分布$[p_0 = \rho g(h-y)\cos\theta]$后的表达式。如果联立式(4.16)、式(4.17)和本构关系方程可求得数值解,就可以计算出混合体的流速分布和浓度分布。为简要说明混合模型的特性,假定泥沙颗粒浓度 c 为定值,可求得流速分布的解析解:

$$u = \frac{2}{3}\Xi_T\{h^{\frac{3}{2}} - (h-y)^{\frac{3}{2}}\}; \Xi_T = \sqrt{\frac{\rho_m g\sin\theta}{K\sigma d^2}} \tag{4.18}$$

并且,采用表面流速 u_s 写成规范化的流速分布计算公式:

$$\frac{u}{u_s} = 1 - (1 - \frac{y}{h})^{\frac{3}{2}} \tag{4.19}$$

宾汉流体中,由于在水面附近剪切应力比屈服应力要小得多,应变速率变为零,这一区域中的混合体表现出刚性体的运动特征,这样的流动现象称为潜入流。宾汉流体与稀疏相流体一样,假定泥沙颗粒浓度 c 为定值,可以求得流速分布。也就是式(4.11)中 $\eta = \mu$ 的情况,假定在 $y = H$ 处产生潜入流,可得流速分布的计算式为:

$$u = \frac{\tau_y}{2\mu} \frac{2Hy - y^2}{h - H} \tag{4.20}$$

并且,同样采用表面流速 u_s 写成规范化的流速分布计算公式:

$$\frac{u}{u_m} = \left(1 - \frac{y}{H}\right)^2 \tag{4.21}$$

稀疏相流体和宾汉流体的流速分布如图 4.7 所示。

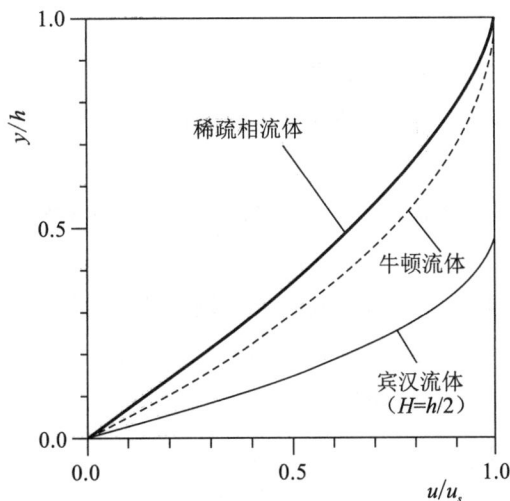

图 4.7 非牛顿流体的平均流速分布

塑性流体模型的代表模型如 Egashila(1997)的模型,即:

$$\tau = p_s \tan\varphi + K_1 \sigma d^2 \left(\frac{\partial u}{\partial y}\right)^2 + K_2 \rho d^2 \left(\frac{\partial u}{\partial y}\right)^2 \tag{4.22}$$

$$p = p_s + p_d; p_d = K_3 \sigma d^2 \left(\frac{\partial u}{\partial y}\right)^2 \tag{4.23}$$

$$\frac{p_s}{p_s + p_d} = \left(\frac{c}{c_*}\right)^{\frac{1}{5}} \tag{4.24}$$

$$\left.\begin{array}{l} K_1 = 0.0828(1 - e^2)c^{\frac{1}{3}} \\ K_2 = 0.16\,(1 - c)^{\frac{5}{3}}c^{\frac{2}{3}} \\ K_3 = 0.0828e^2 c^{\frac{1}{3}} \end{array}\right\} \tag{4.25}$$

式中,e 为泥沙颗粒间的反弹系数。式(4.22)的第 1 项是由 Coulomb 摩擦产生的屈服应力,第 2 项为泥沙颗粒间的碰撞应力(驱散应力),第 3 项为泥沙颗粒间的雷诺应力,式中的 p_s 为接触压力(由泥沙颗粒间的相互接触产生的压力),p_d 表示碰撞压力(由于泥沙颗粒间的碰撞产生的压力)。

泥沙颗粒间的相互作用分为接触和碰撞两部分建立模型,泥沙颗粒浓度越高,接触对相互作用的贡献就越大,基于这一思路建立计算公式。仅从泥沙颗粒分散系统的力学结构的角度,以稀疏相流体为对象,说明混合体的流动特性,在这一类模型中,还要考虑到泥沙颗粒间隙中的紊流动量输送(雷诺应力),从微观结构的角度建立模型是这类模型的特点。另外,由于引入了屈服应力作用,这种处理方法可以有效描述泥石流的运动停止过程。另一方面,本构关系方程中的各项表达式或系列计算参数如何从力学的方法加以证明是本质性的问题,基于水力学实验以及多相流模型或粒状体模型等计算力学方法的验证是不可缺少的。

4.4 两相流模型

两相流模型可以看作是泥沙颗粒离散系统的固相流体与液相(水流)掺混在一起的系统,两部分流体之间发生相互作用,这种固液混合体即构成了两相流。如前所述,有 Euler-Euler 影响域法和 Lagrange-Lagrange 影响域法两种方法可供选择应用,基于 Euler-Euler 影响域法的模型,作为固液两相流的计算力学模型,计算量相对较小,一直以来是应用最多的模型。本章首先对基于 Euler-Euler 影响域法的模型组成进行说明,然后介绍近年来基于不断发展中的泥沙颗粒法的 Lagrange-Lagrange 影响域法模型。Euler-Euler 影响域法的液相模型,与下一节将要介绍的基于泥沙颗粒轨迹跟踪法的液相模型基本相同,泥沙颗粒轨迹跟踪法的基础知识将在附录中进行介绍。

4.4.1 Euler-Euler 影响域法

两相流模型中,联立连续方程和动量方程分别求解液相和固相。液相和固相的连续方程分别为:

液相:
$$\frac{\partial\left[\rho(1-c)\right]}{\partial t}+\frac{\partial\left[\rho(1-c)u_{ij}\right]}{\partial x_j}=0 \tag{4.26}$$

固相:
$$\frac{\partial(\sigma c)}{\partial t}+\frac{\partial(\rho c u_{sj})}{\partial x_j}=0 \tag{4.27}$$

式中,u_l 为液相的速度,u_s 为固相的速度,c 为固相的体积浓度。

在以下方程的介绍中,约定为下标 l 表示液相,下标 s 表示固相。现有的多相流模型介绍中,通常用固相的体积密度(单位体积中的固相质量)定义固相的密度。对于静止的堆积层,考虑泥沙颗粒密度时定义的体积密度,这种情况下,需要用体积密度来描述处于流动状态的泥沙颗粒离散系统的扩散过程。这里,体积密度不是真实密度(除去固相占有的真实体积中的固相质量后的密度值),而是采用固相密度 σ 定义固相的真实密度,需要用固相浓度 c 记述单位体积中的固相体积密度。

液相和固相的运动方程表示如下:

液相:
$$\rho(1-c)\frac{Du_{li}}{D_t}=-(1-c)\frac{\partial p_l}{\partial x_i}+\frac{\partial}{\partial x_j}\{(1-c)\tau_{lij}\}+\rho(1-c)g_i-f_{lsi} \tag{4.28}$$

固相:

$$\sigma c \frac{Du_{si}}{D_t} = -c \frac{\partial p_s}{\partial x_i} + \frac{\partial}{\partial x_j}(c\tau_{sij}) + \sigma c g_i + f_{lsi} \tag{4.29}$$

式中, τ_{lij} 为黏性应力张量。

由液相运动方程类推,固相运动方程中也要导入同样的项。并且,要注意到固液两相间的相互作用项 f_{lsi},对于固相和液相,f_{lsi} 的符号不同,采用单位体积当量的液相作用于固相(泥沙颗粒)上的力表示。黏性应力张量表示为与清水水流同样的梯度扩散形式:

$$\tau_{lij} = \rho \nu \left(\frac{\partial u_{li}}{\partial x_j} + \frac{\partial u_{lj}}{\partial x_i} \right) - \frac{2}{3} k_l \delta_{ij} \tag{4.30}$$

$$\tau_{sij} = \sigma \nu_s \left(\frac{\partial u_{si}}{\partial x_j} + \frac{\partial u_{sj}}{\partial x_i} \right) - \frac{2}{3} k_s \delta_{ij} \tag{4.31}$$

式中, ν_s 为固相的黏性系数, k_l 和 k_s 分别为液相和固相的紊动动能。

将上式应用于动量方程(4.28)和式(4.29),可得以下的表达式:

$$\frac{Du_{li}}{D_t} = -\frac{1}{\rho} \frac{\partial p_l}{\partial x_i} + \frac{\partial}{\partial x_j} \left(\nu \frac{\partial u_{li}}{\partial x_j} \right) + g_i - \frac{f_{lsi}}{\rho(1-c)} \tag{4.32}$$

$$\frac{Du_{si}}{D_t} = -\frac{1}{\sigma} \frac{\partial p_s}{\partial x_i} + \frac{\partial}{\partial x_j} \left(\nu_s \frac{\partial u_{si}}{\partial x_j} \right) + g_i + \frac{f_{lsi}}{\sigma c} \tag{4.33}$$

以上推导得出的连续方程和运动方程,相当于清水流动情况下的 Navier-Stokes 方程,如果固液两相流处于层流状态,就可以联立这些公式进行求解。但是流体一般都是处于紊流状态,需要采用相当于清水水流情况时的雷诺方程,作为平均流动的控制方程,基于雷诺方程计算流体的运动。应用雷诺平均:

$$\left. \begin{array}{l} u_{mi} = U_{mi} + u'_{mi} ; p_m = P_m + p'_m (m = l, s) \\ c = C + c' ; f_{lsi} = F_{lsi} + f'_{lsi} \end{array} \right\} \tag{4.34}$$

对两相流采用连续方程(4.26)和式(4.27),可得:

液相:

$$\frac{\partial}{\partial t}(1-C) + \frac{\partial}{\partial x_j} \{ (1-C)U_{lj} \} = \frac{\partial}{\partial x_j} \overline{c'u'_{lj}} \tag{4.35}$$

固相:

$$\frac{\partial C}{\partial t} + \frac{\partial CU_{sj}}{\partial x_j} = -\frac{\partial}{\partial x_j} \overline{c'u'_{sj}} \tag{4.36}$$

不管是液相还是固相,各项速度的脉动分量和浓度脉动分量的相关项中都出现了附加项,需要对这些附加项封闭求解。

对运动方程进行雷诺平均时,需要注意固相浓度是采用没有考虑相互作用项的处理方法。雷诺平均处理对浓度脉动项的影响没有包含在分母当中,采用下式作近似处理:

$$\frac{1}{1-c} = \frac{1}{1-C-c'} \cong \frac{1}{1-c} + \frac{c^2}{(1-C)^2} ; \frac{1}{c} = \frac{1}{C+c'} \cong \frac{1}{C} - \frac{c'}{C^2} \tag{4.37}$$

液相运动方程就变为:

$$\frac{Du_{li}}{D_t} = -\frac{1}{\rho} \frac{\partial p_l}{\partial x_i} + \frac{\partial}{\partial x_j} \left(\nu \frac{\partial u_{li}}{\partial x_j} \right) - \frac{\partial}{\partial x_j} (\overline{u'_{li} u'_{lj}}) + g_i - \frac{1}{\rho} \left\{ \frac{F_{lsi}}{1-C} + \frac{\overline{f'_{lsi} c'}}{(1-C)^2} \right\} \tag{4.38}$$

上式中的雷诺应力可采用梯度扩散型的表达式：

$$-\overline{u'_{li}u'_{lj}} = \nu_t \left(\frac{\partial U_{li}}{\partial x_j} + \frac{\partial U_{lj}}{\partial x_i} \right) - \frac{2}{3} \kappa_l \delta_{ij} \tag{4.39}$$

将式(4.39)导入式(4.38)，可以得到液相的运动方程为：

$$\frac{Du_{li}}{D_t} = -\frac{1}{\rho}\frac{\partial}{\partial x_i}\left(p_l + \frac{2}{3}\rho\kappa_l\right) + \frac{\partial}{\partial x_j}\left\{(\nu+\nu_t)\frac{\partial u_{li}}{\partial x_j}\right\} + g_i - \frac{1}{\rho}\left\{\frac{F_{lsi}}{1-C} + \frac{\overline{f'_{lsi}c'}}{(1-C)^2}\right\} \tag{4.40}$$

对于固相作同样的推导，给出梯度扩散型的雷诺应力：

$$-\overline{u'_{li}u'_{lj}} = \nu_{st} \left(\frac{\partial U_{si}}{\partial x_j} + \frac{\partial U_{sj}}{\partial x_i} \right) - \frac{2}{3} \kappa_s \delta_{ij} \tag{4.41}$$

式中，ν_{st} 为固相的动力黏性系数。

可得到固相运动方程为：

$$\frac{Du_{si}}{D_t} = -\frac{1}{\sigma}\frac{\partial}{\partial x_i}\left(P_s + \frac{2}{3}\sigma\kappa_s\right) + \frac{\partial}{\partial x_j}\left\{(\nu_s+\nu_{st})\frac{\partial U_{si}}{\partial x_j}\right\} + g_i + \frac{1}{\sigma}\left\{\frac{F_{lsi}}{C} - \frac{\overline{f'_{lsi}c'}}{C^2}\right\} \tag{4.42}$$

根据以上推导得出的平均流动的运动方程(同样对雷诺应力项也采用梯度扩散近似处理)，如图 4.8 所示，方程所含变量共计 23 个。图 4.8 显示的液相和固相的方程个数，包括 1 个连续方程和 3 个运动方程，合计 8 个方程，还是不能完成方程组封闭。首先，对于液相和固相的紊动动能 k_l 和 k_s，与清水水流的推导过程相同，可以通过导入紊动动能的输送方程完成方程组的封闭问题。这种处理方法与导入雷诺应力的梯度扩散近似式计算涡动黏性系数的方法是相似的。如果可以将前文介绍的清水水流的 $k-\varepsilon$ 模型应用于液相和固相的流体模拟，可看出至少在形式上可对两相流运动进行计算。

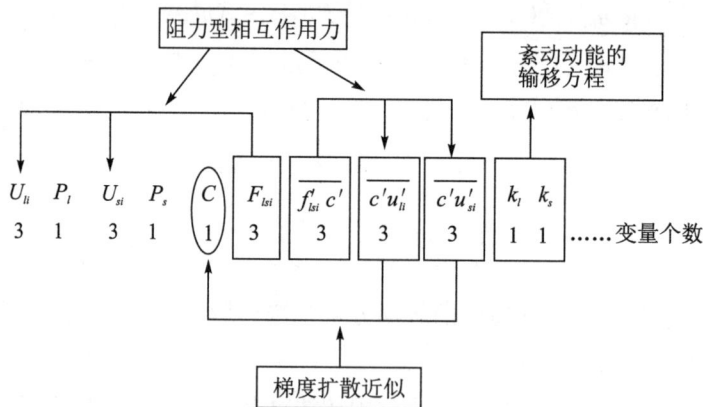

图 4.8　两相流模型的封闭

接下来的问题就是固液两相间相互作用项部分。相互作用项的封闭需要导入具体的相互作用力的表达式。以前一章所述的动量方程(3.1)中出现的各种作用力为对象介绍计算固液相间相互作用力的方法，以这些力中起主导作用的流体推力为代表性相互作用力进行介绍(为方便说明而忽略其他作用力)。流体推力可使用固液两相间的相对速度 u_{ri} 来表述：

$$f_{Di} = \frac{1}{2} C_D \rho A_2 d^2 u_{ri} \mid u_{ri} \mid ; u_{ri} = u_{li} - u_{si} \tag{4.43}$$

对于上式中的流体推力系数,参考前章的式(3.3)中高浓度状态影响的表达式,有:

$$C_D = \frac{24}{R_{er}} (1 + 0.15 R_{er})^{0.687} (1 - C)^{-2.7} ; R_{er} = \frac{\mid u_{ri} \mid d}{\nu} \tag{4.44}$$

作用于固相泥沙颗粒上每单位体积的流体推力可表述为:

$$\{ f_{lsi} \}_{unit} = \frac{f_{Di}}{A_3 d^3} = \frac{\nu K_{fls}}{d^2} u_{ri} ; K_{fls} = \frac{12 A_2}{A_3} (1 + 0.15 R_{er})^{0.687} (1 - c)^{-2.7} \tag{4.45}$$

式中的系数 K_{fls} 理论上可以采用固相浓度或相对速度的平均值和脉动值之和的形式给出,为方便记述,仅使用平均值作代表值,使用下式重新定义系数 K_{fls}:

$$K_{fls}^* = \frac{12 A_2}{A_3} (1 + 0.15 R_{er}^*)^{0.687} (1 - C)^{-2.7} ; R_{er}^* = \frac{\mid U_{ri} \mid d}{\nu} \tag{4.46}$$

采用上式可将相互作用力以及平均值和脉动值表示为:

$$f_{lsi} = C \cdot \{ f_{lsi} \}_{unit} = \frac{C \nu K_{fls}^*}{d^2} u_{ri} \tag{4.47}$$

$$F_{lsi} = \frac{C \nu K_{fls}^*}{d^2} U_{ri} ; f'_{lsi} = \frac{C \nu K_{fls}^*}{d^2} u'_{ri} \tag{4.48}$$

采用以上表达式,液相和固相的运动方程中的相互作用力项,即可表述为:

$$\frac{1}{\rho} \left\{ \frac{F_{lsi}}{1-C} + \frac{\overline{f'_{lsi} c'}}{(1-C)^2} \right\} = \frac{\nu K_{fls}^*}{\rho d^2} \left\{ \frac{C}{1-C} (U_{li} - U_{si}) + \frac{c}{(1-C)^2} (\overline{u'_{li} c'} - \overline{u'_{si} c'}) \right\} \tag{4.49}$$

$$\frac{1}{\sigma} \left\{ \frac{F_{lsi}}{C} - \frac{\overline{f'_{lsi} c'}}{C^2} \right\} = \frac{\nu K_{fls}^*}{\sigma d^2} \left(U_{li} - U_{si} + \frac{\overline{u'_{li} c'} - \overline{u'_{si} c'}}{C} \right) \tag{4.50}$$

可以给出两相的平均速度和速度脉动分量与浓度相关项的相关系数。并且,速度脉动分量和浓度相关项可采用梯度扩散型的近似处理:

$$\overline{u'_{li} c'} = \frac{\nu_t}{S_c} \frac{\partial C}{\partial x_i} ; \overline{u'_{si} c'} = \frac{\nu_{st}}{S_c} \frac{\partial C}{\partial x_i} \tag{4.51}$$

式中,S_c 为紊流的施密特数。

通过平均浓度的相关系数计算完成方程组的封闭问题。另外,为方便平均浓度的计算,对在第 2 章中介绍的扩散方程式(2.32)中的扩散系数,采取各向同性假设:

$$\frac{DC}{D_t} = \frac{\partial}{\partial x_i} \left(\frac{\nu_t}{S_c} \frac{\partial C}{\partial x_j} + w_0 \frac{\partial C}{\partial x_2} \right) \tag{4.52}$$

在上式中,变量变成了 9 个,方程个数加上液相和固相的连续方程和运动方程等 8 个方程和固相浓度的输送方程,共计 9 个方程,方程组封闭。

但是,对于固相黏性系数 ν_s 和紊动黏性系数 ν_{st},需要进行适当的概化。回顾根据液相方程类推的方法,紊动黏性系数 ν_{st} 可根据固相紊动特征变量的输送方程(例如 $k-\varepsilon$ 模型)完成封闭,或者也可采用更简单的模型,即假定固相的紊动黏性系数 ν_{st} 与液相的紊动黏性系数 ν_t 呈一定的比例关系进行处理。另外,对于固相黏性系数 ν_s,应该将其视为固相的物理特性相关量来处理,考虑到泥沙颗粒离散系统和连续流体系统的差别,对固相黏性系数模拟的讨论实际上并没有太多的成果可供参考。简单的处理方法就是,根据线性假设[见式(4.53)],对固相黏性系数进行计算:

$$\frac{\nu_s}{\nu_{st}} = \frac{\nu}{\nu_t} \tag{4.53}$$

另外,这里介绍到的黏性系数计算方法,是以固液两相流为研究对象的研究成果,对黏性系数处理的问题在涉及多相流问题时将变得更为复杂。

4.4.2　Lagrange-Lagrange 影响域法

泥沙颗粒直接模拟法是对连续流体运动方程进行 Lagrange 离散化的计算方法,近年来泥沙颗粒直接模拟法发展迅速。本节将以 Koshizuka(1996)发展的半隐格式移动粒子法(MPS 法)为基础,介绍模拟固液两相流的 Lagrange-Lagrange 影响域法。泥沙颗粒直接模拟法的发展历史并不长,近年来才得到开展和应用,原因是该计算方法的计算量较大,对计算机的计算性能要求较高,因此读者对泥沙颗粒直接模拟法的了解普遍不深。关于清水流动模拟的 MPS 法将在附录部分进行简要介绍,对泥沙颗粒直接模拟法还不大熟悉的读者,通过仔细阅读附录的相关内容后,会对该方法有一个大致了解。关于 MPS 法的基本原理可参考越冢(1997)的专著。

采用 Lagrange-Lagrange 影响域法的情况下,不可压缩两相流的连续方程和运动方程的形式如下:

$$\nabla \cdot \left[\rho(1-C)\,\vec{u_l} \right] = 0 \tag{4.54}$$

$$\nabla \cdot (\alpha c\,\vec{u_s}) = 0 \tag{4.55}$$

$$\rho(1-C)\frac{D\vec{u_l}}{Dt} = -(1-C)\,\nabla p_l + \rho(1-C)\nu\,\nabla^2\vec{u_l} + (1-C)\rho\vec{g} - \vec{f_{ls}} \tag{4.56}$$

$$\alpha c\frac{D\vec{u_s}}{Dt} = -c\,\nabla p_s + \alpha c\nu_s\,\nabla^2\vec{u_s} + \alpha c\vec{g} + \vec{f_{ls}} \tag{4.57}$$

式中,$\vec{u_l}$,$\vec{u_s}$ 分别为液相和固相的速度矢量,$\vec{g}$ 为重力加速度矢量,$\vec{f_{ls}}$ 为两相间的相互作用矢量。

这里采用矢量形式的表达式是为了方便说明下面的公式推导,与 Euler-Euler 影响域法情况下的连续方程[见式(4.26)和式(4.27)]及运动方程[见式(4.32)和式(4.33)]相同。

泥沙颗粒直接模拟法不使用计算网格,替代由多相流的控制体推导出的控制方程式,泥沙颗粒直接模拟法是将每个液相粒子和固相泥沙颗粒(粒子)作为离散控制方程的一个计算单位。单个泥沙颗粒的运动方程可表示如下:

$$\rho\frac{D\vec{u_l}}{Dt} = -\nabla p_l + \rho\nu\,\nabla^2\vec{u_l} + \rho\vec{g} - \vec{f_{lsp,l}} \tag{4.58}$$

$$\sigma \frac{D\vec{u_s}}{Dt} = -\nabla p_s + \sigma\nu_s \nabla^2 \vec{u_s} + \sigma\vec{g} + \vec{f}_{lsp,s} \qquad (4.59)$$

正如本章开始时介绍的,泥沙颗粒直接模拟法是将泥沙颗粒作为计算点,称为"固相泥沙颗粒"时,一般并不局限于表示构成离散系统固相的泥沙固相颗粒本身。只有当固相的分解最小单位(泥沙颗粒粒径)与固相泥沙颗粒粒径相同的情况下,固相泥沙颗粒(粒子)才与固相泥沙颗粒相同,通常一般的固相模型不能满足这个条件。这里读者要注意到是:在 4.5 节中将要介绍的由泥沙颗粒轨迹跟踪法中,不能将固相泥沙颗粒的粒径看成是固相泥沙颗粒(粒子)的尺寸(即计算点配置的空间离散基本单位)。

Euler-Euler 影响域法中,对水流中悬浮的泥沙固相颗粒运动方程[见式(3.1)]中的各项进行参数化来描述固液两相间的相互作用,特别要重点考虑对两相间的相互作用起控制性作用的水流推力。由于固相颗粒球体周围流场中的压力分布和流体在球体表面形成流线的不对称引起的水流推力。因此,如果能非常精确地模拟出球体颗粒周围的流场,就可以建立模型进行直接模拟。这就是泥沙颗粒直接模拟法的基本思路,在泥沙颗粒直接模拟法中运动方程的所有项都作为与周围泥沙颗粒发生的相互作用进行计算,泥沙颗粒的运动方向是由泥沙颗粒周围的压力分布和流线(由于黏性引起的周围泥沙颗粒间物理量分布趋于平均化)决定的。因此,本质上来说,泥沙颗粒轨迹跟踪法也是沿着泥沙颗粒直接模拟法的原理而发展的,进行泥沙颗粒直接模拟计算,必须要对构成固相的周围大粒径泥沙颗粒以及周围流场进行足够高精度和高分辨率的模拟计算。通常固液两相流模拟的 MPS 法相当于粗分辨率的 DNS,MPS 法的计算精度较 DNS 要低,导入流体推力等的相互作用力,将固液两相间的相互作用力加入压力项和黏性项当中。为描述该计算方法,固液两相流的运动方程可写作:

$$\rho \frac{D\vec{u_l}}{Dt} = (-\nabla p_l + \rho\nu \nabla^2 \vec{u_l})_l - \vec{f}_{lsp,l} + \rho\vec{g} \qquad (4.60)$$

$$\sigma \frac{D\vec{u_s}}{Dt} = (-\nabla p_{s,fp} + \sigma\nu_s \nabla^2 \vec{u_s} + \vec{f}_{olp})_s + \vec{f}_{lsp,s} + \sigma\vec{g} \qquad (4.61)$$

$$\vec{f}_{lsp,l} = -(-\nabla p_l + \rho\nu \nabla^2 \vec{u_l})_s ; \vec{f}_{lsp,s} = (-\nabla p_s + \sigma\nu_s \nabla^2 \vec{u_s})_l \qquad (4.62)$$

上述的运动方程是基于液相粒子和固相单个泥沙颗粒而建立的,因此式(4.60)中的相互作用力就和式(4.61)中的作用力项有所不同。但是,液相粒子和固相泥沙颗粒数目不同,在某一泥沙颗粒周围重要区域内 V_{pn} 对包含在内的泥沙颗粒进行积分后,由控制体离散后的固相和液相运动方程中的相互作用项 $\vec{f}_{ls}$ 就一致了[见式(4.63)]。

$$\vec{f}_{ls} = -\int_{V_{pn}} (1-C) \vec{f}_{lsp,l} \mathrm{d}V = \int_{V_{pn}} c \vec{f}_{lsp,l} \mathrm{d}V \qquad (4.63)$$

另外,式(4.61)考虑到是混合粒径泥沙颗粒组成的情况,将以下两种作用力分开考虑,包括:在构成固相框架的大粒径泥沙颗粒间发生碰撞的影响——碰撞力矢量 $\vec{f}_{dop}$,和相当于细粒径泥沙颗粒间的分散压力的固相压力 $p_{s,fp}$ 的分布。大粒径泥沙颗粒间的碰撞力矢量可使用下一章将要介绍的离散单元法的泥沙颗粒碰撞模型来计算(後藤,2003)。

　　为简化研究的问题,不考虑固相中较大粒径泥沙颗粒的影响,假设固相处于主要由微小悬浮泥沙颗粒构成的状态。在这种情况下,固液两相分别都由同一粒径、同一质量的均质颗粒群构成。不可压缩流体的情况下,在计算区域内用下式定义泥沙颗粒的数量密度,要满足保证泥沙颗粒数量密度守恒的条件。

$$n_i = \sum_{j \neq i} w(|\vec{r}_{ij}|) ; \vec{r}_{ij} = \vec{r}_j - \vec{r}_i \tag{4.64}$$

$$w(r) = \begin{cases} \dfrac{r_e}{r} - 1 & (r \leqslant r_e) \\ 0 & (r > r_e) \end{cases} \tag{4.65}$$

式中,$w(r)$ 为权重函数。

　　与清水水流的计算相同,根据运动方程中的对流项计算液相粒子和固相泥沙颗粒的运动状态。下面将具体介绍固相和液相运动速度的更新计算过程。分两个阶段进行速度更新计算[见式(4.66)]。

$$\vec{u}_{m,k+1} = \vec{u}_{m,k} + \Delta \vec{u}^{*}_{m,k} + \Delta \vec{u}^{**}_{m,k} \quad (m = l, s) \tag{4.66}$$

　　上式中第 1 个下标字母 m 是为了区分固相和液相,第 2 个下标字母 k 表示迭代计算步数,$*$ 表示速度修正计算步。在第 1 个阶段中,黏性项、重力项及相互作用力当中的有关黏性的部分是粒子运动的驱动力,对各个颗粒的速度修正量采用显格式计算:

$$\left. \begin{aligned} \Delta \vec{u}^{*}_{l,k} &= \{ (\nu \nabla^2 \vec{u}_l)_l + (\nu \nabla^2 \vec{u}_l)_s \}_k \Delta t + \vec{g} \Delta t \\ \Delta \vec{u}^{*}_{s,k} &= \{ (\nu_s \nabla^2 \vec{u}_s)_s + (\nu_s \nabla^2 \vec{u}_s)_s \}_k \Delta t + \vec{g} \Delta t \end{aligned} \right\} \tag{4.67}$$

　　附有 2 个下标字母的变量表示计算式中各变量的相(是液相还是固相),第 1 个下标字母表示作为计算对象的颗粒所属的相,第 2 个下标字母表示用于计算相互作用的颗粒所属的相。例如,变量 $(\Theta u_s)_l$,Θ 表示运算子,若以固相泥沙颗粒为计算对象,则表示对固相泥沙颗粒与周围液相粒子发生相互作用进行 Θ 运算。

　　使用显格式计算后的固液两相粒子的中间计算坐标和中间计算速度可根据下式得到:

$$\vec{u}^{*}_{m,k} = \vec{u}_{m,k} + \Delta \vec{u}^{*}_{m,k} \quad (m = l, s) \tag{4.68}$$

$$\vec{r}^{*}_{m,k} = \vec{r}_{m,k} + \Delta \vec{u}^{*}_{m,k} \cdot \Delta t \quad (m = l, s) \tag{4.69}$$

　　中间计算坐标移动的结果,反映出向各个粒子周围粒子数量密度的不均匀状态转变的过程,采用隐格式计算,是为保持一定的粒子数量密度而进行坐标修正计算,这是迭代计算的第 2 个阶段。第 1 个计算阶段得到的粒子或颗粒分布中,粒子数量密度 n_k^* 与粒子数量密度初始值 n_0 不等,根据式(4.70)对粒子数量密度进行修正:

$$n_k^* + n_k^{**} = n_0 \tag{4.70}$$

式中,Δn_k^* 为液相粒子和固相泥沙颗粒的数量密度的修正值。Z 基于粒子数量密度修正的速度修正量 $\Delta \vec{u}_{m,k}^{**}$ 存在下列关系式:

$$\vec{u}_{m,k}^* + \Delta \vec{u}_{m,k}^{**} = \vec{u}_{m,k+1} \tag{4.71}$$

在第 2 计算阶段中,将第 1 计算阶段中没有考虑压力项,压力为外部作用力,计算液相粒子和固相泥沙颗粒的移动,可得速度修正量为:

$$\left.\begin{array}{l} \rho \Delta \vec{u}_{l,k}^{**} = -\{(\nabla p_l)_l + (\nabla p_l)_s\}_{k+1} \Delta t \\ \sigma \Delta \vec{u}_{s,k}^{**} = -\{(\nabla p_{s,fp})_l + (\nabla p_{s,fp})_s\}_{k+1} \Delta t \end{array}\right\} \tag{4.72}$$

另外,考虑到作为计算对象的泥沙颗粒附近的固相泥沙颗粒浓度 c,对固液两相统一压力场,有:

$$(1-c)\{(\nabla p_l)_l + (\nabla p_l)_s\}_{k+1} + c\{(\nabla p_{s,fp})_l + (\nabla p_{s,fp})_s\}_{k+1} = \nabla p_{k+1} \tag{4.73}$$

采用式(4.73)计算统一压力场,可得:

$$(1-c)\frac{\Delta \vec{u}_{l,k}^{**}}{\Delta t} + c\frac{\sigma}{\rho}\frac{\Delta \vec{u}_{s,k}^{**}}{\Delta t} = -\frac{1}{\rho}\nabla p_{k+1} \tag{4.74}$$

由固液两相质量守恒方程,可得下式:

$$\frac{\partial}{\partial t}\{(1-c)\rho + c\sigma\} = \nabla \cdot \{(1-c)\rho \Delta \vec{u}_{l,k}^{**} + c\sigma \Delta \vec{u}_{s,k}^{**}\} \tag{4.75}$$

固液两相都具有不可压缩性,因此混合体也表现为不可压缩流体,混合体的密度与泥沙颗粒数量密度呈以下比例关系:

$$\frac{1}{\rho}\frac{\partial}{\partial t}\{(1-c)\rho + c\sigma\} = \frac{1}{n_0}\frac{\partial n}{\partial t} \tag{4.76}$$

另外,由于上式为等式形式,用液相的真实密度表示混合体的真实密度,用泥沙颗粒数量密度的标准值对泥沙颗粒数量密度分别进行规范化计算。第 1 阶段的计算后,泥沙颗粒数量密度的守恒性将被破坏,泥沙颗粒数量密度发生变化。因此,在第 1 阶段的计算完成后,从表面看来好像产生了压缩性的泥沙颗粒分布形态。为了消除这种压缩性的虚假现象,需要修正泥沙颗粒移动速度的计算方法,由式(4.75)和式(4.76),推导出用泥沙颗粒数量密度表示的质量守恒方程:

$$\frac{1}{n_0}\frac{\Delta n_k^*}{\Delta t} + \nabla \cdot \{(1-c)\Delta \vec{u}_{l,k}^{**} + c\frac{\sigma}{\rho}\Delta \vec{u}_{s,k}^{**}\} = 0 \tag{4.77}$$

采用压力和流速的关系式(4.74),可推导出固液两相的泊松压力方程:

$$\nabla^2 p_{l,k+1} = \frac{\rho}{(\Delta t)^2}\frac{n_k^* - n_0}{n_0}; \nabla^2 p_{s,k+1} = \frac{\sigma}{(\Delta t)^2}\frac{n_k^* - n_0}{n_0} \tag{4.78}$$

在第 2 个计算阶段中,采用式(4.78)并使用隐格式求解固液两相,求得速度修正量,更新液相粒子和固相泥沙颗粒的坐标值。

和清水水流的计算相同,可采用下式记述矢量的梯度算子(拉普拉斯算子)。泥沙颗粒 i

的压力比降与清水水流也一样,可用下式表示:

$$[\nabla p]_i = \frac{D_0}{n_0} \sum_{j \neq i} \left[\frac{p_j - p_i}{|\vec{r}_{ij}|^2} \vec{r}_{ij} \cdot w(|\vec{r}_{ij}|) \right] \tag{4.79}$$

式中,D_0 为维数。

并且,泥沙颗粒 i 的拉普拉斯算子和清水水流的相同,为:

$$[(\nabla^2 \vec{u}_{m1})_{m2}]_i = \frac{2D_0}{n_0 \lambda} \sum_{j \neq i} [(\vec{u}_{m2,j} - \vec{u}_{m1,i}) w(|\vec{r}_{ij}|)] \tag{4.80}$$

$$\lambda = \frac{\sum\limits_{j \neq i} [w(|\vec{r}_{ij}|) |\vec{r}_{ij}|^2]}{\sum\limits_{j \neq i} w(|\vec{r}_{ij}|)} \tag{4.81}$$

式中,m_1,m_2 分别表示液相或固相。

计算黏性项需要首先计算黏性系数,参考前一节中介绍的 Euler-Euler 影响域法,有以下形式的简化处理方法,采用水沙混合体的黏性 ν_{mix} 计算黏性项:

$$\left. \begin{aligned} (\nu \nabla^2 \vec{u}_l)_l + (\nu \nabla^2 \vec{u}_l)_s &= \nu_{mix} [(\nabla^2 \vec{u}_l)_l + (\nabla^2 \vec{u}_l)_s] \\ (\nu_s \nabla^2 \vec{u}_s)_l + (\nu_s \nabla^2 \vec{u}_s)_s &= \nu_{mix} [(\nabla^2 \vec{u}_s)_l + (\nabla^2 \vec{u}_s)_s] \end{aligned} \right\} \tag{4.82}$$

一般采用 Choi-Chung 假设(式(4.53))和混合体涡黏性系数的零方程模型计算黏性系数和涡黏性系数(Choi,1983)。混合体黏性系数可采用固相浓度 c 计算:

$$\nu_{mix} = \frac{\nu}{\sqrt{1 + \dfrac{\sigma}{\rho} c}} \tag{4.83}$$

Choi-Chung 模型是以含有微细泥沙颗粒的固气混合体为研究对象的,将该模型应用于像河流泥沙和海岸泥沙输移现象的固液混合流的情况,需要注意该前提条件。并且,固相浓度 c 是根据作为计算对象的泥沙颗粒为中心,在搜索圆形(半径 r_e^x)区域范围内存在的泥沙颗粒数目来计算得到的[见式(4.84)和式(4.85)]。

$$c = \frac{\sum\limits_{j \neq i} \delta_{sj} w_x(|\vec{r}_{ij}|)}{\sum\limits_{j \neq i} w_x(|\vec{r}_{ij}|)}; \delta_{sj} = \begin{cases} 0 & \text{液相粒子} \\ 1 & \text{固相泥沙颗粒} \end{cases} \tag{4.84}$$

$$w_x(r) = \begin{cases} 1 & (r \leqslant r_e^x) \\ 0 & (r \leqslant r_e^x) \end{cases} \tag{4.85}$$

梯度算子和拉普拉斯算子不同,在计算固相浓度时需要参考作为计算对象的泥沙颗粒定义基点($r=0$)处的权重,在搜索圆形区域的中心位置处的权重函数 w_x 不能为无限大,因为计算固相浓度必要使用这个权重函数。

以上是基于粒子法的水沙两相流模型的介绍,上述说明涉及的是直接求解没有实施时间平均处理或空间平均处理的两相流模型基本方程的情况。显然真实的水流流动均处于湍流状态,在应用于高雷诺数水流流动的情况时,需要对两相流模型的基本方程进行一定的粗化。例如,如果应用 LES 模型计算时,需要添加能表述亚粒子尺度(SPS)层次的附加项(雷诺应力项),需要对这些方程封闭才能进行求解。粒子法应用于高雷诺数水流的模拟在近年才得到发展,研究者已经提出了以清水水流为研究对象的 SPS 紊流模型(Gotoh,2001),这方面的研究和讨论还处于初始阶段。固液两相流模拟还不能考虑亚粒子尺度,目前仅使用以上介绍的计算框架模式进行一些运动过程的模拟,诸如在水体中投入细微颗粒泥沙后的沉降和扩散过程(後藤,1999),以及海洋床面上泥沙颗粒滑动及泥石流冲入水面引发的水面激波的发生过程(後藤,2002),如图 4.9 所示。

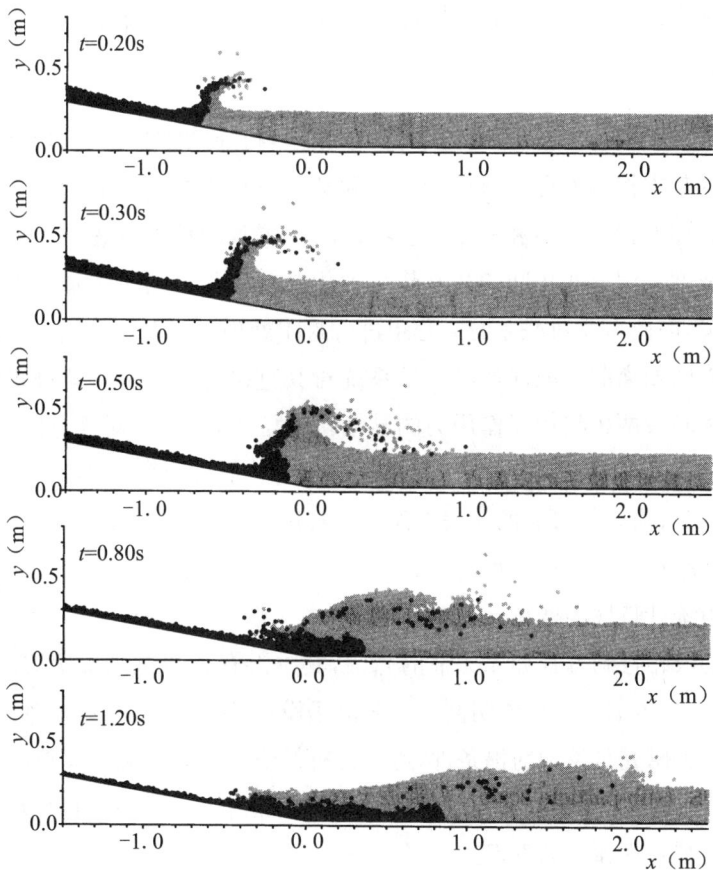

图 4.9　泥石流冲入水面引起的水面激波过程模拟

4.5　Euler-Lagrange 影响域法

如前所述,基于 Euler-Lagrange 影响域法的泥沙颗粒轨迹跟踪法,包括使用固定计算网格模拟液相的 Euler 型计算方法,以及将固相泥沙离散为颗粒系统的 Lagrange 型计算方法。

固相泥沙颗粒的驱动力是通过由泥沙颗粒附近计算网格节点上的流速插值到泥沙颗粒坐标位置上计算得出,液相运动方程中的固液两相间的相互作用项,可通过基于固相泥沙颗粒运动过程的轨迹跟踪计算得到物理量间的相互作用进行计算。在计算固液两相间相互作用力的过程中,需要引入格子尺度分辨率的平均化处理方法,一般采用代表性泥沙颗粒轨迹跟踪的计算结果来描述固液两相间相互作用平均特性的计算方法。

泥沙颗粒轨迹跟踪模型与对所有泥沙颗粒都进行直接模拟的数学模型相比,计算量要小,泥沙颗粒轨迹跟踪模型是构建包含代表性泥沙颗粒本质特性的粒子离散系统模型,该种模型是在模拟效率和尽可能反映水沙两相物理特性两者之间作折中处理。基于这个原因,到目前为止泥沙颗粒轨迹跟踪法对开展泥沙运动计算力学中的多相流研究起到至关重要的作用。本节将详细介绍泥沙颗粒轨迹跟踪模型(Euler-Lagrange 影响域法)的基本原理。

4.5.1　液相模型

液相模型与 4.4 节介绍的双流体模型基本相同,将连续方程(4.26)和动量方程(4.28)作为液相模拟的基本控制方程。对连续方程和动量方程进行雷诺时间平均处理,可得时均意义下的流体连续方程(4.35)和动量方程(4.38)。得到的控制方程中,固液两相间的相互作用项和固相浓度及固液两相间的相互作用力相关项等都是通过附加项考虑的,这些变量与已知变量有关,因此需要对联立的方程组进行封闭处理。与双流体模型不同,泥沙颗粒轨迹跟踪模型是将固相离散为泥沙颗粒分散系统对其直接进行非恒定轨迹跟踪计算,可计算得到固相浓度和固液两相间相互作用力的脉动特性信息,不需要对部分附加项作梯度扩散型近似处理[见式(4.51)],而是对两相间相互作用力作直接计算。但进行代表性泥沙颗粒的轨迹跟踪计算时,为获得可靠的代表性泥沙颗粒运动统计特性,需要足够数量的参与轨迹跟踪计算的泥沙颗粒。代表性泥沙颗粒运动统计量不仅包括平均值,还包括能描述泥沙颗粒分布和高阶矩统计特性的变量。

一般形式的液相控制方程如 4.4 节的介绍,其中没有介绍对模拟湍流流场的方程组进行封闭的具体方法,本节将具体说明高雷诺数流场模拟的封闭问题,以推移质泥沙和相对低浓度悬移质泥沙为研究对象和前提条件,考虑含有低浓度离散的泥沙颗粒(固相)的水流(液相)控制方程。当固相泥沙颗粒浓度非常低时,相对于液相可忽略固相泥沙颗粒的体积。据此可得到液相连续方程和运动方程:

$$\frac{\partial}{\partial t}\rho + \frac{\partial}{\partial x_j}\rho u_{lj} = 0 \tag{4.86}$$

$$\rho\frac{Du_{li}}{Dt} = -\frac{\partial p_l}{\partial x_i} + \frac{\partial \tau_{lij}}{\partial x_j} + \rho g_i - f_{lsi} \tag{4.87}$$

黏性应力张量可以用梯度扩散公式[见式(4.30)]形式表述,运动方程变为:

$$\frac{Du_{li}}{Dt} = -\frac{1}{\rho}\frac{\partial p_l}{\partial x_i} + \frac{\partial}{\partial x_j}\left(\nu\frac{\partial u_{li}}{\partial x_j}\right) + g_i - \frac{f_{lsi}}{\rho} \tag{4.88}$$

为简化问题,假设为恒定流状态,运动方程可写为:

$$\frac{\partial u_{li}u_{lj}}{\partial x_j} = -\frac{1}{\rho}\frac{\partial p_l}{\partial x_i} + \frac{\partial}{\partial x_j}\left(\nu\frac{\partial u_{li}}{\partial x_j}\right) + g_i - \frac{f_{lsi}}{\rho} \tag{4.89}$$

下面推导液相紊动动能 k_l 的输移方程。首先,将液相动量方程(4.89)乘以液相流速 u_{li},然后对惯性项和黏性项作若干变形,可得:

$$\frac{\partial}{\partial x_j}\left(u_{lj}\frac{u_{li}^2}{2}\right) = -\frac{u_{li}}{\rho}\frac{\partial p_l}{\partial x_i} + \frac{\partial}{\partial x_j}\left(\nu u_{li}\frac{\partial u_{li}}{\partial x_j}\right) - \nu\frac{\partial u_{li}}{\partial x_j}\frac{\partial u_{li}}{\partial x_j} + u_{li}g_i - \frac{u_{li}f_{lsi}}{\rho} \tag{4.90}$$

对上式进行雷诺时均处理[见式(4.91)],式(4.90)将变形为式(4.92)的形式:

$$u_{li} = U_{li} + u'_{li}; p_l = P_l + p'_l; f_{lsi} = F_{lsi} + f'_{lsi} \tag{4.91}$$

$$\frac{\partial}{\partial x_j}\left(U_{lj}\frac{U_{li}^2}{2}\right) = -\frac{U_{li}}{\rho}\frac{\partial P_l}{\partial x_i} - \overline{\frac{u'_{li}}{\rho}\frac{\partial p'_l}{\partial x_i}} - \frac{\partial}{\partial x_j}\left(\overline{u'_{lj}\frac{u'_{li}u'_{li}}{2}}\right) - \frac{\partial}{\partial x_j}\left(U_{lj}\frac{\overline{u'_{li}u'_{li}}}{2}\right) - \frac{\partial}{\partial x_j}\left(U_{li}\overline{u'_{li}u'_{lj}}\right)$$
$$+ \frac{\partial}{\partial x_j}\left(\nu U_{li}\frac{\partial U_{li}}{\partial x_j}\right) - \nu\frac{\partial U_{li}}{\partial x_j}\frac{\partial U_{li}}{\partial x_j} + \frac{\partial}{\partial x_j}\left\{\nu\frac{\partial}{\partial x_j}\left(\overline{\frac{u'_{li}u'_{li}}{2}}\right)\right\} - \nu\overline{\frac{\partial u'_{li}}{\partial x_j}\frac{\partial u'_{li}}{\partial x_j}} + U_{lj}g_i - \frac{U_{li}F_{lsi} + \overline{u'_{li}f'_{lsi}}}{\rho} \tag{4.92}$$

一方面,液相的紊动动能可以表述为:

$$\overline{\frac{u'_{li}u'_{li}}{2}} \equiv k_l \tag{4.93}$$

另一方面,对式(4.89)实施雷诺时均处理后,可得到液相的雷诺应力方程:

$$\frac{\partial U_{li}U_{lj}}{\partial x_j} = -\frac{1}{\rho}\frac{\partial P_l}{\partial x_i} + \frac{\partial}{\partial x_j}\left(\nu\frac{\partial U_{li}}{\partial x_j} - \overline{u'_{li}u'_{lj}}\right) + g_i - \frac{F_{lsi}}{\rho} \tag{4.94}$$

雷诺应力方程乘以液相的平均流速 U_{li},减去式(4.92),可推导出液相紊动动能 k_l 的输移方程:

$$\frac{\partial}{\partial x_j}(U_{lj}k_l) = -\overline{u'_{li}u'_{lj}}\frac{\partial U_{li}}{\partial x_j} - \nu\overline{\frac{\partial u'_{li}}{\partial x_j}\frac{\partial u'_{li}}{\partial x_j}} + \frac{\partial}{\partial x_j}\left(-\overline{u'_{lj}\frac{u'_{li}u'_{li}}{2}} - \frac{1}{\rho}\overline{p'u'_{lj}} + \nu\frac{\partial k_l}{\partial x_j}\right) - \frac{\overline{u'_{li}f'_{lsi}}}{\rho} \tag{4.95}$$

将低含沙浓度下的液相雷诺应力方程式(4.94)与一般形式的含有高浓度泥沙颗粒的液相雷诺应力方程式(4.38)作比较,在含有高浓度泥沙颗粒的情况下,固相泥沙颗粒占据了部分液相体积[固液相互作用项要除以$(1-C)$],必须考虑固相浓度脉动和固液两相间相互作用力脉动相关项,而对于低浓度含沙的情况,可以看出仅将固液两相间相互作用力的平均值作为附加外力来处理。

另外,在低含沙浓度的水沙两相流中,将液相紊动动能 k_l 的输移方程式(4.95)与单相流的紊动动能输移方程式(3.41)相比较,式(4.95)中出现了新的局部流速脉动和固液两相间相互作用力脉动分量的相关项(右边最后一项),必须对该相关项作封闭处理。与清水水流的计算方法相同,对生成项、耗散项以及扩散项作近似处理,有:

$$\left. \begin{aligned} -\overline{u'_{li}u'_{lj}}\frac{\partial U_{li}}{\partial x_j} = P_{kl}; \; \nu\overline{\frac{\partial u'_{li}}{\partial x_j}\frac{\partial u'_{li}}{\partial x_j}} = \varepsilon_l \\ -\overline{u'_{lj}\frac{u'_{li}u'_{li}}{2}} - \frac{1}{\rho}\overline{p'u'_{lj}} = \frac{\nu_t}{\sigma_k}\frac{\partial k_l}{\partial x_j} \end{aligned} \right\} \quad (4.96)$$

假设存在 Kolmogorov-Prandtl 关系式：

$$\nu_t = C_\mu \frac{k_l^2}{\varepsilon_l} \quad (4.97)$$

可得液相的紊动动能 k 方程为：

$$\frac{\partial k_l}{\partial t} + U_{lj}\frac{\partial k_l}{\partial x_j} = P_{kl} - \varepsilon_l + \frac{\partial}{\partial x_j}\left\{\left(\nu + \frac{\nu_t}{\sigma_k}\right)\frac{\partial \varepsilon_l}{\partial x_j}\right\} - \frac{\overline{u'_{li}f'_{lsi}}}{\rho} \quad (4.98)$$

由紊动动能 k 方程类推，可得液相的紊动动能耗散率 ε 方程为：

$$\frac{\partial \varepsilon_l}{\partial t} + U_{lj}\frac{\partial \varepsilon_l}{\partial x_j} = \frac{\varepsilon_l}{k_l}(C_{1\varepsilon}P_{kl} - C_{2\varepsilon}\varepsilon_l) + \frac{\partial}{\partial x_j}\left\{\left(\nu + \frac{\nu_t}{\sigma_k}\right)\frac{\partial \varepsilon_l}{\partial x_j}\right\} - C_{ls\varepsilon}\frac{\varepsilon_l}{k_l}\frac{\overline{u'_{li}f'_{lsi}}}{\rho} \quad (4.99)$$

另外，液相的 ε 方程中固液两相间相互作用项采用与 k 方程同样的表达式，只是调整了维数的表现形式，$C_{ls\varepsilon}$ 为模型中的经验常数。不管采用哪种形式的方程，必须根据固相泥沙颗粒轨迹跟踪计算结果，准确计算雷诺应力方程中固液两相间的相互作用力，以及 k 方程和 ε 方程中的局部流速脉动和固液两相间相互作用力脉动分量的相关项。

4.5.2　固相模型

基于离散泥沙颗粒群的运动方程，对各个泥沙颗粒的运动进行时间推进过程的轨迹跟踪计算，据此计算固相泥沙颗粒的运动情况。采用第 3 章介绍的单个球体运动方程[见式(3.1)]或运动方程的简化形式[见式(3.6)]对单个泥沙颗粒的运动进行轨迹跟踪模拟。当需要计算由于泥沙颗粒旋转引起的 Magnus 力或考虑泥沙颗粒间碰撞影响时，需要对泥沙颗粒运动过程中伴随旋转状态的运动进行轨迹跟踪模拟。单个球体旋转运动方程可写作：

$$I\frac{\mathrm{d}\vec{\omega}}{\mathrm{d}t} = -\vec{T} \quad (4.100)$$

式中，I 为惯性矩，$\vec{\omega}$ 为泥沙颗粒旋转角速度矢量，$\vec{T}$ 为作用于旋转泥沙颗粒上的作用力矢量。

目前还没有研究给出对作用在清水水流中旋转球体上的作用力矢量的通用计算公式，因此只能引用静止流体中旋转运动情况时的计算公式，忽略水流对球体运动的影响而作近似计算。这里以单个泥沙颗粒的轨迹跟踪为前提，旋转运动方程的扭矩受到周围流体的限制，第 5 章中将详细介绍泥沙颗粒间碰撞的计算问题，处于接触状态的泥沙颗粒间相互作用产生泥沙颗粒扭矩，尽管在某些情况下可忽略水流引起的扭矩，但必须考虑水流作用影响泥沙颗粒前进运动和旋转运动的过程。

如本节开始部分介绍的，由于低浓度推移质和悬移质运动过程是本节的研究对象，泥沙颗粒间发生碰撞的频率非常小,可忽略碰撞影响而作近似处理。这就意味着忽略泥沙颗粒间碰撞的单个泥沙颗粒的轨迹跟踪模拟,需要掌握低浓度液相模型和影响域法的基本原理才能获得准确的模拟结果。基于单个泥沙颗粒轨迹跟踪的计算模型已经在第 3 章中进行了详细介绍。推移质层中,泥沙颗粒与河床床面上的不规则凸起发生碰撞和反弹引起的不规则连续跳跃模型,以及悬移质泥沙输移过程中,悬移质泥沙颗粒对水流紊动的反应迅速,以上特点需要考虑到悬移质泥沙的概率性运动过程和模型原理中去,以上两点都已在第 3 章中作了介绍,可采用以上思路建立对单个泥沙颗粒运动轨迹进行跟踪模拟的固相模型。

4.5.3　固液两相间的影响域法

泥沙颗粒轨迹跟踪模型中,是用代表性固相泥沙颗粒运动过程的统计性质来表述所有固相泥沙颗粒运动,参照液相流速分布计算流体推力,因此需要对很多固相泥沙颗粒的运动过程进行时间推进的轨迹跟踪模拟。通常情况下,固相泥沙颗粒在液相水流不断提供动量来源而保持运动,供给固相泥沙颗粒动量的部分就是液相损失掉的动量部分。从液相整体看,提供给各个固相泥沙颗粒的动量可忽略不计,或者仅是液相动量中的很小部分,如果固相浓度极低,对液相造成的影响非常有限,可假设固相对液相不造成影响,这样的近似处理是合理的。在低浓度含沙状态下,忽略固液两相间相互作用项也可较为准确地模拟流场,在模拟的流场中,可准确进行固相泥沙颗粒运动的轨迹跟踪模拟。换言之,在低含沙浓度条件下没有必要反复进行固相和液相的计算,依次对固相和液相只分别进行一次计算就可以了。这种计算方法,由于是仅计算液相对固相的单方向作用力,因此称为单向耦合计算法。当固相浓度较高时,则不能忽视存在的固相泥沙颗粒对液相水流造成的影响,要考虑固相对液相的反馈作用,必须采用双向的计算方法,这种方法称为双向耦合计算法。实际上,如后文将要介绍的,固相泥沙颗粒浓度比较低的推移质层,采用单向耦合计算法模拟固相泥沙颗粒运动(跃移)特性时,也有可能出现不能准确再现真实物理现象的问题,需要考虑计算力学的方法,计算低浓度推移质泥沙颗粒运动的情况,也必须采用双向耦合计算法。

下面对双向耦合计算法进行具体介绍。泥沙颗粒轨迹跟踪计算中,对液相采用 Euler 型离散,而对固相采用 Lagrange 型离散,定义固相和液相物理变量的计算节点位置不同。固相泥沙颗粒轨迹跟踪计算当中,需要用到周围流体的流速信息,而对液相的计算需要用到通过液相与计算网格节点附近固相泥沙颗粒相互作用力的(各个固相泥沙颗粒受到液相流体作用力的反力)信息。需要将必要的物理变量(具体来说就是流速)插值到各相物理变量的计算节点位置上,轨迹跟踪模型的计算原理如图 4.10 所示,固相泥沙颗粒轨迹跟踪计算中,包含作为计算对象泥沙颗粒的网格单元构成计算网格节点(液相物理变量的定义位置点),需要计算各个作为计算对象的泥沙颗粒的坐标和距离权重,根据权重对计算网格节点上的物理变量进行加权计算,这样可以计算出作为对象泥沙颗粒上的物理变量值。对固相和液相均作非恒定计算时,对液相计算网格节点也采用同样思路,需要进行插值计算,即在液相计算网格节点附近选择控制体,对液相计算网格进行交错网格配置,形成计算网格单元,如图 4.10 中的阴影部分,根据泥沙颗粒和液相计算网格节点间的间距,对来自液相控制体内的固相泥沙颗粒间相互作用力进行加权计算,得到该计算网格节点上的相互作用力。但是应用这种计算方法时,必须保证有足够数量的参与轨迹跟踪计算的泥沙颗粒数量。通常在应用泥沙颗粒轨迹跟踪模型时,不使用对相当于固相全部质量的一定数量的所有泥沙颗粒进行轨迹跟踪计算的方法,一般只采用对代表性泥沙颗粒进行轨迹跟踪计算的方法。因此,需要注意到在液相计算网格节点周围,通常不一定存在非常多数量的固相泥沙颗粒。

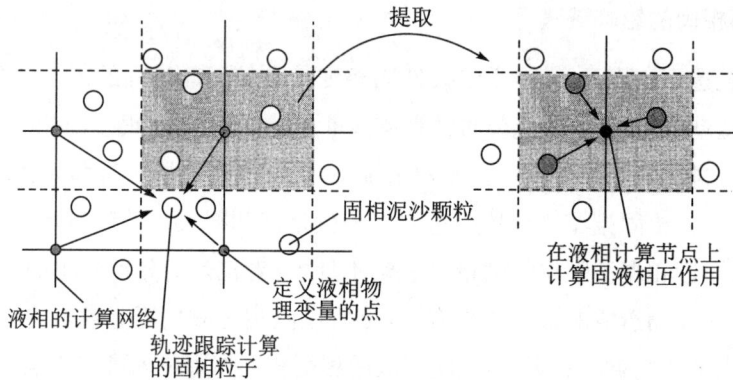

图 4.10　固液两相间影响域法中的插值计算

　　固液两相流的恒定状态模拟中,也经常采用固相泥沙颗粒轨迹跟踪的非恒定计算方法。对在这一过程中获得的泥沙颗粒运动的信息,在时间轴上进行积分得到的结果作为固相作用于液相的反馈信息,根据这些反馈信息可以弥补如前所述的固相泥沙颗粒参与计算样本数不足的缺陷。具体来说,需要关注特定的液相计算单元,不需要区分在哪一时刻通过该计算单元,就可以计算得到通过该计算单元的所有固相泥沙颗粒与作为计算对象的泥沙颗粒间的相互作用力。

　　计算作用于固相泥沙颗粒的流体推力,如图 4.11 所示的计算模式。由于固液相间的相互作用力也就是流体推力,因此可以对作用于泥沙颗粒表面上的流体应力 $\vec{\tau}_p$ 作面积积分,精确计算出固液相间的相互作用力,即作用于单个固相泥沙颗粒的流体推力 $\vec{f}_p$ 可表示为:

$$\vec{f}_p = -\int_{S_p} \vec{\tau}_p \cdot \vec{n} \mathrm{d}S \tag{4.101}$$

式中,S_p 为固相泥沙颗粒的表面面积,$\vec{n}$ 为固相泥沙颗粒表面上的外法线向量。

　　从微观角度观察,此处的流体应力本身也受到附近其他泥沙颗粒运动的影响,依赖于周围泥沙颗粒运动状态,从而产生复杂的流体特性。实施式(4.101)的积分计算,必须了解固相泥沙颗粒表面上的流体应力(压力和黏性应力)的分布情况,因此必须要有足够精细的在泥沙颗粒尺度分辨率层次上的计算流场信息。直接实施以上积分计算,计算作用于固相泥沙颗粒表面的流体推力,可采用下节将要介绍的泥沙颗粒运动直接模拟法(粒子法)的计算思路。

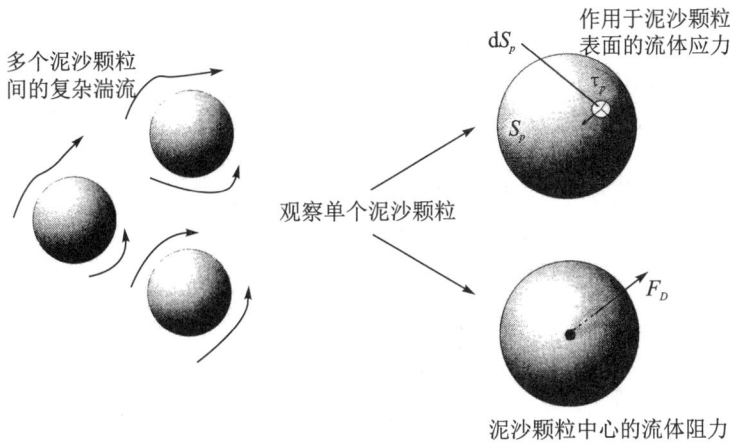

图 4.11　作用于固相泥沙颗粒的流体作用力

将固相假想为泥沙颗粒离散系统的情况,基于粒子法的模型计算量非常大,事实上对原型流体实行泥沙颗粒运动的直接模拟是不可行的。一般是将对固相泥沙颗粒表面上的流体应力分布的积分结果作为流体推力,在泥沙颗粒尺度,采用较粗分辨率的计算网格,计算得到与流场有关的相关变量值。如计算流体推力时,采用固相泥沙颗粒重心周围液相粒子的流速插值结果作为流场的代表值。

下面具体介绍计算固液两相间相互作用力的 PSI-Cell 模型(Crowe,1977),PSI-Cell 意思是计算单元中的颗粒源项。如图 4.12 所示,观察围绕在液相计算网格节点四周的控制体。跟踪特定固相泥沙颗粒的运动轨迹,将泥沙颗粒离开控制体时的动量减去进入控制体时该泥沙颗粒的动量,即可计算得到通过该控制体的泥沙颗粒的动量。泥沙颗粒获得的动量等于液相损失的动量。因此,如果液相运动方程可以反映局部动量损失,就可以计算得到固液两相间的相互作用力。

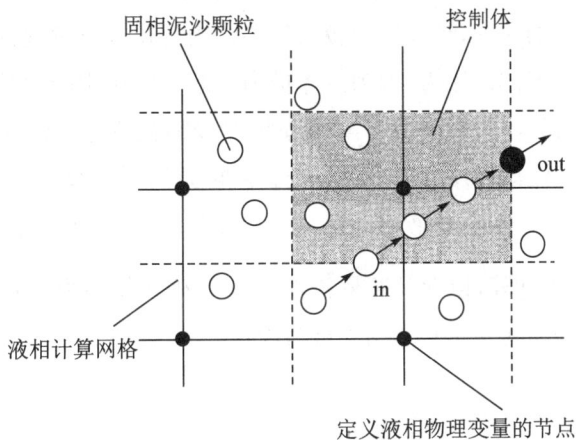

图 4.12　PSI-Cell 模型

固相泥沙颗粒 j 的运动方程可写为：

$$\sigma A_3 d_j^3 \frac{d \vec{u}_{pj}}{dt} = \vec{F}_{fj} + (\sigma - \rho) A_3 d_j^3 \vec{g} \tag{4.102}$$

式中，$\vec{u}_{pj}$ 为固相泥沙颗粒的速度矢量，$\vec{F}_{fj}$ 为作用于固相泥沙颗粒的流体作用力（包括阻力等）。

根据式（4.102），作用于单个泥沙颗粒的流体作用力为：

$$\vec{F}_{fj} = \sigma A_3 d_j^3 \left(\frac{d \vec{u}_{pj}}{dt} - \frac{\sigma - \rho}{\sigma} \vec{g} \right) \tag{4.103}$$

液相运动方程中固液两相间相互作用项可写为：

$$\vec{f}_{ls} = \frac{1}{\beta_{tp} \Delta V^{cell}} \sum_{j=1}^{n_p^{cell}} \vec{F}_{fj} \tag{4.104}$$

式中，ΔV^{cell} 为液相控制体体积，n_p^{cell} 为液相控制体内固相泥沙颗粒个数，β_{tp} 为作为轨迹跟踪计算对象的泥沙颗粒的比率（作为轨迹跟踪计算对象的泥沙颗粒个数与相当于固相整体体积的泥沙颗粒个数之比，对所有泥沙颗粒均进行轨迹跟踪计算时 $\beta_{tp} = 1.0$）。

如果要计算式（4.103）中的流体作用力，将出现如何计算固相泥沙颗粒速度变化的问题，这里采用 PSI-Cell 模型的思路，根据通过该控制体的固相泥沙颗粒的速度增量 Δu_{pgi}^{cell} 除以泥沙颗粒在控制体中的滞留时间 Δt_j^{cell} 来计算相互作用力：

$$\vec{f}_{ls} = \frac{1}{\beta_{tp} \Delta V^{cell}} \sum_{j=1}^{n_p^{cell}} \sigma A_3 d_j^3 \left(\frac{\Delta \vec{u}_{pgj}^{cell}}{\Delta t_j^{cell}} - \frac{\sigma - \rho}{\sigma} \vec{g} \right) \tag{4.105}$$

实际上，每个泥沙颗粒通过特定控制体的固相泥沙颗粒的轨迹跟踪计算结果都不一样，需要记录各个泥沙颗粒通过控制体界面时的速度，根据通过控制体的泥沙颗粒速度，就可以计算得到固相泥沙颗粒的速度增量。

基于 PSI-Cell 模型，固相泥沙颗粒运动方程中将考虑流体引起的所有作用力，据此可以计算出固相泥沙颗粒的动量增量（即质量不变时的速度增量），因为需要得到所有固相泥沙颗粒通过控制体界面时的速度，计算过程较为复杂。为简化计算过程，通常的处理办法是取流体推力作为代表性的流体作用力，因为流体推力是起支配作用的力，以流体推力作为固相泥沙颗粒的驱动力进行轨迹跟踪计算。实施固相泥沙颗粒轨迹跟踪计算时，需要记录各个泥沙颗粒坐标位置上的流体作用力代表值，即流体推力计算值，包含在液相计算节点周围的控制体内的所有泥沙颗粒，根据与液相计算节点和泥沙颗粒间的距离有关的权重 w_{pj}，对流体推力 $\vec{F}_{Dj}$ 进行加权平均计算，以此计算固液两相间的相互作用力。基于上述计算方法，液相运动方程中的固液两相间的相互作用项可写为：

$$\vec{f}_{ls} = \frac{n_p^{cell}}{\beta_{tp} \Delta V^{cell}} \sum_{j=1}^{n_p^{cell}} w_{pj} \cdot \vec{F}_{fj} = \frac{n_p^{cell}}{\beta_{tp} \Delta V^{cell}} \sum_{j=1}^{n_p^{cell}} w_{pj} \left\{ \frac{1}{2} \rho C_D A_2 d^2 (\vec{u} - \vec{u}_p) | \vec{u} - \vec{u}_p | \right\}_j \tag{4.106}$$

在上述计算方法中,不需要计算通过控制体界面时的泥沙颗粒速度,因此相比 PSI-Cell 模型,本方法的计算量要小很多。

在介绍具体算例之前,如图 4.13 所示,总结水沙两相流模拟的双向耦合计算法。设定固相和液相各自相关变量的初始值,首先进行清水水流条件下液相的计算。然后,在清水水流条件下计算得到的流场中,轨迹跟踪模拟固相泥沙颗粒群的运动,根据泥沙颗粒群轨迹跟踪计算的结果,计算固液相的相互作用。考虑以上计算得到的固液两相间的相互作用项,再进行液相模拟,就可以得到能够反映固相干扰液相的数值解。将当前时间步求解液相的数值解与前一时间步的液相计算结果相比,如果两者之差的变动在设定的范围内并逐渐减小,可判断计算收敛。

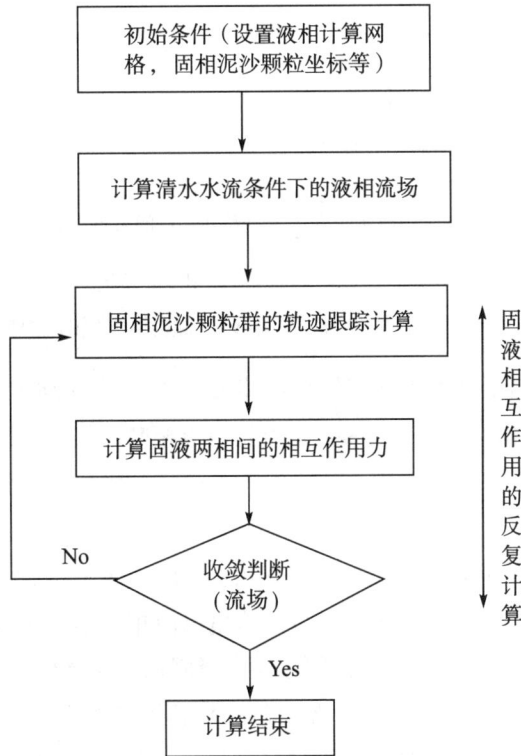

图 4.13 双向耦合计算法的计算步骤

4.5.4 应用于动床问题的算例

如上所述,以低含沙浓度的混合体为研究对象,介绍使用 Euler-Lagrange 影响域法的模型原理,本节介绍将 Euler-Lagrange 影响域法应用于动床问题的具体应用算例,同时介绍明渠恒定流条件下推移质和悬移质运动过程中液相和固相运动特性的模拟问题。如图 4.14 所示的是模拟推移质和悬移质输移过程的固液两相流模型的大致组成。采用 Euler 型计算法模拟看作是连续系统的液相,而采用 Lagrange 型计算法模拟作为离散系统的固相。液相采用雷诺时间平均(RANS)的基本控制方程描述平均流场和湍流场间的相互作用。如前所述,有多种紊流模型可供选择,在下面介绍的算例中,采用 4.5.1 节中介绍的附加有固液两相间相互作用项的 $k-\varepsilon$ 模型。采用对固相离散系统的物理特性进行显格式计算的泥沙颗粒轨迹跟踪法模型模拟固相泥沙颗粒。

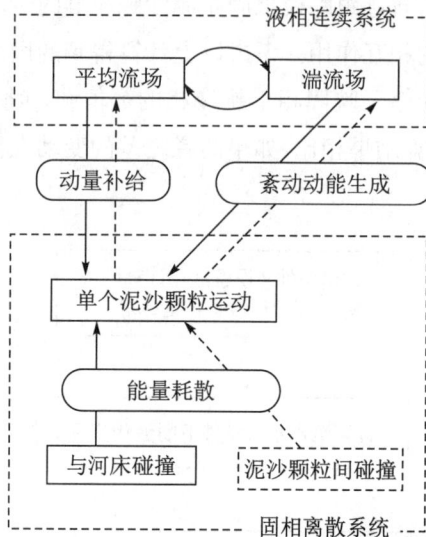

图 4.14　推移质和悬移质输移过程的固液两相流组成

考察单个泥沙颗粒运动过程,固相泥沙颗粒接受液相提供的动量(流体作用力)而产生运动,在液相部分则损失掉相当大小的动量。这就是由液相向固相的动量传递路径,是固液相互作用的主要来源。固液相互作用还有一个来源,即紊流场和固相泥沙颗粒间的相互作用,这里用到的湍流模型中,要在 k 方程和 ε 方程中附加上能表现流体作用力脉动与速度脉动相关项的部分。然后再考察单个泥沙颗粒的运动,在出现跃移质的河床上,泥沙颗粒与河床碰撞造成能量耗散,而泥沙颗粒间的碰撞也产生能量耗散。这里以液相基本控制方程为基础,以相对低含沙浓度为前提条件,进行湍流模型的简化推导,不考虑固相泥沙颗粒间的相互作用,采用第3章中介绍的单个泥沙颗粒轨迹跟踪的计算框架,描述固相泥沙颗粒的运动过程。

在这个计算框架下,介绍模拟推移质输移过程的算例。如上所述,对固相采用不考虑泥沙颗粒间碰撞的单个泥沙颗粒轨迹跟踪法,对假设存在跃移质的河床,应用第 3 章中介绍的不规则连续跳跃模型进行模拟。而对于液相,则采用 4.5.1 节中介绍的附加固液相互作用项的 $k-\varepsilon$ 模型来模拟,Euler-Lagrange 影响域法采用 4.5.3 节中介绍的 PSI-Cell 模型。在明渠均匀流中,使用粒径 0.5cm、比重 2.60 的均质玻璃空心球进行动床实验,以此实验为研究对象,实施多组实验水流拖曳力条件下的数值计算。图 4.15 所示的是液相的雷诺应力分布。在清水水流中,雷诺应力显示为直线型分布(图中虚线),根据多相流模型求解,可以看到在床面附近的跃移质层(跃移质泥沙颗粒运动集中的区域)存在明显的雷诺应力亏损(相对图中虚线的偏离)。这一现象显示出,为了维持固相泥沙颗粒的运动,由液相提供给固相部分动量,这意味着液相基本控制方程中相互作用项的贡献较大。

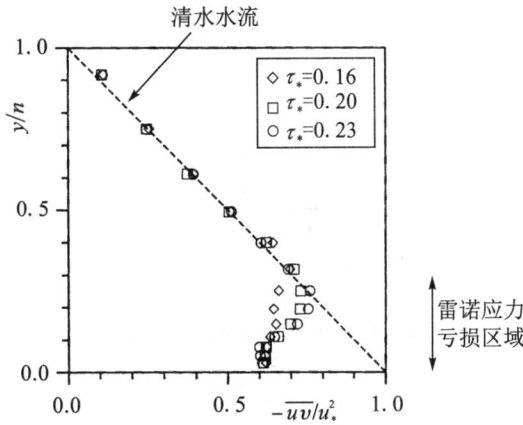

图 4.15 液相的雷诺应力分布

下面考察固相泥沙颗粒运动的求解过程。如图 4.16 所示的是在水流拖拽力 $\tau_* = 0.23$ 的情况下,固相泥沙颗粒在主流方向上的平均无量纲运动速度 u_{p*} 和固相泥沙颗粒的存在概率密度 P_D(与浓度相似)在垂向上的分布。图中将清水水流的近似解(忽略固相泥沙颗粒掺混造成的影响)与明渠实验数据放在一起进行显示,清水水流的近似解中,计算值较实测值偏大很多,固相泥沙颗粒的移动速度需要根据泥沙颗粒轨迹跟踪计算结果(两相流模型)进行修正,虽然清水水流与两相流的速度梯度不同,但可以看到速度分布区域明显趋于一致,计算效果得到改善。通过对比泥沙颗粒轨迹跟踪法的计算结果与实验结果,能更好了解泥沙颗粒的存在概率密度。图 4.17 显示了跃移质泥沙颗粒的最大跳跃高度 H_{max} 和水流拖拽力 τ_* 的关系。图中显示的是关根(1988)的实验数据,清水水流近似解随着水流拖拽力的增大,与实验数据的不一致越来越明显,采用泥沙颗粒轨迹跟踪模型可以在较大流体拖拽力范围内获得与实验数据较为一致的计算结果。

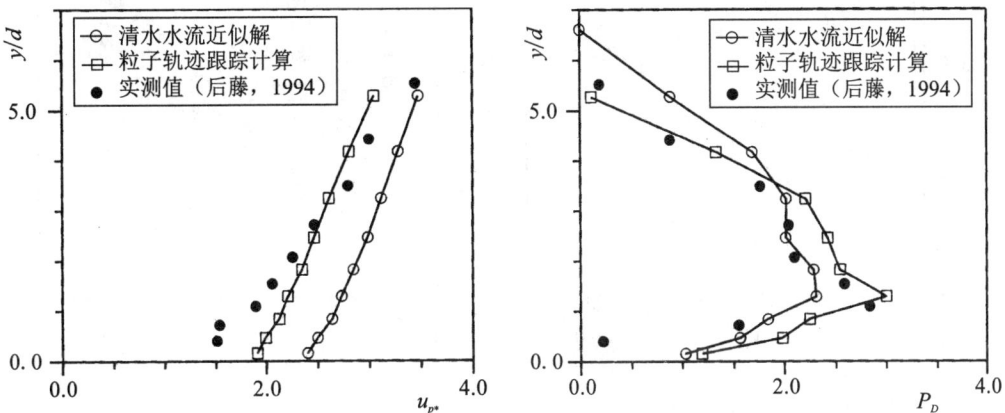

图 4.16 固相粒子的移动速度及存在概率密度

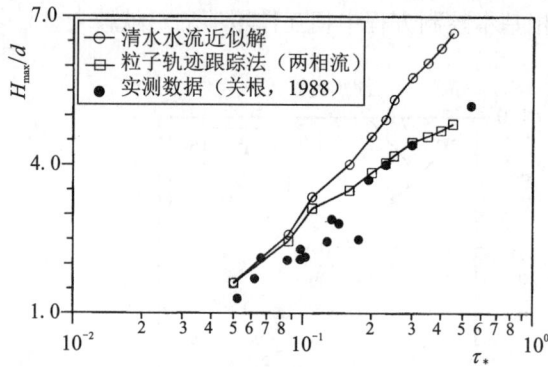

图 4.17 跃移质的最大跳跃高度

采用泥沙颗粒轨迹跟踪模型计算泥沙的推移运动过程,基于清水水流近似解的单个泥沙颗粒运动的解析解得到改善,可更为真实地再现固相和液相的运动特性。

下面考察适用于模拟悬移质输移过程的各种计算模型。采用 4.5.1 节中介绍的添加固液两相间相互作用项的 $k-\varepsilon$ 模型模拟液相,而采用 3.3.4 节中介绍的基于单个悬浮泥沙颗粒轨迹跟踪的蒙特卡洛法求解固相。图 4.18(a)显示的是采用轨迹跟踪模型计算得到的平均流速分布与 Vanoni(1959)的实验数据的对比。可以看出没有悬移质泥沙掺混的清水水流的解与实验数据有明显偏离,而应用泥沙颗粒轨迹跟踪模型的计算结果可以较好再现两相流的运动特征。图 4.18(b)显示的是在同一水力条件下,悬移质泥沙浓度变化的情况下引起的平均流速变化,随着悬移质泥沙浓度的增大,相对清水水流流速分布的偏离越来越明显。长久以来,研究人员就了解到这种平均流速分布结构的变化是含有悬移质泥沙水流运动的基本性质,从 20 世纪 50—60 年代前半期日本在该方面的研究很活跃。日野(1963)基于悬浮泥沙颗粒的加速度平衡方程,根据流速分布变化研究了卡门常数的变化。

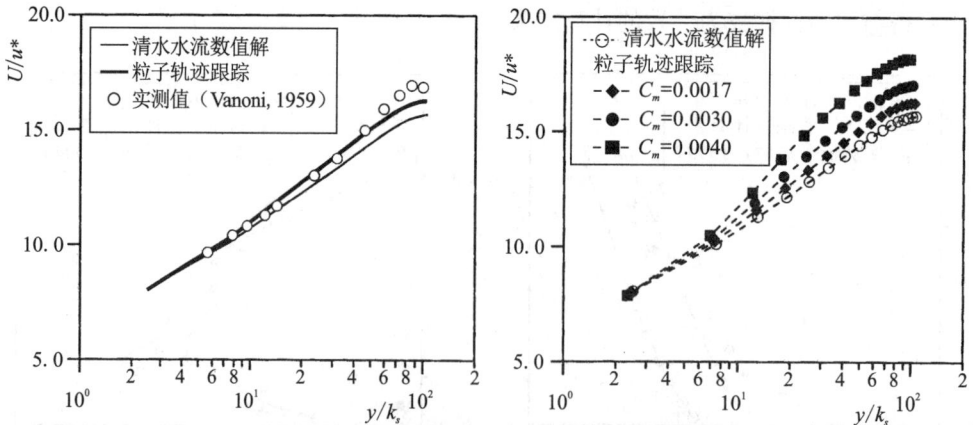

(a)与实验数据的对比　　　　(b)流速与悬移质浓度的关系

图 4.18 悬移质水流的平均流速分布

$$\frac{\kappa_0}{\kappa} = \frac{1+\beta C_a}{2}\{1+[1+4B\kappa_0(1+\beta C_a)s_1]^{\frac{1}{2}}\} \tag{4.107}$$

$$s_1 = \frac{g(\sigma/\rho-1)\omega_0 C_a(h-k_s)}{u_*^3\ln(h/k_s)} \tag{4.108}$$

式中,β、B 为常数值,一般取 $\beta=2.0$、$B=13.0$,h 为水深,C_a 为断面平均悬移质泥沙浓度。

上式是以粗糙平面为研究对象推导得到的,应用于光滑平面时,可以将粗糙系数 k_s 定义为黏性底层厚度。

图 4.19 显示的是基于日野理论的计算结果,比较了卡门常数的变化和两相流模型的数值解。图中还显示了織田(1990)的两相流模型(以 Euler-Euler 影响域法为基础,基于单个泥沙颗粒的轨迹跟踪计算固液相互作用项的模型)的数值解。織田模型与 Euler-Lagrange 型的泥沙颗粒轨迹跟踪模型不同,可认为織田模型相当于是泥沙颗粒轨迹跟踪法在固相和液相的反复计算过程中,仅对固相计算 1 次就停止时的近似解。这种近似计算方法应用于悬移质泥沙颗粒浓度较低的情况时具有合理性,与日野理论符合良好。而应用于悬移质泥沙颗粒浓度较高的情况时,泥沙颗粒轨迹跟踪模型(两相流模型)与日野理论符合良好,可以说再次从计算力学的角度讨论了悬移泥沙颗粒浓度对平均流速分布的影响计算方法,也证实了日野理论的正确。

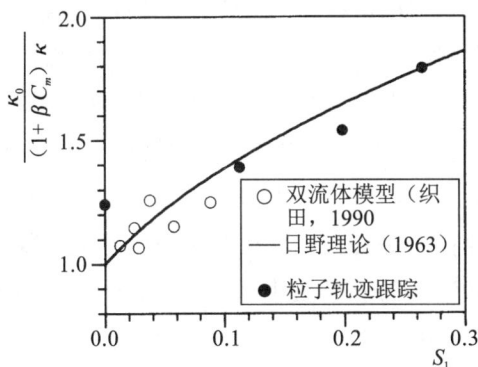

图 4.19 卡门常数的变化

悬移质泥沙颗粒掺混对水流平均流速分布的影响还有另一种解释,如 Coleman(1981) 的研究成果。不使用求解反映流速分布变化而普遍使用的参数卡门常数,而是根据在粗糙表面对数流速分布公式中附加尾流项的计算式,即依赖于悬移质泥沙颗粒浓度的尾流强度参数 Π,来理解悬移质泥沙对平均流速分布的影响。

$$\frac{U}{u_*} = \frac{1}{\kappa}\ln\left(\frac{y}{k_s}\right)+\frac{2\Pi}{\kappa}\sin^2\left(\frac{\pi}{2}\frac{y}{h}\right)+A_r \tag{4.109}$$

上式中对粗糙度为 k_s 的粗糙表面,取参数 $A_r=8.5$。由 Coleman(1981)的实验数据和泥沙颗粒轨迹跟踪法计算值得到尾流强度参数 Π 之间的关系如图 4.20 所示。实验数据的分布范围较广,并且两相流模型的计算结果与实验值较为一致,可以看出泥沙颗粒轨迹跟踪法(两相流模型)较好地再现了平均流速分布对悬移质泥沙浓度变化的依赖性。

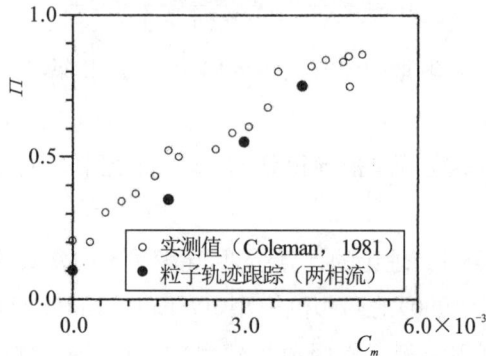

图 4.20   尾流强度参数的变化

对于悬移质和推移质的不同之处,可以通过泥沙颗粒轨迹跟踪模型数值解来反映。如图 4.21 所示,含有悬移质泥沙水流的雷诺应力分布和涡动黏性系数分布,可以用泥沙颗粒轨迹跟踪模型的数值解表示。推移质运动过程的计算结果(见图 4.15)中,可以看到雷诺应力分布有明显的亏损现象,而悬移质运动过程的雷诺应力分布,仅在近底附近很小区域内有小幅度的亏损,随着悬移质泥沙浓度的增大,与反映清水水流数值解的流速直线分布的偏离也不是很大。对于该现象,可以确定在含有悬移质水流中,不存在对液相平均流场和固相泥沙颗粒间相互作用起控制性作用的因子。如第 2 章的介绍,悬移质泥沙颗粒与推移质泥沙颗粒相比,悬移质泥沙颗粒对周围流速变化具有更明显的敏感性和更好的跟随性,可知悬移质泥沙颗粒运动速度的平均值与液相平均流速非常接近,因此固相泥沙颗粒的平均运动速度与液相平均流速之间的差并没有太大的物理意义。但是,在液相平均流动运动方程中,不能忽略对相互作用项(水流推力等)的影响,相互作用项可以抑制平均流速量级上的动量输送,但雷诺应力分布对泥沙浓度的依赖性并不明显。造成平均流速分布形态依赖于泥沙浓度的原因是什么呢? 如前所述,雷诺应力分布对泥沙浓度的依赖非常小,但涡黏性系数分布显示出对泥沙浓度具有显著的依赖性。为方便于讨论,考虑恒定流状态,在主流方向的流速梯度就可以表示为:

$$\frac{\mathrm{d}U}{\mathrm{d}y} = \frac{-\overline{uv}}{v_t} \tag{4.110}$$

由此可以明显看出平均流速分布对泥沙浓度的依赖性,是由涡黏性系数的变化,也就是紊流场结构变化引起的。换言之,悬移质含沙水流中,k 方程和 ε 方程中的固液相互作用项对平均流场结构的变化起主要作用。根据悬移质和推移质固相泥沙颗粒运动形态的不同,固液相互作用结构也存在明显不同的物理结构,通过计算力学分析清楚地显示出了这一点。

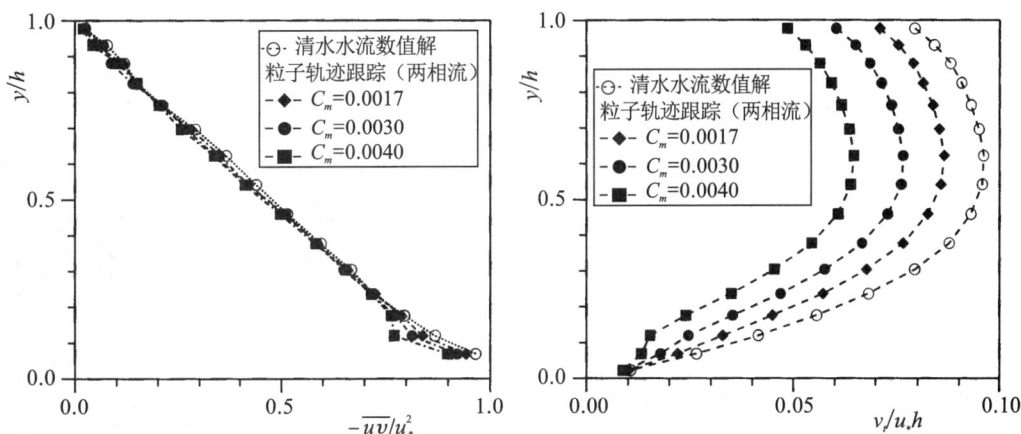

图 4.21 雷诺应力分布和涡黏性系数分布

4.6 泥沙颗粒尺度的水流结构

3.3.2 节中介绍的泥沙颗粒直接模拟法(粒子法)的原理同样也适用于固液两相流模拟。粒子法中描述水沙运动物理现象发生过程的基本控制方程,不做任何人为假设,如果能保证可以对整个发生过程在紊流时空最小尺度同量级分辨率尺度上进行数值离散求解,就能精确再现固液两相流的运动特征。多相流本构关系和固液两相间相互作用的参数化等假设中会产生参数率定的问题,如果能够实施上述计算,就可以确定某些经验参数是否真实存在的疑问及参数最优取值。本书称基于以上思路的数学模型为泥沙颗粒直接模拟法或粒子法。

粒子法的关键之处就是描述固液两相间的相互作用,式(4.101)表示了作用在单个固相泥沙颗粒上的流体作用力,通过对作用于泥沙颗粒表面的微小区域的流体应力作面积积分,就可以对固液相互作用进行精确计算。对式(4.101)作积分之前,必须了解泥沙颗粒表面上的流体应力(压力及黏性应力)的分布情况,比泥沙颗粒尺度还要小的高分辨率流场信息是不可缺少的。如图 4.22 所示的是在建模概念上比较了粒子法计算尺度与 4.5 节介绍的泥沙颗粒轨迹跟踪法的计算尺度之间的差异。通常在泥沙颗粒轨迹跟踪法中,假设在液相计算网格节点周围的控制体中存在多个固相泥沙颗粒的状态,因此液相计算网格尺度比泥沙颗粒粒径大。在粒子法模型中,必须设定比泥沙颗粒粒径要足够小的液相计算网格尺寸,因此采用泥沙颗粒轨迹跟踪法和粒子法两种模型计算同种流态的流动,就可理解为什么两种模型的液相计算量差异非常大的原因。

以模型应用的具体算例介绍粒子法的基本计算步骤,粒子法模型的推导过程可参考梶岛(2002)的解释和图 4.23 的说明。固液混合体的流速可以记述为:

$$\vec{u} = (1-\alpha_p)\,\vec{u_f} + \alpha_p\,\vec{u_p} \tag{4.111}$$

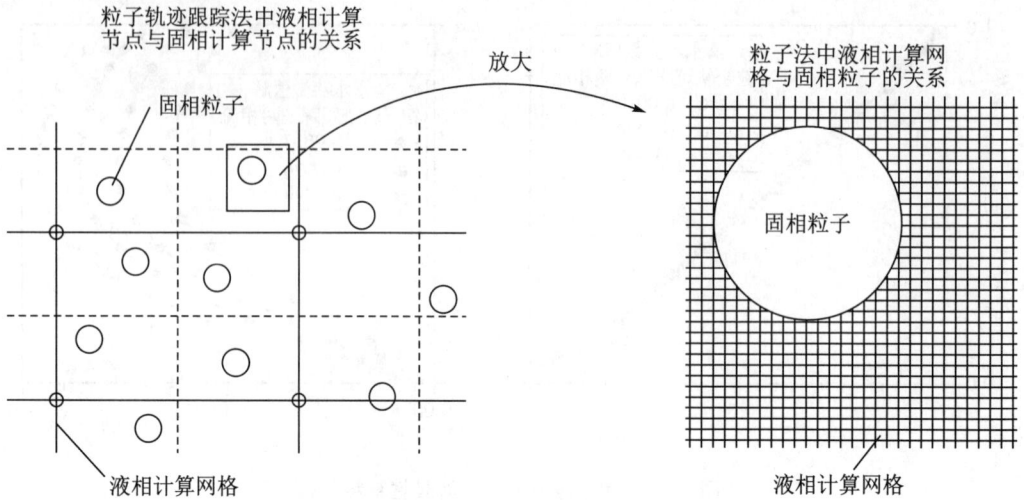

图 4.22　泥沙颗粒轨迹跟踪法和粒子法的计算网格尺度

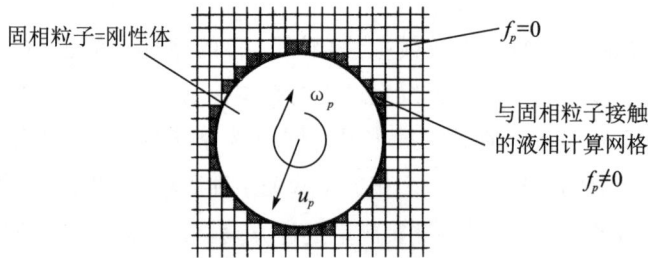

图 4.23　粒子法的固相泥沙颗粒

式中，α_p 为固相的体积占有率（包括固相表面的网格单元），$\vec{u}_f$ 为液相的速度矢量，$\vec{u}_p$ 为固相泥沙颗粒的表面速度矢量，可以用下式定义：

$$\vec{u}_p = \vec{u}_{pG} + \vec{r}_p \times \vec{\omega}_p \qquad (4.112)$$

式中，$\vec{u}_{pG}$ 为固相泥沙颗粒重心处的行进速度矢量，$\vec{r}_p$ 为相对固相泥沙颗粒重心偏移位移矢量，$\vec{\omega}_p$ 为固相泥沙颗粒重心周围的角速度矢量。

固液界面处固液混合体流速由增加固液两相间相互作用项 $\vec{f}_p$ 的 Navier-Stokes 方程计算得到：

$$\frac{\partial \vec{u}}{\partial t} + \vec{u} \cdot \nabla \vec{u} = -\frac{1}{\rho} \nabla p + v \nabla^2 \vec{u} + \vec{f}_p \qquad (4.113)$$

$\vec{f}_p$ 仅包含固相泥沙颗粒界面处计算单元中的值，其他计算单元内取值为零。另外，在固相泥沙颗粒界面以外计算单元中 $\alpha_p = 0$，因此可以求解 Navier-Stokes 方程。

固相泥沙颗粒的动量方程和角动量方程为：

$$\frac{\mathrm{d}}{\mathrm{d}t}(m_p \vec{u}_{pG}) = \int_{S_p} \vec{\tau}_p \cdot \vec{n}\mathrm{d}S + \vec{G}_p \tag{4.114}$$

$$\frac{\mathrm{d}}{\mathrm{d}t}(\vec{I}_p \cdot \vec{\omega}_p) = \int_{S_p} \vec{r}_p \times (\vec{\tau}_p \cdot \vec{n})\mathrm{d}S + \vec{N}_p \tag{4.115}$$

式中, m_p 为固相泥沙颗粒质量, $\vec{I}_p = 0$ 为固相泥沙颗粒的惯性张量, S_p 为固相泥沙颗粒的表面积, $\vec{n}$ 为固相泥沙颗粒表面处的外法线矢量, $\vec{G}_p$、$\vec{N}_p$ 分别为外力以及外力力矩。

以上述方程的形式,作用于固相泥沙颗粒表面的流体应力的面积分大小的力驱动泥沙颗粒运动。作用于整个固相泥沙颗粒的流体作用力可写为:

$$\int_{V_p} \vec{f}_p \mathrm{d}V = -\int_{S_p} \vec{\tau}_p \cdot \vec{n}\mathrm{d}S \tag{4.116}$$

位于与固相泥沙颗粒界面处的液相计算单元中,对固相泥沙颗粒表面上的流体应力进行积分,可计算出各计算单元的 $\vec{f}_p$,如果可以求解式(4.113),就可以得到考虑固相泥沙颗粒表面上的相互作用力的数值解。基于这一计算思路,采用沉降泥沙颗粒的方法,进行紊流场的粒子法模拟,近年有研究报导了以 1/10 粒径尺度设置液相计算网格尺寸,以 1000 多个泥沙颗粒为研究对象,实施了粒子法模拟(Kajishima,2002)。

如前所述,将固相作为多个泥沙颗粒系统的情况,粒子法模型的计算量将非常大,因此以河流泥沙和海岸泥沙为研究对象,目前还不能应用粒子法模型进行模拟。但是,紊流中单个球体运动方程中的流体作用力项的表达式是否成立等问题,在可以实施粒子法模拟以前,对于以上问题缺少可靠的检验手段,从计算力学观点出发,实施这些方面的检验和探讨将很有意义。从工程应用和科学研究的角度来看,构建河流泥沙和海岸泥沙运动力学体系,拓展研究视野,也有必要引入粒子法模型。

5　颗粒流模型

5.1　考虑泥沙颗粒间碰撞的重要性

当泥沙颗粒浓度非常低时,泥沙颗粒处于各自独立的运动状态,基于对清水流动中单个泥沙颗粒的轨迹跟踪计算结果,可以描述河流泥沙和海岸泥沙的输送过程。但随着泥沙颗粒浓度增加,固相泥沙颗粒分散系统对液相流动的影响也随之增大,如前章所述,必须采用多相流模型进行模拟。并且当泥沙颗粒浓度增加后,泥沙颗粒间的间距逐渐接近,泥沙颗粒间将越来越频繁地发生碰撞,因此模拟单个泥沙颗粒运动的泥沙颗粒轨迹跟踪法已不能适用,需要引入能准确描述泥沙颗粒间相互作用的颗粒流模型。

基于以上对泥沙颗粒浓度影响的认识,可以保证直接应用泥沙颗粒间碰撞模型的正确性,在动床上除了泥沙颗粒间的碰撞现象以外,还可以观察到明显表现出泥沙颗粒流(即泥沙颗粒的集合体)运动特性的物理现象,从物理机制方面来理解这些现象,必须应用可描述多个泥沙颗粒间相互作用的数学模型。

如第3章中介绍的,推移质输送过程的数值模拟的底部边界条件由模拟河床(或海床)边界来设定。这种情况下模拟河床组成,需要表现河床构成泥沙颗粒排列的不规则性,为此利用基于随机数的蒙特卡洛法进行模拟,此类模拟方法原理可参考第3章的相关介绍。但是模拟河床组成,涉及求解多个泥沙颗粒的固定排列问题,此时采用基于随机数的概率计算方法是否合适是个问题。实际河床上,由于是由很多泥沙颗粒间的静力学平衡关系决定河床泥沙颗粒的几何排列形式,因此采用概率论(使用随机数)来模拟真实物理现象的方法是不科学的。如果能采用确定性模型来模拟多个泥沙颗粒间的接触状态,就可以计算出粒径尺度以下铺设均质球体床面的凹凸几何特性。将在5.4.1节详细介绍以上计算过程。

在伴有明显跃移运动的推移质输送情况下,泥沙颗粒频繁地与河床发生碰撞,河床由排列比较疏松的泥沙颗粒构成,由于碰撞影响将产生河床变形(由河床构成泥沙颗粒的位移造成局部的泥沙颗粒排列变化)。这种河床构成泥沙颗粒的排列变化对碰撞能量耗散有一定作用,对跃移泥沙颗粒停止运动后的组成结构起到重要作用。并且传播到河床床面的一部分能量,又诱发河床构成泥沙颗粒的再次起动。这种跃移质泥沙颗粒的碰撞冲击诱发河床泥沙颗粒的再起动,可以非常清楚地观察到水流中的成片泥沙起动现象(类似于气流作用下的泥沙输移现象)。类似于河床泥沙成片起动的现象,虽然处于运动状态的泥沙颗粒浓度非常低,与河床发生碰撞过程中的泥沙颗粒间相互作用也存在一定的力学关系。这种情况下,单个泥沙颗粒轨迹跟踪法的反弹系数率定处理过程,需要考虑泥沙颗粒间相互作用的力学机制。

如第4章中4.3节的介绍,泥石流混合体模型通常采用稀疏相流体模型,稀疏相流体模型将固相离散为泥沙颗粒分散系统的存在形式,而这一泥沙颗粒分散系统具有重要的力学背景,既然将固相作为泥沙颗粒分散系统的存在形式,不可避免地就要考虑到泥沙颗粒间频繁地发生碰撞的情况。总之,从计算力学的观点再次检验和讨论稀疏相流体的本构关系,为清楚了解这种本构关系,必须使用能够明确表述泥沙颗粒运动过程中泥沙颗粒间碰撞的模型。

泥沙颗粒间的相互作用要么是碰撞,要么是接触,而处理泥沙颗粒间相互作用的模型可分为两大类,即刚性球体模型和软球体模型。不管对于哪一种模型,对于非接触和非碰撞时的泥沙颗粒运动,都是基于泥沙颗粒运动方程[见式(3.1)]的泥沙颗粒轨迹跟踪进行模拟,而对于泥沙颗粒间的接触或泥沙颗粒间碰撞的处理,两种模型存在较大差别。刚性球体模型适用于求解泥沙颗粒间碰撞的古典力学的刚体碰撞问题,各个泥沙颗粒发生碰撞时产生变形,同时保持互不重叠的刚性体形态,该模型成立的前提是碰撞在一瞬间即已完成(即碰撞时间无限短)。在这种模型中假设泥沙颗粒向前运动为主要形态的运动(可以忽略旋转运动状态),碰撞发生前后的泥沙颗粒间的相对速度变化,仅与反弹系数有关。而另一方面,在软性球体模型中,泥沙颗粒间允许在一定范围内发生重叠,为一种近似模型。处于接触状态的泥沙颗粒间,对应于发生重叠范围的大小,存在一定的反弹力和摩擦力,为了避免泥沙颗粒间的重叠范围过大,需要逐次进行修正计算。

根据模型原理的不同,可以应用刚性球体模型和软性球体模型处理的研究对象也不同。刚性球体模型主要适用于碰撞的模拟,而软性球体模型适用于模拟同时存在(短时间的,几乎是瞬间的)碰撞和(持续性的)接触两种现象。另外,在刚性球体模型中,因为是直接处理刚体碰撞的力学过程,因此不能处理3个球体以上的多个球体同时发生碰撞的问题。伴随多个球体间相互作用的运动,是天文学中的天体轨道计算的基本问题,该问题的研究或解析计算,还不能确定万有引力作用下3个球体的轨道(三体运动问题)。同样,对于3个球体的碰撞问题,除特殊条件,不能保证数值解的一致性。由于以上原因,对3个球体同时发生碰撞的情况,难以应用刚性球体模型。关于这一问题带来的影响,将在下一节中进行具体介绍。

5.2 刚性球体模型

了解了泥沙颗粒间的碰撞过程以后,一种观点就是将刚性球体发生碰撞作为一种自然的物理过程,这就意味着,刚性球体模型可以称为求解泥沙颗粒间碰撞问题的直接计算方法。当泥沙颗粒处于与其周围泥沙颗粒不发生接触的状态时,泥沙颗粒即独立运动,采用符合运动方程[见式(3.1)]的轨迹计算方法较为合适。这时如果要考虑一定泥沙颗粒浓度下的流体作用力(泥沙颗粒运动的驱动力)的影响,要用到流体推力系数的计算公式[见式(4.44)]。

泥沙颗粒 i 和泥沙颗粒 j 的碰撞过程,可根据由泥沙颗粒前进运动和围绕刚性球体重心的旋转运动产生的冲力方程来描述：

$$M_{pi}(\vec{v}_{pi}^{out} - \vec{v}_{pi}^{in}) = \vec{J}_p \tag{5.1}$$

$$M_{pj}(\vec{v}_{pj}^{out} - \vec{v}_{pj}^{in}) = -\vec{J}_p \tag{5.2}$$

$$I_{pi}(\vec{\omega}_{pi}^{out} - \vec{\omega}_{pi}^{in}) = r_{pi}\vec{n} \times \vec{J}_p \tag{5.3}$$

$$I_{pj}(\vec{\omega}_{pj}^{out} - \vec{\omega}_{pj}^{in}) = r_{pj}\vec{n} \times \vec{J}_p \tag{5.4}$$

式中，M_p 为泥沙颗粒的质量（下标字母 i、j 分别表示泥沙颗粒 i 和泥沙颗粒 j，以下相同），I_p 为围绕泥沙颗粒重心旋转的惯性矩，r_p 为泥沙颗粒的半径，$\vec{n}$ 为通过泥沙颗粒 i、j 接触点的连接泥沙颗粒 i 中心和泥沙颗粒 j 中心连线的外法向矢量，$\vec{J}_p$ 为碰撞过程中产生的冲击力的冲量，$\vec{J}_p$ 和 $\vec{n}$ 的矢量积乘以泥沙颗粒半径 r_p 就得到了冲量矩（或角冲量）。式中的 in 表示碰撞发生前，out 表示碰撞发生后。

上面介绍的联立方程组中，未知量有碰撞发生后的泥沙颗粒前进速度 $\vec{v}_{pi}^{out}$ 和 $\vec{v}_{pj}^{out}$，围绕各个泥沙颗粒重心旋转的角速度 $\vec{\omega}_{pi}^{out}$ 和 $\vec{\omega}_{pj}^{out}$，冲击力的冲量 $\vec{J}_p$。因此，必须补充方程对以上方程组进行封闭，在接触平面的法线方向上，可补充与质点碰撞问题同样的反弹关系方程。根据接触平面内的作用力分量，假设考虑接触点上受到摩擦影响的速度变化，导入反弹系数表示法的计算公式：

$$\begin{bmatrix} v_{pn} \\ v_{pt_1} \\ v_{pt_2} \end{bmatrix}_{out} = \begin{bmatrix} -e_n & 0 & 0 \\ 0 & e_t & 0 \\ 0 & 0 & e_t \end{bmatrix} \begin{bmatrix} v_{pn} \\ v_{pt_1} \\ v_{pt_2} \end{bmatrix}_{in} \tag{5.5}$$

式中，下表字母 n 表示法线方向上的分量，t_1、t_2 表示接触平面内的 2 个分量。由以上关系，可得碰撞发生前后的泥沙颗粒速度及角速度的解析式，碰撞发生前的速度、角速度和碰撞角度（由接触平面决定）为已知量，可以计算出碰撞后的泥沙颗粒速度和角速度。Campbell 和 Brennen(1985)采用这种模型进行了恒定状态泥沙颗粒流的数值模拟。

如前所述，刚性球体模型不能处理多个球体同时发生碰撞的情况，而在一定量级高浓度的泥沙颗粒分散系统中，3 个球体同时发生碰撞的情况较少，如果对多个球体同时碰撞的情况作适当处理，就能消除刚性球体模型应用中的不合理性。通常泥沙颗粒轨迹跟踪计算中，计算时间尺度是固定的，某一计算时间步前泥沙颗粒间还是处于非接触状态，而下一时间步后发生了泥沙颗粒间重叠的情况，在两个时间步之间，通过时间轴上的插值来确定碰撞点。在碰撞点上插值计算速度和角速度，求解碰撞之前的物理量，这些物理量的值作为刚性球体模型的计算输入值，计算得到碰撞后的物理量的值。因此，处于泥沙颗粒轨迹跟踪计算时间步之间发生碰撞的瞬间物理量值是通过插值计算得到的，这是该种计算方法的基本思路，可以说，对碰撞现象的模拟是在小于泥沙颗粒轨迹跟踪计算时间步长的时间间隔内实施的泥沙颗粒轨迹跟踪计算。

这种采用轨迹跟踪模拟自然现象的方法,如果轨迹跟踪计算时间步长是变化的情况,离散过程中会忽视物理现象的部分过程,为避免该种情况发生,粒子轨迹跟踪法的计算步骤中可作以下处理。例如,在计算时间步长内,判断出有3个球体同时碰撞的情况发生,将计算时间步长进一步分解为若干子时间步长,首先设定某2个处于接触状态的泥沙颗粒,采用2个泥沙颗粒间的刚性球体模型求解泥沙颗粒碰撞发生后的速度,与剩下的1个泥沙颗粒发生碰撞的时刻,再次使用刚性球体模型进行分阶段的处理方式,可能得到对应的合理结果。这就是将碰撞作为瞬间事件进行处理的刚性球体模型,属于确定性的时间推进型的计算方法。但是,当计算时间步长非常小的情况,计算误差的影响会增大,数值解的可信度会下降,因此要谨慎使用。要避免子时间步长处理带来的复杂性,得到稳定的数值解,采用下一节将要介绍的软性球体模型是比较有效的。

5.3　软性球体模型

泥沙颗粒浓度增加到极端大的情况,达到泥沙颗粒间隙的流体不能供给能够维持泥沙颗粒分散流动状态的充足动量,泥沙颗粒相互开始接触,各个泥沙颗粒处于在多个接触点处与附近泥沙颗粒发生接触的状态,因此刚性球体模型完全不适用,必须构建完全不同的数学模型。软性球体模型,从字面意思上理解就是软体球,允许泥沙颗粒间发生重叠现象的数学模型。在软性球体模型中,给定对应泥沙颗粒间一定重叠程度的泥沙颗粒间反弹力,泥沙颗粒相互之间发生反弹运动,以此确定构成泥沙颗粒流的各个泥沙颗粒的坐标。这种方法是由 Cundall 和 Strack(1979)提出的,是以岩石力学为研究对象发展起来的,在很多研究领域得到广泛采用,并仍在发展当中,一般情况下称之为离散单元法。在动床数值模拟研究当中,由于处理泥沙颗粒处于分散流动状态和堆积状态共存的情况需要一些必要条件,因此离散单元法仅作为基础研究手段,除此以外,在现实问题研究中很少选择该种方法。下面对离散单元法的基本原理进行介绍。

5.3.1　离散单元法的基本方程

各个泥沙颗粒的运动,可采用在水流中前进运动和旋转运动的运动方程[见式(3.1)和式(4.100)]表述,运动方程中附加了泥沙颗粒间的相互作用项 $\vec{F}_{pINTi}$ 和泥沙颗粒间旋转力矩项 $\vec{T}_{pINTi}$,泥沙颗粒的运动方程为:

$$\sigma A_3 d_{pi}^3 \frac{\mathrm{d}\,\vec{u}_{pi}}{\mathrm{d}t} = \frac{1}{2} C_D \rho A_2 d_{pi}^2 |\vec{u} - \vec{u}_{pi}| (\vec{u} - \vec{u}_{pi}) + \rho A_3 d_{pi}^3 \frac{\mathrm{d}\vec{u}}{\mathrm{d}t} + C_M \rho A_3 d_{pi}^3 \left(\frac{\mathrm{d}\vec{u}}{\mathrm{d}t} - \frac{\mathrm{d}\,\vec{u}_{pi}}{\mathrm{d}t} \right)$$

$$+ 6\rho A_2 d_{pi}^2 \sqrt{\frac{\nu}{\pi}} \int_{T_0}^{T} \frac{\left(\frac{\mathrm{d}\vec{u}}{\mathrm{d}\tau} - \frac{\mathrm{d}\,\vec{u}_{pi}}{\mathrm{d}\tau} \right)}{\sqrt{T - \tau}} \mathrm{d}\tau + A_3 d_{pi}^3 (\sigma - \rho)\vec{g} + \vec{F}_{LM} + \vec{F}_{LS} + \vec{F}_{pINTi} \quad (5.6)$$

$$I_{pi}\frac{\mathrm{d}\vec{\omega}_{pi}}{\mathrm{d}t}=-\vec{T}+\vec{T}_{pINTi} \tag{5.7}$$

由于离散单元法相对于单个泥沙颗粒轨迹跟踪法的计算量要大,因此在泥沙颗粒前进运动过程中,一般忽略 Basset 项、Saffman 上举力项和 Magnus 上举力项等项,在旋转运动过程中,通常采取忽略水流引起的旋转力矩项进行简略化的处理方法。离散单元法中一般采用差分近似的基本离散公式进行显格式计算的数值解法,根据逐次迭代的计算结果,计算出泥沙颗粒群前进运动的非恒定过程。

5.3.2 泥沙颗粒间相互作用的描述方法

如图 5.1 所示的各个泥沙颗粒间的相互作用力,在泥沙颗粒间的接触点处采用弹性弹簧、黏性减震器、滚动装置等机械部件进行模型概化,这些机械部件在接触平面的内法线方向进行配置。泥沙颗粒间的相互作用力在接触点上采用局部坐标系进行定量计算,因此需要频繁地在由泥沙颗粒运动方程定义的全局坐标系与局部坐标系间进行转换计算。另外,图 5.1 中的机械部件配置能够表现出黏弹性体的物理特性,称该种模型为 Voigt 模型。泥沙颗粒为球体(在 2 维平面上为圆形),虽然允许计算中泥沙颗粒间发生重叠,但各个泥沙颗粒也表现出刚性球体的运动特征,假定与其他泥沙颗粒发生重叠但本身不会产生变形。

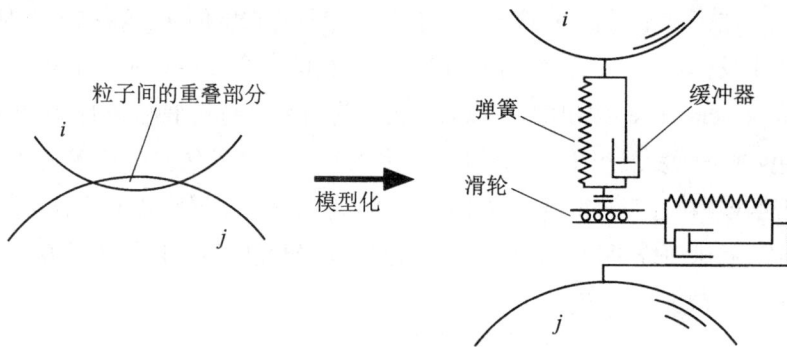

图 5.1　泥沙颗粒接触模型

首先以 2 维平面场为研究对象,阐述泥沙颗粒间相互作用力的计算方法。泥沙颗粒 i、j 是否处于接触状态可采用下式进行判定:

$$L_{ij}\leqslant\frac{d_i+d_j}{2} \tag{5.8}$$

式中,L_{ij} 为泥沙颗粒 i、j 中心间的连线距离。可使用下式计算:

$$L_{ij}=\sqrt{(x_i-x_j)^2-(y_i-y_j)^2} \tag{5.9}$$

泥沙颗粒 i 在时间 Δt 内发生位移和角位移记为 $(\Delta x_i,\Delta y_i,\Delta\varphi_i)$,图 5.2 中定义沿坐标轴正方向的行进运动为正,沿逆时针方向旋转运动为正。

在 t 时刻泥沙颗粒 i、j 的接触点为局部坐标原点,在连接线的法线方向(以泥沙颗粒 i 的中心到泥沙颗粒 j 的中心的连线方向为正方向)以及连接线方向上配置局部坐标系统 (ξ,η)。法线和法线方向的相对增加量可表示为:

$$\begin{bmatrix} \Delta\xi_{ij} \\ \Delta\eta_{ij} \end{bmatrix} = [T_a]\begin{bmatrix} \Delta x_i - \Delta x_j \\ \Delta y_i - \Delta y_j \end{bmatrix} + \begin{bmatrix} 0 & 0 \\ \Delta\varphi_i & \Delta\varphi_j \end{bmatrix}\begin{bmatrix} d_i/2 \\ d_j/2 \end{bmatrix} \tag{5.10}$$

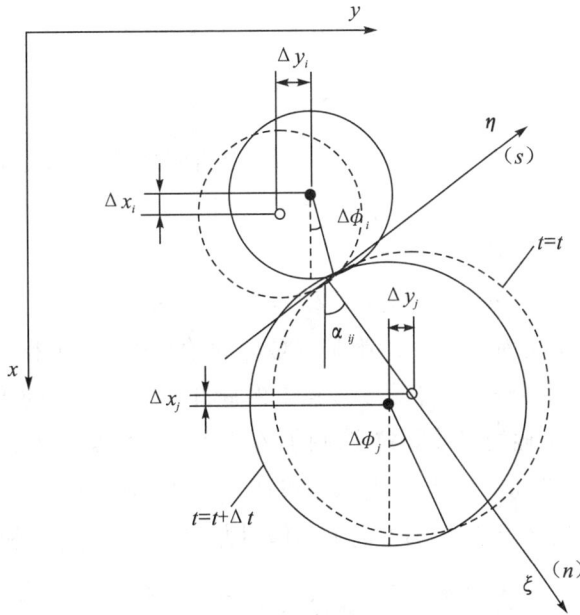

图 5.2　泥沙颗粒间的相对位移

式中,T_a 为全局坐标和局部坐标间的坐标变换行列式,为:

$$[T_a] = \begin{bmatrix} \cos\alpha_{ij} & \sin\alpha_{ij} \\ -\sin\alpha_{ij} & \cos\alpha_{ij} \end{bmatrix} \tag{5.11}$$

$$\sin\alpha_{ij} = -\frac{y_i - y_j}{L_{ij}}; \cos\alpha_{ij} = -\frac{x_i - x_j}{L_{ij}} \tag{5.12}$$

式中,α_{ij} 为泥沙颗粒中心连接线与 ξ 轴的夹角,以逆时针方向为正。

式(5.10)右边第 1 项为行进运动位移产生的分量,右边第 2 项为由于旋转运动在连接线方向上的位移产生的分量。

处于接触状态的 2 个泥沙颗粒 i、j 间的相互作用关系,可应用图 5.1 所示的 Voigt 模型进行计算。即在法线方向上引入没有拉伸阻力作用的衔接点,设置弹性弹簧(弹性系数 k_n)和黏性缓冲器(黏性系数 c_n),而在连接线方向上设定一定的滑动界限和滑动衔接点(静止摩擦系数 μ),并配置弹性弹簧(弹性系数 k_s)和黏性缓冲器(黏性系数 c_s)。

弹簧产生与其发生的相对位置呈一定比例的阻力,而缓冲器也会产生与其相对速度呈一定比例的阻力。可采用式(5.10)计算法线和连接线方向上的相对变量的增量,而又可根

据这些增量,计算弹簧和缓冲器产生的作用力 F_ξ 和 F_η:

$$\left.\begin{aligned}
F_\xi(t) &= e_n(t) + d_n(t) \\
e_n(t) &= e_n(t - \Delta t) + k_n \cdot \Delta \xi_{ij} \\
d_n(t) &= c_n \cdot \frac{\Delta \xi_{ij}}{\Delta t}
\end{aligned}\right\} \tag{5.13}$$

$$\left.\begin{aligned}
F_\eta(t) &= e_s(t) + d_s(t) \\
e_s(t) &= e_s(t - \Delta t) + k_s \cdot \Delta \eta_{ij} \\
d_s(t) &= c_s \cdot \frac{\Delta \eta_{ij}}{\Delta t}
\end{aligned}\right\} \tag{5.14}$$

在法线方向上设置没有拉伸作用力的衔接点,以压缩状态为正,可记述为:

$$F_\xi(t) = F_\eta(t) = 0 \qquad \text{当 } e_n(t) < 0 \tag{5.15}$$

在连接线方向上的滑动衔接点可表示为:

$$F_\eta(t) = \mu \cdot \text{Sign}[e_n(t), e_s(t)] \qquad \text{当 } |e_s(t)| < \mu e_n(t) \tag{5.16}$$

式中,$\text{Sign}(a_s, b_s)$ 定义为根据 a_s 的绝对值对 b_s 付给正负符号的操作。

根据以上推导的计算公式,可计算衔接点上的局部坐标系统下的接触作用力。以上计算对所有与泥沙颗粒 i 接触的泥沙颗粒实施的,在由各个泥沙颗粒间的接触点定义的局部坐标系上记述的泥沙颗粒间的相互作用力,通过逆变换再转换到全局坐标系上进行求和,就可以计算得到泥沙颗粒 i 在行进运动方向上的作用力(F_{pINTxi},F_{pINTyi})和旋转力矩 T_{pINTi}:

$$\begin{bmatrix} F_{pINTxi} \\ F_{pINTyi} \end{bmatrix} = -\sum_j [T_{GL}]_{ij}^{-1} \begin{bmatrix} F_\xi \\ F_\eta \end{bmatrix}_{ij} \tag{5.17}$$

$$T_{pINTi} = -\frac{d_i}{2} \sum_j [F_\eta]_{ij} \tag{5.18}$$

基于以上计算公式,并采用泥沙颗粒行进运动和旋转运动的运动方程[见式(5.6)和式(5.7)],即可计算泥沙颗粒间的相互作用力项,对运动方程进行积分即可计算得到 Δt 时间段内的泥沙颗粒的位移。

具体的计算流程如图 5.3 所示。对多个泥沙颗粒同时进行轨迹跟踪计算时,计算量最大的部分就是搜索出与计算对象泥沙颗粒发生接触的所有泥沙颗粒的过程。这一问题随着计算泥沙颗粒数 N_p 的增加越来越明显,计算效率将大幅度下降。为解决这一问题,对各个泥沙颗粒附近其他泥沙颗粒预先进行列表处理的方法将是有效的。首先采用比泥沙颗粒粒径大的一定尺寸的等间距网格(用于搜索附近泥沙颗粒的计算网格)覆盖整个计算区域,每次更新泥沙颗粒的坐标,同时更新各个网格内的泥沙颗粒的编号列表。在采用离散单元法计算时,仅对存在计算对象泥沙颗粒的网格和围绕这些网格四周的泥沙颗粒进行是否为接触状态判断的计算,这种接触状态判断对计算对象泥沙颗粒进行筛选,特别是当计算泥沙颗粒数量很大的情况,可以有效地大幅度提高计算效率。

主要计算流程步骤很简单。不断地更新附近泥沙颗粒的搜索列表,分别实施各个泥沙颗粒的接触状态判断,如果是出于接触状态的泥沙颗粒,如前所述,在局部坐标系中计算泥沙颗粒间的相互作用力。对所有的周围泥沙颗粒进行了接触状态判断,即完成了泥沙颗粒间作用力的计算过程,求解泥沙颗粒运动方程,可计算得到经过 Δt 时间段后泥沙颗粒的坐标和速度。对所有 N_p 个泥沙颗粒实施以上步骤的计算。然后统计整个过程的模拟时间,如果还没有达到预先设定的模拟结束时间,返回到对附近泥沙颗粒的搜索列表的更新计算步骤,不断重复以上计算过程。

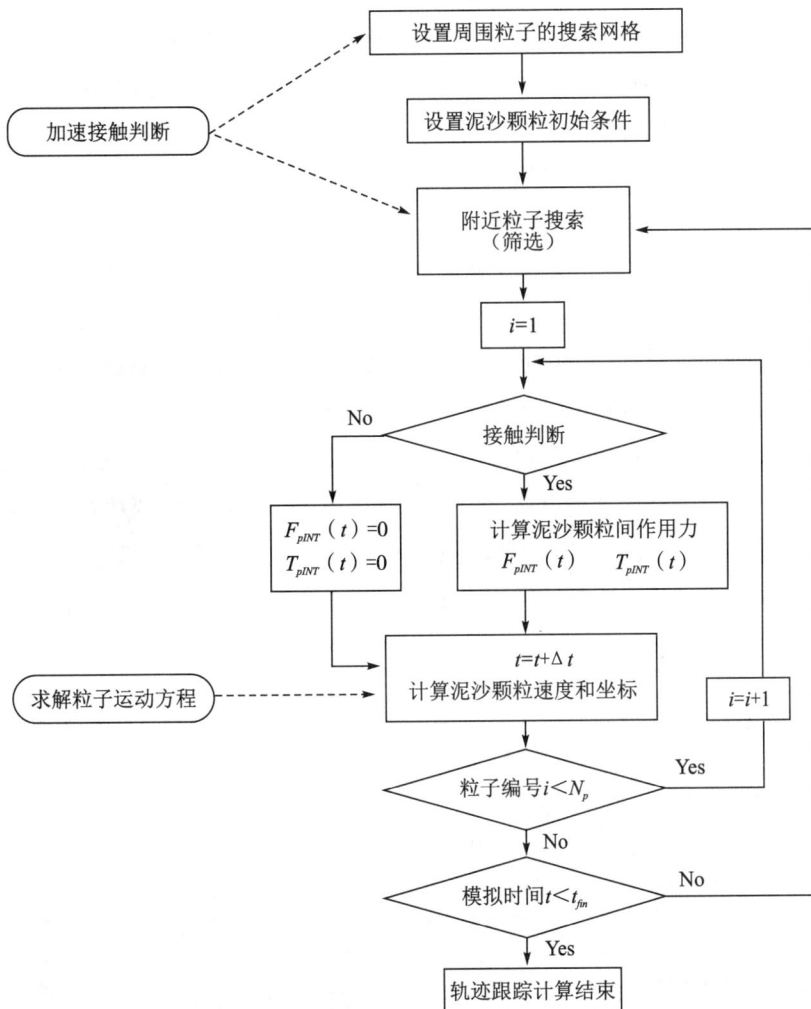

图 5.3　离散单元法的计算流程

确定泥沙颗粒的初始排列形式,必须模拟在泥沙颗粒间接触力作用下的稳定堆积状态。这一过程称之为排列填充过程。在动床模拟问题当中,很少进行完全规则排列形式的计算,因此主要着眼于泥沙颗粒随机排列形式情况的模拟,称为随机排列填充过程计算法,包括消去法、局部位移法、沉积法和增长法等。通过产生随机数设置泥沙颗粒的位置坐标(如果是混合粒径的泥沙颗粒,则还要设定泥沙颗粒的粒径),如果某一位置上的泥沙颗粒在计算区域内与其他泥沙颗粒发生重叠的情况,则消去该泥沙颗粒,这种计算方法称为消去法。预先在计算网格上配置所有的泥沙颗粒,然后在一定的允许范围内随机移动各个泥沙颗粒的位置,属于填充计算的方法,该方法称为局部位移法。沉积法是将计算区域作为重力场,由某一位置按顺序计算泥沙颗粒的沉降堆积过程的方法。这种方法中,实施与模拟真实过程相同的填充计算。增长法也是采用产生的随机数设定泥沙颗粒的位置坐标,由这些位置点增大泥沙颗粒的粒径,直到达到与之接触的周围泥沙颗粒,这种计算方法在均质粒径的情况时不能适用。离散单元法的填充计算方法中使用最多的是沉积法,对由堆积层表面下沉的各个泥沙颗粒依次进行轨迹跟踪计算,其计算效率比较低。局部位移法和沉积法是折中的方法,可比较有效地改善这一问题。

图 5.4 所示的是以 2 种粒径的混合泥沙颗粒为研究对象采用填充法的算例。首先在正六边形的计算网格上随机地配置泥沙颗粒。具体过程为首先生成介于(0,1)之间的均匀分布的随机数 r_u,预先设定一个阈值,根据阈值的大小关系,决定在某一坐标位置上是配置大粒径的泥沙颗粒,还是配置小粒径的泥沙颗粒,还是不配置任何粒径的泥沙颗粒。如果使用均匀分布的随机数,通过调整各种粒径的分配范围大小,可以较为容易地调整各粒径泥沙颗粒的占有率(不存在一定数量泥沙颗粒的体积)。例如,均质大小粒径的泥沙颗粒混合的情况,指定在 $0 < r_u \leqslant 0.4$ 范围内为大粒径,$0.4 < r_u \leqslant 0.8$ 为小粒径,$0.8 < r_u \leqslant 1.0$ 范围内不分配泥沙颗粒。但是当填充计算完成后,观察泥沙颗粒的排列情况,需要根据没有配置泥沙颗粒的空间占所有空间的比例,设定计算误差。图中合并显示了填充计算开始后的泥沙颗粒排列和填充计算完成时的泥沙颗粒排列。填充计算开始后的泥沙颗粒排列中,底层的 2 层区

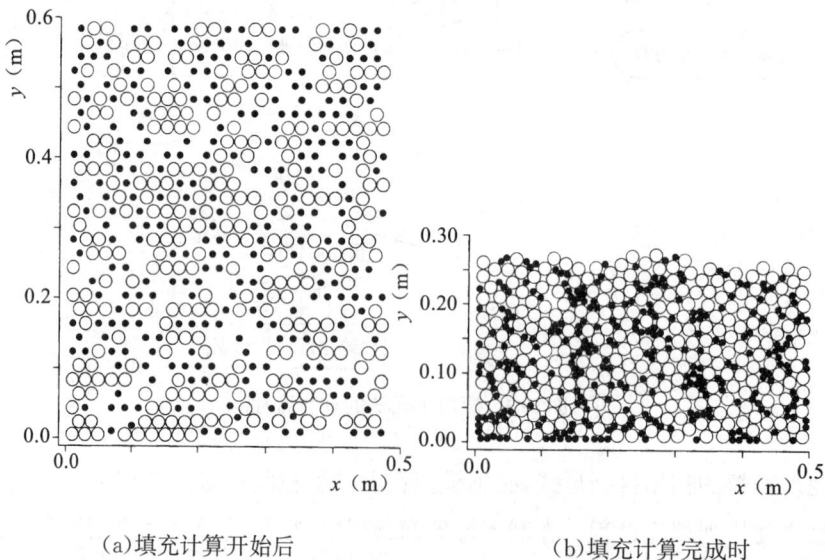

(a)填充计算开始后　　　　　　　　(b)填充计算完成时

图 5.4　两种粒径混合泥沙颗粒的填充计算

域内的泥沙颗粒为接触状态,而自此以上各层的泥沙颗粒处于非接触状态。这种层状结构逐渐向堆积状态发展,与单个泥沙颗粒顺次下沉的沉积法相比,填充法所需的计算时间可以大幅度地缩短。该种方法中,泥沙颗粒间接触力的计算与填充计算同时进行,因此泥沙颗粒重量分布会发生显著的变化,并且伴随着大规模的泥沙颗粒流动,泥沙颗粒分布会向稳定态的泥沙颗粒排列的趋势移动。初始的泥沙颗粒排列状态为简单的堆垒状态,在填充计算完成时就不是堆垒的状态了,原因就在于此。

5.3.3 泥沙颗粒间的 3 维相互作用力

到目前为止,以 2 维空间为研究对象对离散单元法进行了说明,下面将该种方法拓展到 3 维空间,并对其中的要点进行介绍。计算力学方法中对泥沙颗粒间相互作用力进行 2 维描述和 2 维计算存在一些问题,实际上,所有的泥沙颗粒间的相互作用均属于 3 维空间的问题,但对于物理机制属于 2 维特性的问题,就没有必要采用 3 维的力学模型,在说明 3 维模型之前,首先考察在动床模拟问题中为什么要采用 3 维的计算力学框架。

问题的关键之处在于 2 维模型和 3 维模型的泥沙颗粒排列的不同。体积密度与真实密度的比值,在 2 维空间中为 $1:\pi/4$,而在 3 维空间中为 $1:\pi/6$,换算为孔隙率,在 2 维空间中则为 0.216,而在 3 维空间中则为 0.476,可见 3 维空间的泥沙颗粒排列具有更大结构的空隙。考虑规则排列形式下处于接触状态的周围泥沙颗粒数,在 2 维空间中位 4~6 个的话,在 3 维空间中则要变为 4~12 个,可见 3 维空间中各个泥沙颗粒间的支撑形态(与周围泥沙颗粒的接触点的空间排列形态)多种多样。由此可知,2 维模型与 3 维模型相比,各个泥沙颗粒运动的自由度比较低,就可以理解为什么 2 维模型中需要分配给各个泥沙颗粒较大的移动阻力的原因。特别是在以均质粒径泥沙颗粒为研究对象的情况,2 维模型中所有的泥沙颗粒均在同一平面内发生接触,因此较为容易形成局部的规则排列形式,在规则排列的周围或以外的范围内,泥沙颗粒数密度具有较易发生变化的趋势。在同一平面内接触产生的问题,在以混合粒径为研究对象的情况时更加明显化。混合粒径中有若干种不同大小粒径级的泥沙颗粒掺混在一起,在 2 维模型中任意粒径级的泥沙颗粒在同一平面内均可以处于接触状态。而在实际的堆积状态中,很多数量小粒径的泥沙颗粒在 3 维空间上会堆积在大粒径泥沙颗粒周围形成的空隙当中,由于小粒径泥沙颗粒填埋于这些空隙中,通常会形成稳定的堆积形态,对于这一现象,(垂向)2 维模型将不再适用。正如以上说明的,对泥沙颗粒的堆积过程进行计算力学上的探讨,必须采用 3 维模型。

因为离散单元法是以泥沙颗粒间的距离为指标来描述泥沙颗粒间相互作用的模型,因此可以不用更改模型代码的基础部分,拓展到 3 维空间中。在模型拓展时要注意局部坐标和全局坐标之间的转换过程,下面说明坐标的转换过程和泥沙颗粒间作用力的处理方法。

与 2 维空间下的计算方法相同,采用式(5.8)判断泥沙颗粒 i,j 是否处于接触状态。但是,式中泥沙颗粒 i,j 中心间的距离 L_{ij} 要用下式来定义:

$$L_{ij} = \sqrt{(x_i - x_j)^2 + (y_i - y_j)^2 + (z_i - z_j)^2} \qquad (5.19)$$

泥沙颗粒 i 在 Δt 时间段内,在局部坐标系上的位移和角位移记为 $(\Delta x_i, \Delta y_i, \Delta z_i)$ 和 $(\Delta \varphi_{xi}, \Delta \varphi_{yi}, \Delta \varphi_{zi})$,如图 5.5 所示的局部坐标系 (ξ_i, η_i, ζ_i) 上的位移和角位移的关系为:

$$\begin{bmatrix} \Delta \xi_{ij} \\ \Delta \eta_{ij} \\ \Delta \zeta_{ij} \end{bmatrix} = [T_{GL}]_{ij} \begin{bmatrix} \Delta x_i - \Delta x_j \\ \Delta y_i - \Delta y_j \\ \Delta z_i - \Delta z_j \end{bmatrix} + \begin{bmatrix} 0 & 0 \\ \Delta \varphi_{\zeta i} & \Delta \varphi_{\zeta j} \\ -\Delta \varphi_{\eta i} & -\Delta \varphi_{\eta j} \end{bmatrix} \begin{bmatrix} d_i/2 \\ d_j/2 \end{bmatrix} \qquad (5.20)$$

$$\begin{bmatrix} \Delta \varphi_{\xi i} \\ \Delta \varphi_{\eta i} \\ \Delta \varphi_{\zeta i} \end{bmatrix} = [T_{GL}]_{ij} \begin{bmatrix} \Delta \varphi_{xi} \\ \Delta \varphi_{yi} \\ \Delta \varphi_{zi} \end{bmatrix} \qquad (5.21)$$

式(5.20)和 2 维空间的变换公式(5.10)形式相同,右边的第 1 项表示泥沙颗粒行进运动位移产生的分量,右边的第 2 项表示由于泥沙颗粒旋转运动在泥沙颗粒中心连接线方向上的位移产生的变量。局部坐标系的坐标轴,即从泥沙颗粒 i 的中心到泥沙颗粒 j 的中心的方向为 ξ_i 轴,以 ξ_i 轴为法线,通过泥沙颗粒 i 的中心的平面(与泥沙颗粒 i 和泥沙颗粒 j 的连接平面相平行的平面)和 xy 平面平行的任意平面的交界线中,通过泥沙颗粒 i 中心的轴为 η_i 轴,这 2 个轴的右手法则方向的轴即为 ζ_i 轴。并且旋转位移沿各坐标轴的正方向向右扭转产生的旋转定义为正。

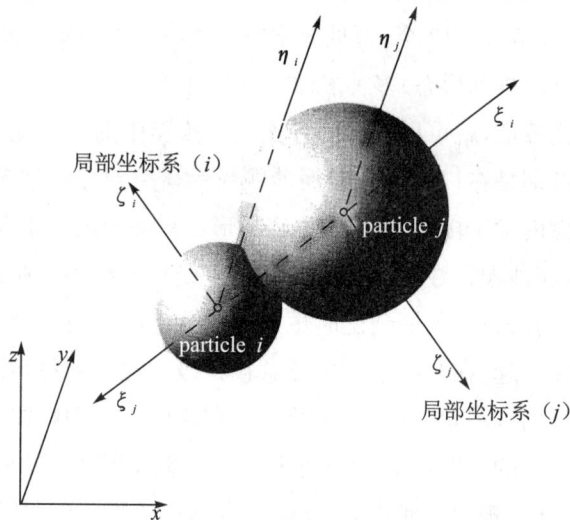

图 5.5　局部坐标系统

如图 5.6 所示,上述定义的局部坐标系(右手法则坐标系)分为 2 类。根据上述的 2 平面的交界线上定义的 η_i 轴方向(图中为指向纸面内方向和指向手心方向),局部坐标系有所不同。但是不论使用 2 种局部坐标系中的哪一种,从泥沙颗粒 i 的中心方向来看,存在于任意方位上的泥沙颗粒 j 都可以描述泥沙颗粒 i 和泥沙颗粒 j 的相对位置关系。

全局坐标和局部坐标间的坐标变化行列式为:

$$[T_{GL}]_{ij} = \begin{bmatrix} l_i & m_i & n_i \\ \dfrac{-m_i}{\sqrt{l_i{}^2 + m_i{}^2}} & \dfrac{l_i}{\sqrt{l_i{}^2 + m_i{}^2}} & 0 \\ \dfrac{-l_i n_i}{\sqrt{l_i{}^2 + m_i{}^2}} & \dfrac{-m_i n_i}{\sqrt{l_i{}^2 + m_i{}^2}} & \sqrt{l_i{}^2 + m_i{}^2} \end{bmatrix} \qquad (5.22)$$

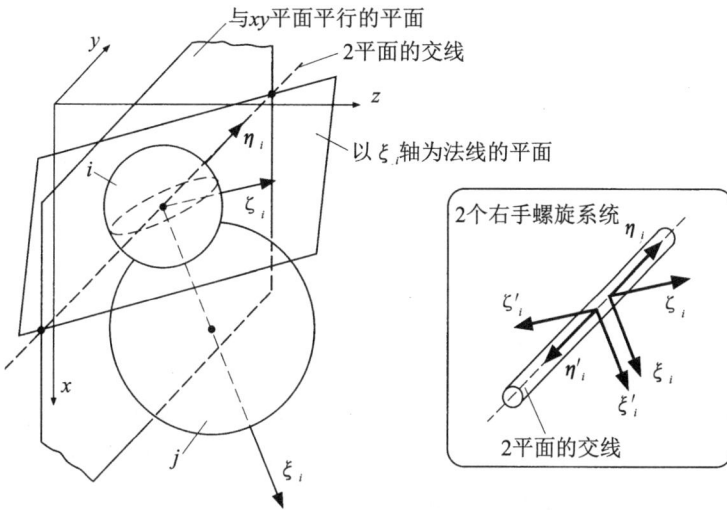

图 5.6　局部坐标系统的定义

也可以由下式给定：

$$[T_{GL}]_{ij} = \begin{bmatrix} l_i & m_i & n_i \\ \dfrac{m_i}{\sqrt{l_i{}^2 + m_i{}^2}} & \dfrac{-l_i}{\sqrt{l_i{}^2 + m_i{}^2}} & 0 \\ \dfrac{l_i n_i}{\sqrt{l_i{}^2 + m_i{}^2}} & \dfrac{m_i n_i}{\sqrt{l_i{}^2 + m_i{}^2}} & -\sqrt{l_i{}^2 + m_i{}^2} \end{bmatrix} \qquad (5.23)$$

图 5.6 中，当 η_i 轴指向纸面内方向时（即 η_i 轴与 y 轴夹角的余弦为正时），全局坐标和局部坐标间的坐标变换行列关系就变为式(5.22)，当 η_i 轴指向纸面外方向或手心方向时，就变为式(5.23)。式中的 l_i、m_i、n_i 可以用方向余弦来定义。

$$l_i = -\frac{x_i - x_j}{L_{ij}}; m_i = -\frac{y_i - y_j}{L_{ij}}; n_i = -\frac{z_i - z_j}{L_{ij}} \qquad (5.24)$$

但当 $x_i = x_j$ 同时 $y_i = y_j$ 时，上述的 2 个平面(参照图 5.6)将变为平行平面，不能定义交界线的位置(参照图 5.7)。这种情况下，η_i 轴和 ζ_i 轴同时处于与 xy 平面相平行的平面内，位置变的不明确。如果重新定义 η_i 轴为指向与 y 轴平行的方向，代替式(5.22)，坐标变换行列关系式则变为：

$$[T_{GL}]_{ij} = \begin{bmatrix} 0 & 0 & -1 \\ 0 & 1 & 0 \\ 1 & 0 & 0 \end{bmatrix} \qquad (5.25)$$

代替式(5.23),坐标变换行列关系式则变为:

$$[T_{GL}]_{ij} = \begin{bmatrix} 0 & 0 & 1 \\ 0 & 1 & 0 \\ -1 & 0 & 0 \end{bmatrix} \tag{5.26}$$

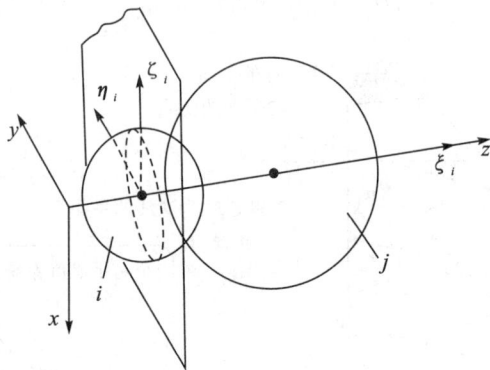

图 5.7　z 轴上的纵横坐标设置

泥沙颗粒间的作用力,在局部坐标系(ξ_i,η_i,ζ_i)上,2 个泥沙颗粒间的连接平面的法线方向上的分量和连接平面内的 2 个分量,与 2 维空间的情况相同,可采用 Voigt 模型设置进行概化。在单元 i,j 的接触点上和法线(ξ_i 轴)方向以及连接平面(η_i 轴和 ζ_i 轴)方向上配置弹性弹簧(弹性系数 k_n,k_s)和黏性缓冲器(黏性系数 c_n,c_s)来描述泥沙颗粒间的相互作用。另外,在接触面上围绕法线(ξ_i 轴)方向的旋转运动,可以由旋转角和行进位移类推给定,来设置弹性弹簧(弹性系数 k_r)和黏性缓冲器(黏性系数 c_r)。法线方向上的泥沙颗粒间作用力 F_ξ 和连接线方向上的泥沙颗粒间作用力 F_η、F_ζ 以及扭矩 T_r,可采用下式对其描述:

$$\left. \begin{aligned} F_\xi(t) &= e_n(t) + d_n(t) \\ e_n(t) &= e_n(t-\Delta t) + k_n \cdot \Delta \xi_{ij} \\ d_n(t) &= c_n \cdot \frac{\Delta \xi_{ij}}{\Delta t} \end{aligned} \right\} \tag{5.27}$$

$$\left. \begin{aligned} F_\eta(t) &= e_{s\eta}(t) + d_{s\eta}(t) \\ e_{s\eta}(t) &= e_{s\eta}(t-\Delta t) + k_s \cdot \Delta \eta_{ij} \\ d_s(t) &= c_s \cdot \frac{\Delta \eta_{ij}}{\Delta t} \end{aligned} \right\} \tag{5.28}$$

$$\left. \begin{aligned} F_\zeta(t) &= e_{s\zeta}(t) + d_{s\zeta}(t) \\ e_{s\zeta}(t) &= e_{s\zeta}(t-\Delta t) + k_s \cdot \Delta \zeta_{ij} \\ d_{s\zeta}(t) &= c_s \cdot \frac{\Delta \zeta_{ij}}{\Delta t} \end{aligned} \right\} \tag{5.29}$$

$$T_r = e_r(t) + d_r(t)$$

$$e_r(t) = e_r(t - \Delta t) + k_r \cdot \left(\frac{d_i}{2}\right)^2 \Delta \varphi_r$$

$$d_r(t) = c_r \cdot \left(\frac{d_i}{2}\right)^2 \cdot \frac{\Delta \varphi_r}{\Delta t} \tag{5.30}$$

$$\Delta \varphi_r = [l_i, m_i, n_i] \begin{bmatrix} \Delta \varphi_{xi} - \Delta \varphi_{xj} \\ \Delta \varphi_{yi} - \Delta \varphi_{yj} \\ \Delta \varphi_{zi} - \Delta \varphi_{zj} \end{bmatrix} \tag{5.31}$$

式中，e_n、e_s、e_r 分别为法线、连接平面和旋转方向上的弹簧产生的阻力，d_n、d_s、d_r 分别为法线、连接平面和旋转方向上的黏性缓冲器产生的阻力。

另外，因为通常以非黏着性材料为研究对象，因此在法线（ξ_i 轴）方向不存在产生拉伸阻力的衔接点，法线方向上的泥沙颗粒间作用力 F_ξ 可作如下设置：

$$F_\xi(t) = 0 \quad 当 \ e_n(t) < 0 \tag{5.32}$$

在连接平面（η_i 轴和 ζ_i 轴）方向上，超过一定阈值的作用力后，衔接点将产生滑动，连接线方向上的泥沙颗粒间作用力 F_η、F_ζ 可分别进行如下设置：

$$F_\eta(t) = \mu \cdot \mathrm{Sign}[e_n(t), e_{s\eta}(t)] \quad 当 |e_{s\eta}(t)| > \mu \cdot e_n(t)$$

$$F_\zeta(t) = \mu \cdot \mathrm{Sign}[e_n(t), e_{s\zeta}(t)] \quad 当 |e_{s\zeta}(t)| > \mu \cdot e_n(t) \tag{5.33}$$

根据以上计算公式，计算衔接点上的局部坐标系下的接触力。与 2 维模型相同，对所有与泥沙颗粒 i 发生接触的泥沙颗粒，要将在定义的局部坐标系上记述的泥沙颗粒间作用力逆变换到全局坐标系上去，然后进行求和，泥沙颗粒 i 在行进运动方向上的作用力（F_{pINTxi}，F_{pINTyi}，F_{pINTzi}）和旋转扭矩（T_{pINTxi}，T_{pINTyi}，T_{pINTzi}）可根据下式计算得到，计算泥沙颗粒行进运动和旋转运动的运动方程式（5.6）和式（5.7）中的泥沙颗粒间作用力项。

$$\begin{bmatrix} F_{pINTxi} \\ F_{pINTyi} \\ F_{pINTzi} \end{bmatrix} = - \sum_j [T_{GL}]_{ij}^{-1} \begin{bmatrix} F_\xi \\ F_\eta \\ F_\zeta \end{bmatrix}_{ij} \tag{5.34}$$

$$\begin{bmatrix} T_{pINTxi} \\ T_{pINTyi} \\ T_{pINTzi} \end{bmatrix} = - \sum_j [T_{GL}]_{ij}^{-1} \begin{bmatrix} T_r \\ 0 \\ 0 \end{bmatrix}_{ij} - \frac{d_i}{2} \sum_j [T_{GL}]_{ij}^{-1} \begin{bmatrix} 0 \\ F_\zeta \\ -F_\eta \end{bmatrix}_{ij} \tag{5.35}$$

5.3.4 模型参数的选择

模型参数，也就是弹性弹簧的弹性系数和缓冲器的黏性系数的设定，可以采用弹性接触理论来计算。根据 Heltz 的弹性理论，弹性弹簧参数可以通过泥沙颗粒的材料特性（纵向弹性系数—Young 率 E 和 Poisson 比 v）的相关参数进行设置。可将 2 维空间接触的模型想象为圆柱，可将 3 维空间接触的模型想象为球体（参照图 5.8），重叠量 δ 对于 2 维圆柱情况为：

$$\delta = \frac{2(1-\nu^2)}{\pi} \frac{P_n}{E} \left(\frac{2}{3} + \ln \frac{4r_i}{b} + \ln \frac{4r_j}{b} \right) \tag{5.36}$$

$$b^2 = \frac{8}{\pi} \left(\frac{1-\nu^2}{E} \right) \frac{r_i r_j}{r_i + r_j} P_n \tag{5.37}$$

在 3 维球体情况下,重叠量 δ 为:

$$\delta^3 = \frac{9}{4} \frac{r_i + r_j}{r_i r_j} \left(\frac{1-\nu^2}{E} \right)^2 P_n^{\,2} \tag{5.38}$$

$$a^3 = \frac{3}{2} \left(\frac{1-\nu^2}{E} \right) \frac{r_i r_j}{r_i + r_j} P_n \tag{5.39}$$

式中,P_n 为由于弹性变形产生的反弹力(法线方向上受到压缩力的反作用力),r_i 为半径,b 为圆柱间的接触幅度,a 为球体接触面(圆)的半径。

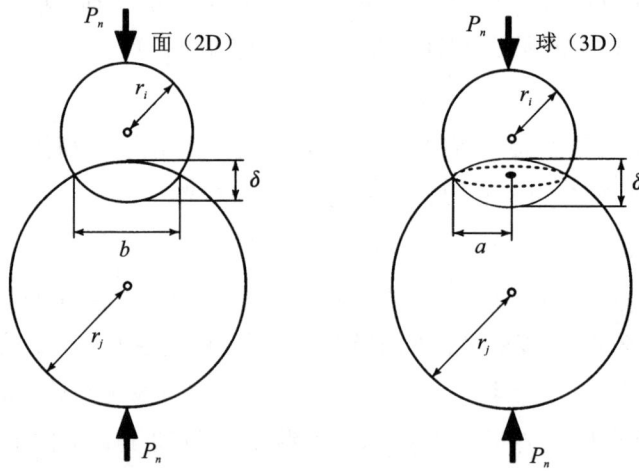

图 5.8 Heltz 接触模型结构示意

基于式(5.36),对 2 维接触(圆柱)的情况,弹簧的弹性系数 k_n 可写作如下形式:

$$k_n = \frac{P_n}{\delta} = \frac{\pi E}{2(1-\nu^2) \left(\frac{2}{3} + \ln \frac{4r_i}{b} + \ln \frac{4r_j}{b} \right)} \tag{5.40}$$

而对于 3 维接触(球体)的情况,根据式(5.38),可推导出压缩力与泥沙颗粒接触幅度 δ 之间的非线性关系式:

$$P_n = k_n \cdot \delta^{3/2} \tag{5.41}$$

$$k_n = \frac{2}{3} \frac{E}{1-\nu^2} \sqrt{\frac{r_i r_j}{r_i + r_j}} \tag{5.42}$$

根据弹性系数对压缩力的依赖关系,采用线性表征形式的表达式进行计算:

$$P_n = k_n \cdot \delta \tag{5.43}$$

$$k_n = \frac{P_n}{\delta} = \left\{ \frac{4}{9} \frac{r_i r_j}{r_i + r_j} \left(\frac{E}{1-\nu^2} \right)^2 \cdot P_n \right\}^{1/3} \tag{5.44}$$

对于以上描述,如果式(5.45)成立,即可得到弹性系数的具体表达式。

$$P_n = e_n(t - \Delta t); r_i = \frac{d_i}{2}; r_j = \frac{d_j}{2} \tag{5.45}$$

2 维接触(圆柱)的情况下,弹性系数可表示为:

$$k_n = \frac{\pi E}{2(1 - \nu^2)\left(\frac{2}{3} + \ln\frac{2d_i}{b} + \ln\frac{2d_j}{b}\right)} \tag{5.46}$$

$$b = \sqrt{\frac{4}{\pi}\left(\frac{1 - \nu^2}{E}\right)\frac{d_i d_j}{d_i + d_j}e_n(t - \Delta t)} \tag{5.47}$$

3 维接触(球体)的情况下,弹性系数可表示为:

$$k_n = \left\{\frac{2}{9}\frac{d_i d_j}{d_i + d_j}\left(\frac{E}{1 - \nu^2}\right)^2 e_n(t - \Delta t)\right\}^{1/3} \tag{5.48}$$

对泥沙颗粒中心连线方向上的弹性系数 k_s,可导入参数衰减率 s_0,由横向弹性系数 G 和纵向弹性系数 E 的比值给出[见式(5.49)],是 Poisson 比的相关量。

$$s_0 = \frac{k_s}{k_n} = \frac{G}{E} = \frac{1}{2(1 + \nu)} \tag{5.49}$$

黏性缓冲器是用来描述泥沙颗粒间的接触和碰撞引起的能量衰减的现象,因此可对 1 维衰减震动系统(Voigt 模型)的振幅衰减特性的相关量进行计算。采用 1 维衰减震动系统的临界衰减条件,定义黏性系数:

$$c_n = 2\sqrt{M_{pi}k_n}; c_s = c_n\sqrt{s_0} \tag{5.50}$$

式中,M_{pi} 为泥沙颗粒的质量。

与以上的计算方法不同,假定由于泥沙颗粒间反复发生碰撞造成的能量衰减(衰减震动),震动波形速度衰减率的最大值与反弹系数 e 相关,可得到法线方向上的黏性系数的表达式为:

$$c_n = -2\ln e\sqrt{\frac{M_{pi}k_n}{\pi^2 + (\ln e)^2}} \tag{5.51}$$

另外,计算时间步长 Δt 的设定,必须满足差分求解收敛性和稳定性的条件:

$$\Delta t \leqslant 2\sqrt{\frac{M_{pi}}{k_n}} \tag{5.52}$$

在质点上下分别设置弹簧,弹簧为 1 维自由度震动系统,基于弹簧的固定震动周期 T 设置计算时间步长的计算公式:

$$\Delta t = \frac{T}{\alpha_{tn}}; T = 2\pi\sqrt{\frac{M_{pi}}{2k_n}} \tag{5.53}$$

其中 $\alpha_{tn} = 20.0$ 为最优取值。并且基于式(5.53)推算的计算时间步长通常可满足式(5.52)的限制条件。

由以上介绍可以看出,选择由 Heltz 弹性接触理论确定弹性系数的方法,根据以上设定的弹性系数再确定计算时间步长。实施计算时，如果可以首先设定计算时间步长，就能较为容易和方便地评估模拟计算所需耗时。后藤（2011）考虑了以上论及的问题，提出了以下计算方法：设定计算时间步长时由填充计算的稳定性条件逆推得到弹性系数，由这一弹性系数对应的输沙量与输沙量实验值对比一致时，即可确定黏性系数。该种方法中，考虑到动床问题数值模拟的适用性，采用清水流动（对数流速分布）的单向耦合计算方法。以与输沙量相一致为依据进行参数率定，必须考虑处理并加入流体与泥沙颗粒间的相互作用。这就意味着以上计算方法是以泥沙颗粒间的碰撞为研究重点，采用受到流体与泥沙颗粒间相互作用间接影响下的率定参数求得结果，采用固液两相流模型和泥沙颗粒间碰撞模型的影响域法计算时，还要再次进行参数率定。

尽管进行基于 Heltz 弹性接触理论的参数求解，在此计算情况中，一些参数（Young 率等）并不一定非要与物理特性值相一致。可考虑将依赖于物理特性的参数作为率定参数来处理。例如，以河流泥沙输移为研究对象的情况，如果选择以 Heltz 弹性接触理论为依据的模型参数，为了要使输沙量计算值与实测值相一致，必须确定 Young 率等计算参数。将基于固液两相流模型的流速计算和泥沙颗粒间碰撞模型结合使用，也不能精确模拟出泥沙颗粒间隙流体的流动过程，仍然需要对泥沙颗粒的驱动力计算进行一定的模型概化，泥沙颗粒间碰撞模型的离散单元法的计算参数与泥沙颗粒本身的物理特性值不一致时，也不能说这就是不合理的。假设能对流场实行粒子法模拟，泥沙颗粒间碰撞模型的各种参数就应该与真实的物理特性值相一致了。

5.4　动床数值模拟算例

5.4.1　河床演变的模型验证

如第 3 章（3.2.3 节的跃移质模型）中介绍的，只有在模拟河床组成泥沙颗粒的填充过程后，应用颗粒流模型才是有效的。但在基于跃移质模型的泥沙输移数值模拟广泛开展的 20 世纪 80 年代，颗粒流模型的计算量过大，因此以当时的计算条件无法实现颗粒流模型应用。因此，对于数值模拟河床组成，符合水槽试验中实测的河床几何特性（凸起高度、凸起间隔等河床的凹凸统计特性），采取根据随机数设定组成河床的各个泥沙颗粒坐标的蒙特卡洛模拟方法。

此后随着计算机性能的显著提高，现在可以采用个人计算机比较容易地实施数万个泥沙颗粒数目的填充过程模拟，由此可以实现应用颗粒流模型对数值模拟河床组成进行模拟计算。应用颗粒流模型时，采用基于泥沙颗粒堆积层（多个泥沙颗粒同时处于接触状态）静力学的确定性计算方法，就可以实现对数值模拟河床组成变化过程的模拟计算，由水槽试验测量得到的河床凹凸统计特性，参照泥沙颗粒堆积层静力学理论，可以检验和讨论颗粒流模型计算结果的合理性。

图 5.9 所示的是应用离散单元法进行的动床数值模拟,模拟河床泥沙颗粒排列变化过程的一个算例。模拟的泥沙颗粒粒径为 5.0mm 和 4.5mm 的球体,按 1∶1 体积比掺混在一起的混合体,泥沙颗粒总数约为 4000 个,图 5.9 为泥沙颗粒堆积层中央断面的截面图,除去在中央断面前半侧大约半数的泥沙颗粒,显示了断面内泥沙颗粒的接触状态。但是水槽试验中,河床凹凸几何特性一般是在采用均质粒径或较小范围粒径分布的混合沙条件下测量的,而考虑粒径或泥沙颗粒形状特性细微分布形态影响下的测量结果才是可靠的。目前还没有试验报告明确记录以定量描述这种细微脉动因素影响下的测量数据,因此还不能根据动床数值模拟结果反映出完整的河床形态变化。此处介绍的模拟方法中,是以存在 10% 粒径大小差别的 2 种球体的随机混合状态来描述脉动因素的影响。

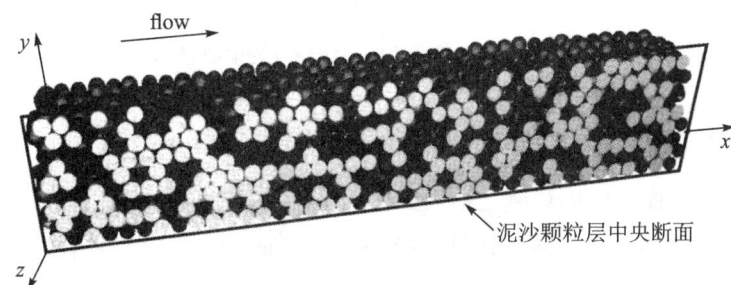

图 5.9　基于动床数值模拟的河床泥沙颗粒排列

采用以上方法计算得到的泥沙颗粒堆积层表面凹凸几何特性,可以由水槽试验实测数据来检验计算结果的可靠性。图 5.10 中显示的是将根据动床数值模拟计算得到的组成模拟河床表层泥沙颗粒的中心坐标(高度)与关根(1988)的测量结果作比较的结果。组成河床表层泥沙颗粒的中心坐标在平均河床床面附近呈现出以方差为 $d/3$ 的正态分布形式,再次证明了上述计算方法在一定程度上的适用性。更详细地考察,动床数值模拟结果表现出非对称性。河床凹凸特性的测量采用的是测点式测量方法,要对这种测量方法作数值上的解释,需要在测量断面内等间距地布置测线,测线在从上至下的方向上下降,将刚一遇到河床泥沙颗粒表面时的测线高度作为河床高度。这一方法中虽然河床泥沙颗粒排列本身相对平均河床是上下对称的,但通常下方的泥沙颗粒会对上方泥沙颗粒起隐蔽作用,在下方泥沙颗粒开始运动之前,上方泥沙颗粒遇到障碍而停止运动的情况经常发生。这一计算结果考虑到上方泥沙颗粒分布范围的扩大对下方泥沙颗粒分布范围的挤压影响。动床数值模拟的结果反映出了上述河床泥沙颗粒排列的细节信息。

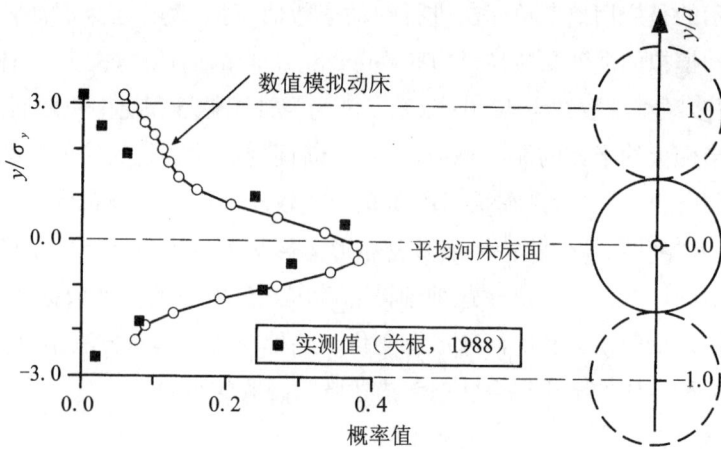

图 5.10　河床表面组成泥沙颗粒的中心坐标

5.4.2　混合粒径河流泥沙运动边界和输沙量

在介绍动床数值模拟应用算例之前,首先对混合级配沙的移动临界条件计算式进行说明。混合粒径泥沙的移动临界条件计算思路是由 Egiazaroff(1965)提出的。本节以第 2 章中滑动形式处理方法为例进行具体介绍。对式(2.28)中描述的滑动形式的移动临界条件,当河床倾斜角为 $\alpha=0$ 时,可得到对应于泥沙颗粒中心坐标处流速 u_b 的泥沙颗粒移动临界条件为:

$$\frac{u_{bc}{}^2}{(\sigma/\rho-1)gd} = \frac{2A_3\mu_f}{\varepsilon_0(C_D+\mu_f C_L)A_2} \tag{5.54}$$

式中,ε_0 为隐蔽系数。

如果底面附近的流速分布设置为粗糙床面的对数流速分布形式[见式(3.20)]:

$$\frac{u_b}{u_*} = \frac{1}{\kappa}\ln\left(\frac{30.1y_b}{k_s}\right) \tag{5.55}$$

可得临界拖拽力 τ_{*c} 表达式为:

$$\tau_{*c} = \frac{u_{*c}{}^2}{(\sigma/\rho-1)gd} = \frac{2A_3\mu_f}{\varepsilon_0(C_D+\mu_f C_L)A_2} \Big/ \left\{\frac{1}{\kappa}\ln\left(\frac{30.1y_b}{k_s}\right)\right\}^2 \tag{5.56}$$

将该表达式应用于混合沙时,如果采用粒径 d_i、泥沙颗粒中心处的平均河床床面高度 y_{bi} 和粗糙高度 k_{si} 综合描述粒径级的不同,可得下式(下标字母 i 表示粒径级):

$$\tau_{*ci} = \frac{u_{*ci}{}^2}{(\sigma/\rho-1)gd_i} = \frac{2A_3\mu_f}{\varepsilon_0(C_D+\mu_f C_L)A_2} \Big/ \left\{\frac{1}{\kappa}\ln\left(\frac{30.1y_{bi}}{k_{si}}\right)\right\}^2 \tag{5.57}$$

采用下标字母 m 表示混合沙的平均粒径,对平均粒径采用相对粒度的描述方法来记述各粒径级的移动临界条件。并且混合沙粒床面的粗糙度对于每个粒径级都相同,采用平均的表征长度尺度描述混合沙整体特征。这里使用平均粒径 d_m 作为长度尺度。假定各粒径级的粗糙高度和泥沙颗粒中心处的平均河床床面高度的比值为定值,可得:

$$\frac{y_{bi}}{d_i} = \frac{y_{bm}}{d_m} = a_D (= const)$$ (5.58)

粒径级 i 的临界拖拽力可以采用下式计算：

$$\frac{\tau_{*ci}}{\tau_{*cm}} = \left[\frac{\ln\{30.1(y_{bm}/d_m)\}}{\ln\{30.1(y_{bi}/d_m)\}}\right]^2 = \left[\frac{\ln(30.1a_D)}{\ln\{30.1a_D(d_i/d_m)\}}\right]^2$$ (5.59)

上式中当 $a_D = 0.63$ 时可写为：

$$\frac{\tau_{*ci}}{\tau_{*cm}} = \left[\frac{\ln 19}{\ln\{19(d_i/d_m)\}}\right]^2$$ (5.60)

式(5.60)即为 Egiazaroff 公式。式(5.60)还可写为：

$$\frac{u_{*ci}{}^2}{u_{*cm}{}^2} = \left[\frac{\ln 19}{\ln\{19(d_i/d_m)\}}\right]^2 \cdot \left(\frac{d_i}{d_m}\right)$$ (5.61)

并且芦田(1971)考虑到应用对数流速分布有不适用的区域，提出了上式的修正公式：

$$\frac{u_{*ci}{}^2}{u_{*cm}{}^2} = \begin{cases} \left[\dfrac{\ln 19}{\ln\{19(d_i/d_m)\}}\right]^2 \cdot \left(\dfrac{d_i}{d_m}\right) & (d_i/d_m > 0.4) \\ 0.85 & (d_i/d_m \leqslant 0.4) \end{cases}$$ (5.62)

原则上各泥沙颗粒脱离的难易度应该依赖于周围泥沙颗粒的排列状态，Egiazaroff 公式采用了仅依赖于粒径比值的简单表达式。通过动床数值模拟检验 Egiazaroff 公式的适用性，实际上对于混合状态排列的泥沙颗粒，需要对泥沙颗粒的移动进行轨迹跟踪。如图 5.11 所示，采用动床数值模拟(垂向 2 维模型)方法计算不同粒径级的移动临界条件(後藤，2000)。与实测值作比较，动床数值模拟对 d_i/d_m 变化时泥沙移动临界条件变化的计算值有偏大的趋势，对于小粒径的情况有横向偏移的趋势，在超过 $d_i/d_m = 0.4$ 附近的区域，实验值又转向增大的趋势，图中表现出与该趋势相一致的推移趋势。可以说在某些方面显示出了修正的 Egiazaroff 公式的适用性。但如前所述，2 维模型与 3 维模型相比，泥沙颗粒间的接触点要少，因此在极端情况下较易生成刚性球体排列或软性球体排列。这种情况下，将各个泥沙颗粒的运动进行对比，可看出在动床数值模拟中相对 d_i/d_m 变化下泥沙移动临界条件的变化会比实际情况要敏感一些，有必要采用 3 维模型进行精确计算。

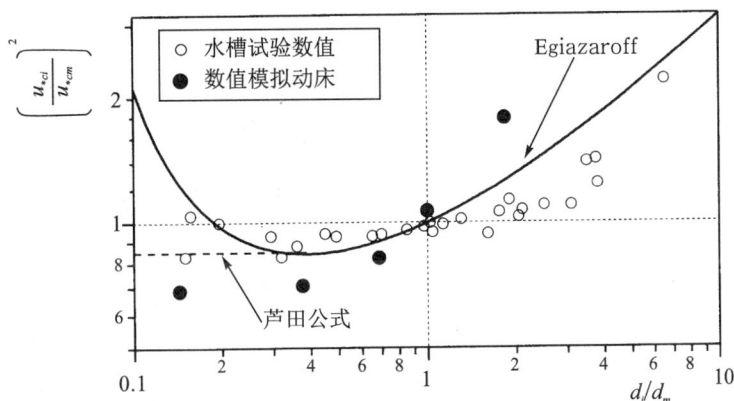

图 5.11　各粒径的移动临界值

混合级配泥沙的输沙量,通常采用均质粒径的输沙量计算公式计算各粒径级的输沙量,根据有关粒径级占所有河床表层泥沙颗粒中的比例和每个粒径级的计算值求和计算混合级配泥沙的输沙量进行计算。均质粒径泥沙的输沙量[见式(2.10)],可表示为水流拖拽力 τ_* 和临界水流拖拽力 τ_{*c} 的函数形式。对混合沙各粒径级的输沙量也可表示为同样形式,即:

$$q_{B*i} = p_c(d_i) \cdot \text{func}(\tau_{*i}, \tau_{*ci}) \tag{5.63}$$

$$q_{B*i} = \frac{q_{Bi}}{\sqrt{(\sigma/\rho - 1)gd_i{}^3}}; \tau_{*i} = \frac{u_*{}^2}{(\sigma/\rho - 1)gd_i} \tag{5.64}$$

式中,$p_c(d_i)$ 为河床表层泥沙颗粒中粒径为 d_i 的泥沙颗粒所占的体积比例。

另外,对泥沙分级的发展过程进行轨迹跟踪计算时,特别要注意河床表层泥沙颗粒中粒径为 d_i 的泥沙颗粒所占的体积比例和分级过程发展将同时发生变化。

图 5.12(a)所示的是水槽试验中的实测数据与各粒径级的芦田公式的对比,图 5.12(b)所示的是基于动床数值模拟的结果和各粒径级的芦田公式的对比。由图 5.12(a)可明显看出实测数据与各粒径级的芦田公式计算值之间存在系统性偏差。在水流拖拽力较小的区域内,试验测量的输沙量要大于芦田公式的计算值,随着水流拖拽力的增大,趋势将发生逆转,芦田公式的计算值向大于实测值的倾向转变。实测值和芦田公式的计算值之间的偏差,在移动临界条件附近变得特别明显,由输沙量曲线的分布区域可以看出,相对芦田公式计算得到的各粒径的输沙量结果,实测值更偏向分布区域的左上侧。再观察图 5.12(b),相对芦田公式计算得到的各粒径的输沙量曲线的分布区域,由动床数值模拟计算得到的输沙量值更偏向左上侧方向,可以认为试验结果和芦田公式计算结果的关系与动床数值模拟的结果和芦田公式计算结果之间的关系模式相同。换而言之,动床数值模拟的结果与水槽试验的结果在趋势上大致符合。

但是芦田公式是以均质粒径泥沙为研究对象的平衡输沙量计算公式。没有考虑各粒径间的相互干扰。图 5.12 中的泥沙移动临界条件曲线,仅对混合沙的移动效果进行了修正,图中显示的仅是独立地分别应用计算均质粒径泥沙的芦田公式计算各个粒径输沙量的结果。因此,可以看到计算值与混合沙实测结果之间存在细节上的差别,但是应用芦田公式计算均质泥沙平衡输沙过程具有可靠性。在动床数值模拟当中,不仅要模拟处于移动临界状态运动中的泥沙颗粒,对不同粒径泥沙颗粒之间的相互作用在时间轴上的发展过程要进行轨迹跟踪模拟。以上输沙量的计算误差,采用动床数值模拟方法,已经证实可以看到能显著改善与试验值之间的一致性。

推导均质粒径泥沙的输沙量计算公式时,是以在河床表层进行选择性的泥沙输移为前提的。换言之,对泥沙输移量有贡献的泥沙颗粒仅存在于粒径厚度的河床表层,这是均质泥沙的输沙量计算公式成立的前提条件。这种类型的均质沙的输沙量公式可简单地应用于混合沙的输移情况,可以假设对应于每个粒径的泥沙都有不同厚度的移动层。实际上,泥沙移动层只有一层,因此可以采用一种长度尺度(例如最大粒径)来代表混合状态泥沙颗粒的混合层厚度。从计算力学的角度来考察该问题,需要采用可描述不同粒径泥沙颗粒间的相互作用的数学模型,除了采用动床数值模拟方法(颗粒流模型)以外,还没有其他有效的可供选择的数学模型。

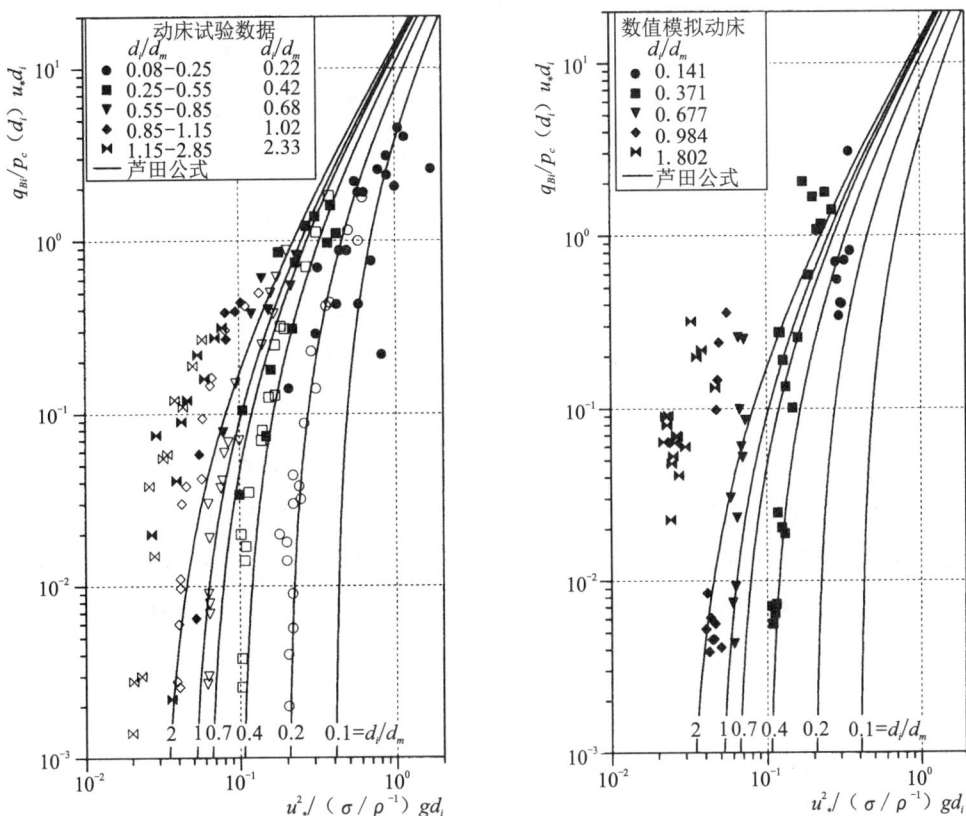

(a)试验值和芦田公式的对比 (b)试验值和数值模拟的对比

图 5.12 混合沙各粒径级的输沙量

5.4.3 混合粒径河流泥沙的分级现象

20世纪70年代在大坝下游河道中出现混合沙的分选现象,与形成防冲保护层(粗颗粒沙砾覆盖河床表层)过程的相关现象引起人们的关注,如前所述,基于均质沙的输沙量计算公式的扩展,构建了混合沙输沙量的计算框架。

泥沙分级的发展过程就是泥沙粒径粗化的过程,存在静态的粒径粗化过程和动态的粒径粗化过程。静态的粒径粗化过程就是河床组成泥沙颗粒中的细颗粒部分被冲洗流走,仅残存粗粒径的沙砾,经过该过程即实现了泥沙粗化。因此,组成河床沙砾中就只剩下不能移动的泥沙颗粒了。防冲保护层的形成可以通过静态粒径粗化过程来理解。另一方面,对于动态的粒径粗化过程,组成河床的所有泥沙颗粒均处于移动的前进运动状态。所有的河流中都存在动态的粒径粗化过程,根据 Parker(1986)提出的理论,称之为铺垫。小粒径的泥沙颗粒下沉,进入大粒径泥沙颗粒下方的空隙,设想泥沙分级的发展过程,动态的粒径粗化形成的物理结构就是垂向上的粒径分级。相对于静态的粒径粗化是由于从大粒径的泥沙间隙中缓慢冲洗流走小粒径的泥沙颗粒而逐渐发展的,而动态的粒径粗化是在垂向上的泥沙分级,发展速度迅速。这种垂向上的泥沙分级类似于泥石流中可观察到的逆向分级(向泥石流前锋表层聚集沙砾)的现象,在很高的拖曳力作用下的推移质输移过程的分级结构,可以说是一种合理的结构。

总结以上介绍,可以说静态粒径粗化是在床面表层的选择性输送状态(较低的水流拖曳力作用下)下进行的,而动态的粒径粗化在高水流拖曳力作用下占主导地位,两者的物理机制有很大不同。静态泥沙粗化中,如 5.4.2 节中介绍的不同粒径的输沙量公式,联立不同粒径泥沙的连续性方程(在河床表层的交换层中各粒径级泥沙的质量守恒方程)的计算方法是适用的。这种情况下,如何正确地计算出不同粒径级的输沙量公式中的 $p_c(d_i)$(河床表层泥沙颗粒中粒径 d_i 的泥沙颗粒所占的体积比例)值是关键问题,泥沙颗粒一旦开始运动,与其他泥沙颗粒发生碰撞的可能性就比较低。因此,不同粒径级移动过程中的相互作用也比较小,对各个粒径级泥沙分别采用各粒径级的输沙量公式,然后求和以上计算得到的各粒径级输沙量计算值,将与实际输沙量的偏离不会很大。另一方面,在动态粒径粗化过程中,多个泥沙颗粒处于相互接近的流动状态,泥沙颗粒间会发生频繁碰撞,已经不能忽略属于特定粒径级运动中的泥沙颗粒与其他粒径级的泥沙颗粒间发生碰撞的频率,需要应用能够直接处理动态过程中不同粒径级的泥沙颗粒间相互干扰的数学模型。如上所述,采用动床数值模拟计算方法研究床沙的动态粗化过程,可以说是真正发挥了该计算方法的价值。

以垂向泥沙分级为研究对象的数值模拟中,准确计算大粒径泥沙颗粒下方形成空隙的空间很重要,需要应用 3 维动床数值模拟方法。图 5.13 所示的是在定向流动情况下对垂向分级过程实施的 2 维动床数值模拟和 3 维动床数值模拟的一个算例(原田,2002)。不论是 2 维模拟还是 3 维模拟,均是以由 4 种粒径构成的泥沙颗粒组成为研究对象,在 2 维模拟和 3 维模拟计算中将各个粒径级泥沙颗粒的混合比调整为相同的体积占有率。图中显示了填充计算完成时($t=0.0s$)和分级进行过程中($t=80.0s$)的模拟结果。不论是 2 维模拟还是 3 维模拟中,计算开始后存在于表层的深颜色的泥沙颗粒(小粒径)开始沉降,可以看到存在于表层中的淡颜色的泥沙颗粒(大粒径)的比例增加的效果。

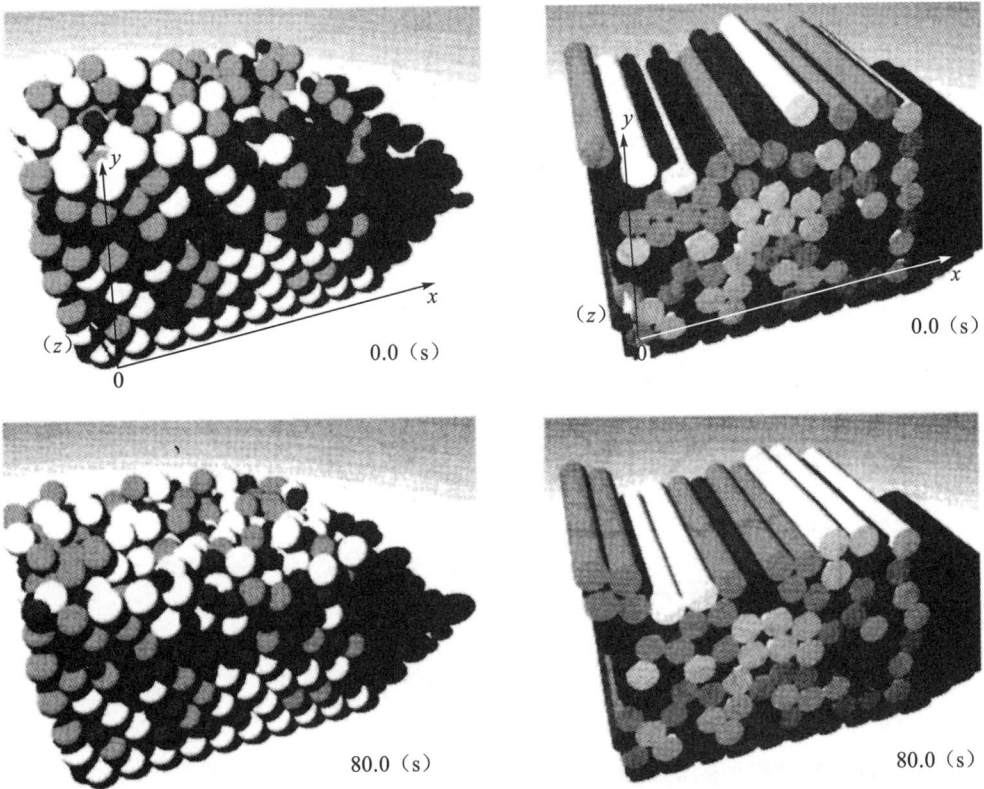

图 5.13　垂向上的分级过程(2 维模拟和 3 维模拟的对比)

　　为定量表述表层粒度变化,如图 5.14 显示了表层中各粒径级泥沙颗粒的体积占有率随时间的变化过程。不论是 2 维模拟还是 3 维模拟的情况,大粒径泥沙颗粒的体积占有率都增加了,而小粒径泥沙颗粒的体积占有率都减小了,而体积占有率的波动变化强度在 2 维和 3 维的情况中有很大不同。2 维模拟中可以看出存在显著的波动变化,而 3 维模拟中的波动变化并不明显,与 2 维模拟的情况相比,3 维模拟呈现出比较稳定的变化趋势。如前所述,在 2 维模拟中与周围泥沙颗粒的接触点较少,因为较为容易地形成极端形态的刚性球体排列和软性球体排列,因此泥沙颗粒间接触力比较容易发生局部的集中。在接触力的集中区域内,泥沙颗粒每发生一次移动,就会伴随有较大幅度的位移,可以认为这一现象会促使泥沙颗粒相关物理量的波动。因此,预测泥沙分级时,如果仅限定在大概趋势的预测,采用 2 维模型就具有一定的可靠性了,如果需要对物理现象进行计算力学的轨迹跟踪,则需要应用 3 维模型。但是,动态的泥沙粗化现象不仅可以在河流中观察到,在海岸附近的波浪破碎带,由于较高的水流拖拽力(底面剪切应力)作用,可以看到底质会以层状流动的成片状流动的海洋泥沙运动。在成片状流动的海洋泥沙中垂向泥沙分级也扮演着重要的角色,动床数值模拟方法将能有效发挥其功能。

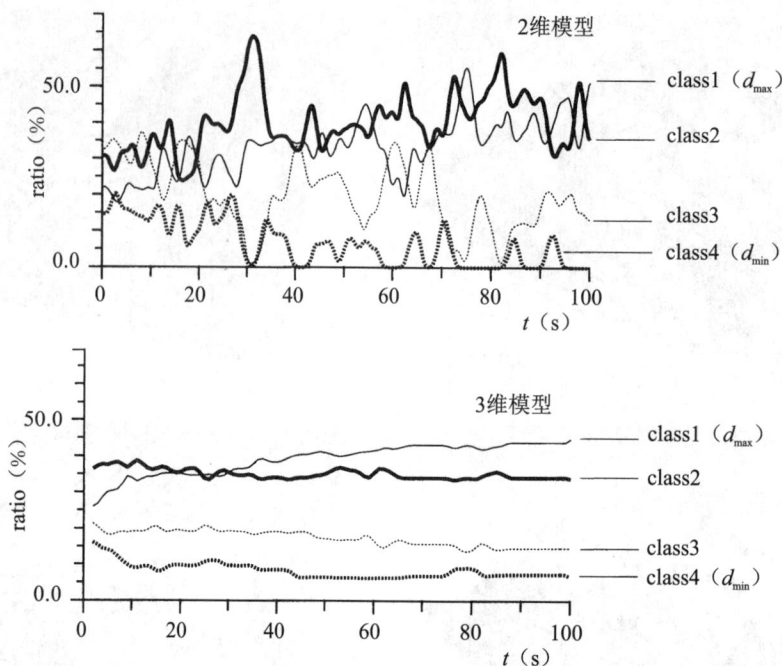

图 5.14　表层中各粒径泥沙颗粒的体积占有率变化

5.4.4　基于动床数值模拟的河床演变解析

河床演变解析的基本步骤在第 1 章中已简要进行了说明(见图 1.2)。基于以泥沙颗粒为基本构成单位进行河床演变直接模拟的尺度存在一定限制。本节将简要介绍河床演变解析最小尺度量级下泥沙表面形态的不稳定分析,介绍动床数值模拟方法计算框架的同时,展示动床数值模拟的一个典型算例。

对泥沙表面进行不稳定分析时,研究在什么样的水动力条件下在动床上是否出现沙纹或沙波的床面形态。具体来说,在平整河床上是否会出现河床扰动(微小的凹凸形态)现象及其发展过程的问题进行解析,探讨在设定的水动力条件下哪种河床扰动形态会不断发展而趋于明显,继而计算沙纹和沙波的波长等参数值。河床扰动形态的发展无非就是泥沙床面形状(河床高程)的变化,如图 1.2 所示,能够适用于计算流场(河床剪切力)、河流泥沙(输沙量)和河床演变(河床形态变化)三者之间的相互作用系统行为,构成河床演变模型的基本框架。在以上提及的建模思路中,问题的重点并不是河床形态本身,由于在平整床面上会出现微小的河床扰动形态,所有相关物理变量(泥沙床面形状、河床剪切力、输沙量和泥沙床面形态变化)的分布都可以采用正弦波的形式来描述。并且,还要考虑计算各物理量正弦波形的相位差,如果泥沙床面形状和泥沙床面形状变化的正弦波波峰和波峰之间发生重叠,要增大泥沙床面形状变化的幅度,如果波峰与波谷发生重叠的话,要减小泥沙床面形状变化的幅度,基于以上思路就可以讨论沙纹和沙波的发展和衰减过程。以上理论由 Kennedy(1963)提出,也称之为泥沙床面形态的不稳定分析理论。

泥沙床面形态不稳定分析的主要特点就是能够采用图 1.2 中所示的封闭回路描述泥沙输送现象中的相互作用系统，起控制性作用的因素间存在一定的相位差（响应延迟）。图 5.15 所示的是规定控制性因素和重要因素间响应特性的模型相关项以及基于各模型计算的相位差。有计算泥沙床面形状（河床高程）$y(x)$ 和河床剪切力 $\tau(x)$ 的相位差 $\varphi_{\tau y}$ 的水流模型，有计算输沙量 $q_B(x)$ 和河床剪切力 $\tau(x)$ 的相位差 $\varphi_{q_B\tau}$ 的输沙模型（输沙量计算公式）。并且需要根据泥沙连续方程计算泥沙床面形状的时间变化和输沙量之间的相位差 φ_{dyq_B}。

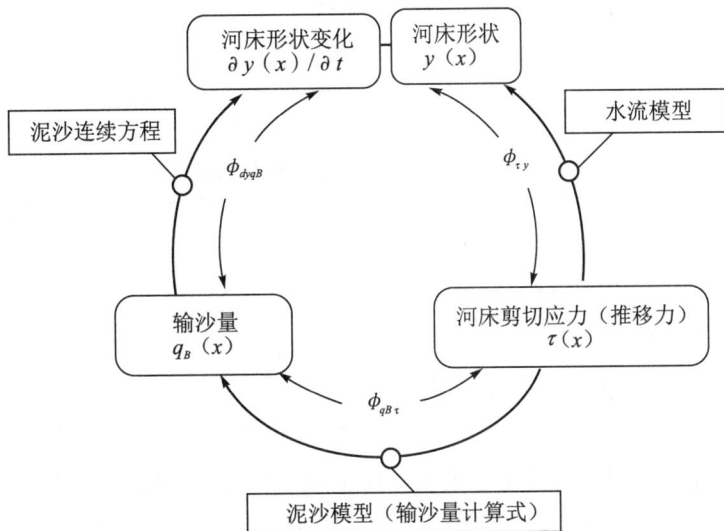

图 5.15 以封闭回路形式表示的动床作用系统

下面简要介绍最简单形式的线性不稳定分析方法。首先，泥沙床面形状可用下式描述：

$$y(x) = A_b\sin\kappa_b(x - U_bt); \kappa_b = 2\pi/L_b \tag{5.65}$$

式中，A_b 为河床扰动的振幅，κ_b 为河床扰动的角周期波数，L_b 为河床扰动的波长，U_b 为河床扰动的传播速度。

这里 $A_b\kappa_b$ 非常小（相对于波长，波高非常低），可以忽略高次项。将以上床面形状公式对时间 t 作微分计算，可得：

$$\frac{\partial y}{\partial t} = \dot{A}_b\sin\kappa_b(x - U_bt) - U_b\kappa_bA_b\cos\kappa_b(x - U_bt) \tag{5.66}$$

对泥沙床面形状采用与式（5.65）同样的形式，可表述为：

$$\frac{\partial y}{\partial t} = r_{dy}A_b\sin\{\kappa_b(x - U_bt) - \varphi_{dy}\} \tag{5.67}$$

$$\varphi_{dy} = \varphi_{\tau y} + \varphi_{q_B\tau} + \varphi_{dyq_B} \tag{5.68}$$

式中，r_{dy} 为河床形状变化率的振幅与河床形状变化振幅的比值。

将上式的右边展开，可得：

$$\frac{\partial y}{\partial t} = r_{dy}A_b\cos\varphi_{dy} \cdot \sin\kappa_b(x - U_bt) - r_{dy}A_b\sin\varphi_{dy} \cdot \cos\kappa_b(x - U_bt) \tag{5.69}$$

与式(5.66)相比较,可得到河床扰动的传播速度与增幅率之间的相关关系:

$$\kappa_b U_b = r_{dy} \sin\varphi_{dy} \tag{5.70}$$

$$\frac{\dot{A}_b}{A_b} = r_{dy} \cos\varphi_{dy} \tag{5.71}$$

由于$r_{dy} > 0$,相位差φ_{dy}的范围和河床扰动发展和衰减以及传播方向的关系如表5.1所示。如果基于水流模型、泥沙输移模型(输沙量公式)和泥沙连续方程,能够准确求解相位差,就可以采用上面介绍的计算思路来探讨河床扰动发展和衰减的过程。反复对各种波长扰动进行解析,就可以计算出最明显的波长(河床上的沙纹和沙波的波长)。以上介绍的就是线性不稳定分析方法中主要思路。

表 5.1 河床扰动的发展、衰减及传播方向

φ_{dy}	$\dot{A}/A$	κU_b	河床扰动的行为
$0 - \pi/2$	正	正	发展,向下游传播
$\pi/2 - \pi$	负	正	衰减
$\pi - \pi/3$	负	负	
$3\pi/2 - 2\pi$	正	负	发展,向上游传播

但是泥沙床面不稳定分析应用于天然河床上生成沙纹和沙波的波长分析时,存在一定的局限性。在泥沙床面的不稳定分析中,讨论一定波动的微小扰动的发展和衰减过程,并没有分析微小扰动是如何形成的。初期扰动的形成过程暂不处理,以存在初始扰动为前提,讨论之后扰动的发展和衰减过程,以上就是泥沙床面不稳定分析的基本思路。在讨论泥沙床面不稳定分析过程中,还存在微小扰动的发展和衰减的趋势,但相对已充分发展起来的沙纹和沙波的发育过程,尚未开展在微尺度状态下对河床形态发展趋势扰动的分析研究。即虽然可以讨论形成明显波长量级上的河床形态,但对已完全发展的床面形态的波高,不能采用泥沙床面不稳定分析法进行河床形态的预测。换言之,泥沙床面不稳定分析是属于线性解析法,无法处理诸如湍流脉动和推移质泥沙输移过程这样的非线性物理现象,不能适用于河床沙波发育平衡时波高的预测。

这里提到的泥沙床面不稳定分析的诸多问题中,只要假设水流条件相同,不同水流中初始河床扰动的形成过程之间就不会产生很大不同,因此分别单独采用动床数值模拟方法研究河床扰动的形成过程在机理上是合理的。图5.16所示的是基于图5.15的封闭回路应用动床数值模拟法子模型的假设条件,以及将动床数值模拟法与泥沙床面不稳定分析法比较和整理的示意图。分析泥沙床面形态时,不稳定分析法中采用规则的正弦波将受到限制,而采用动床数值模拟法可以处理任意形状的不规则波形。在这种情况下,动床数值模拟中的泥沙床面形状,称为包络泥沙层表面泥沙颗粒的曲线。水流模型中,将动床数值模拟得到的泥沙床面形状作为底部边界条件,可采用基于各种影响域法的数学模型,在以下的算例中,

假设在相同水流条件下处理河床扰动的初期形成过程。在不稳定分析中,假设在规则波形河床上流场处于充分发展的状态,底面剪切力分布呈正弦波的形状。然后使用可清楚地描述相对底面剪切应力的输沙量延迟(相位差)的 Einstein 型模型计算输沙量,可通过求解跃移步长理解延迟发生的机理。泥沙床面不稳定分析中,在一定的水动力条件下,相对底面剪切力变化的输沙量位相差是确定的,因此可以采用假定泥沙颗粒的跃移步长为定值的计算方法。这种计算方法,在动床数值模拟研究中,将对多个泥沙颗粒同时进行轨迹跟踪计算得到的结果作为跃移步长分布,采用计算相对底面剪切应力的输沙量延迟的计算模型。

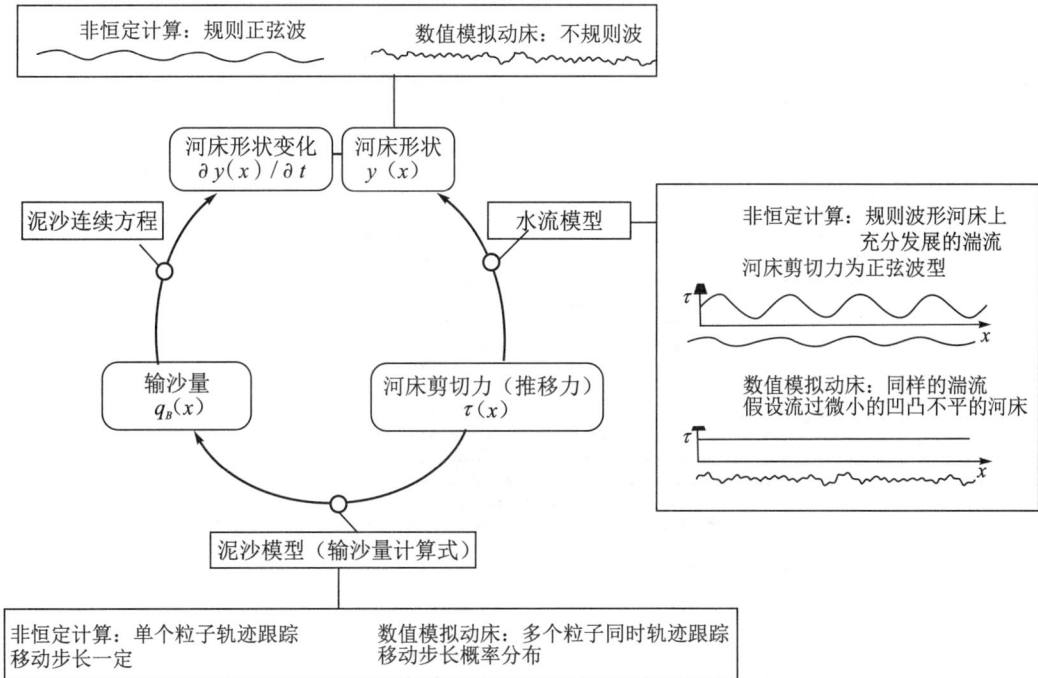

图 5.16　基于动床数值模拟的泥沙床面不稳定分析

　　图 5.17 所示的是基于动床数值模拟法模拟的河床扰动初期形成过程的一个算例(後藤,2001)。初始条件为泥沙颗粒并排覆盖的静力学稳定排列形式,初期河床形态为泥沙颗粒尺度下的微小凹凸形态,几乎为平整床面。图中显示的是在无量纲水流拖曳力 $\tau_* = 0.15$ 的条件下,施放水流时河床凹凸形态时间序列的推移发展过程。计算模型为垂向 2 维动床数学模型,在上下游断面实施周期性边界条件(到达下游断面的泥沙床面扰动再次由上游断面处运动进入计算区域内)。放水后很短时间内,多个波峰逐渐明显化,在波峰内,传播速度的延迟部分由后方向前传播,又追上前一个波峰,最后形成合并在一起的形态。这一模拟结果表明颗粒流的动床演变特性包含在出现的波峰结构当中,可以对其进行解析,产生的初期河床扰动,不仅是泥沙床面不稳定分析的前提,也是支持动床演变过程中发生的自然现象的有力证明。

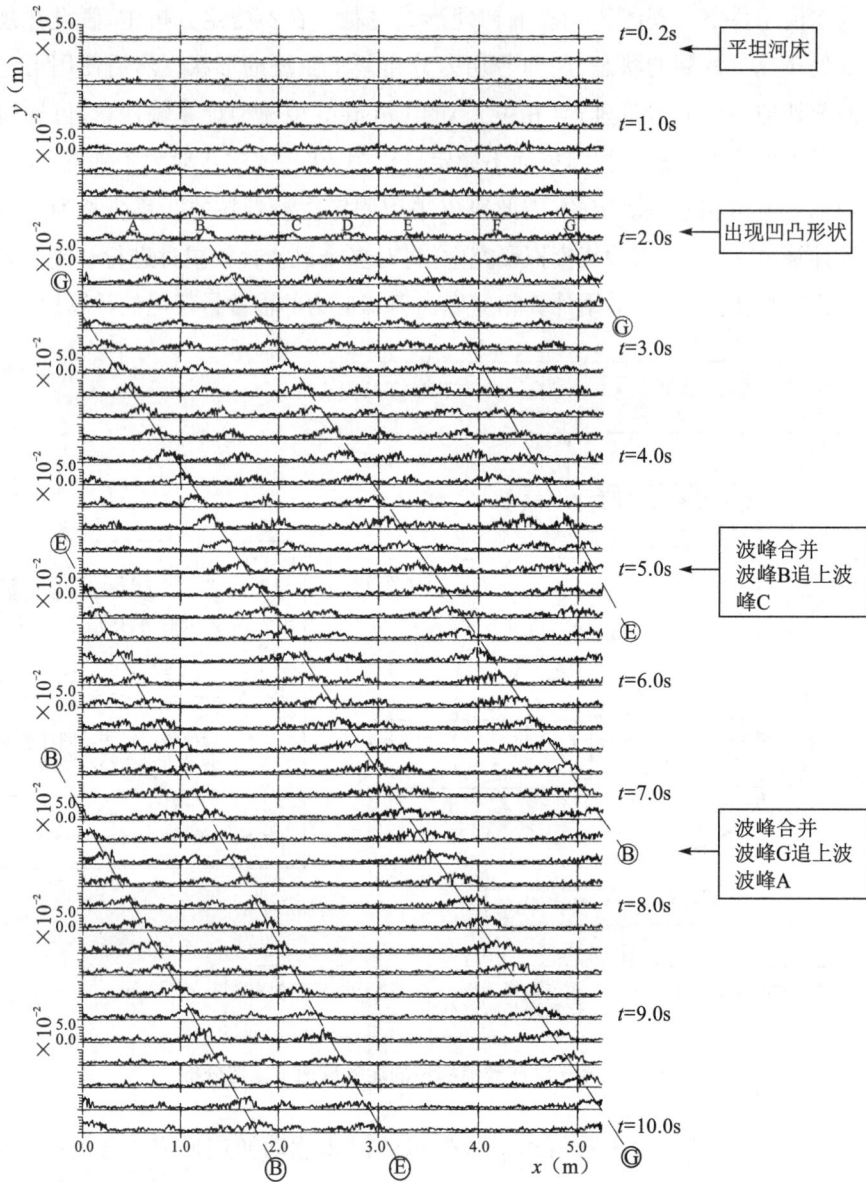

图 5.17 基于动床数值模拟的河床扰动形成过程

　　分析如上计算思路,可以很容易地理解动床数值模拟能够起到相当于水流模型、泥沙模型(输沙量计算公式)和泥沙连续方程组成动床演变系统的 3 个子模型的综合模型系统。目前以上方法还仅限于小尺度现象的解析研究,但结合合适的湍流模型,以局部区域为研究对象的河床演变开展模拟研究,将来可能应用不使用输沙量计算公式的动床数值模拟方法针对大尺度的河床演变过程开展机理研究。

5.5 动床数值模拟研究展望

本书由泥沙运动计算力学的基本理论出发,以非平衡输沙模型、单个泥沙颗粒的轨迹跟踪模型、粒子法模型和颗粒流模型等一连串的数学模型为主线,介绍了直到目前为止已开展的研究成果,以泥沙运动计算力学的主要工具即动床数值模拟方法为中心,对今后需要开展的研究进行简单梳理。

第 1 个研究方向是:以计算力学为科学研究手段,进行动床数值模拟研究。对于沙粒间碰撞的主要状态,单独采用颗粒流模型对其进行研究当然也是有效的,对于泥石流等问题,也可以采用颗粒流模型进行研究,如果对深埋于大粒径空隙间的细颗粒泥沙和泥浆进行适当的简化,在一定的假设条件下可以拓展堆积过程数值模拟的研究途径。堆积学上具有研究意义的科学问题很多,工程学中在拦沙坝周边的泥沙堆积过程或泥石流形成的扇状堆积区域的形成过程等重要的研究课题也有很多。另外,如果能逐步推进多相流模型和颗粒流模型的结合,就能较为容易地直接处理流体和泥沙颗粒间的相互作用以及泥沙颗粒间的相互作用问题,动床数值模拟作为一种计算力学的科学研究工具,其作用变得很明显。本书中也提到了粒子法模型和离散单元法(DEM)的固相模型的固液两相流模型,为能够直接计算粗粒径泥沙尺度现象的数学模型还在不断地发展当中。由于对细粒径泥沙尺度现象到目前为止还不能进行精确解析,因此必须根据与大涡模拟(LES)同样的思路进行适当粗化,由水槽试验很难了解急变流条件下的泥沙输移过程的内部结构,对于此问题的解析,采用率定参数较少的数学模型,将无疑会成为计算力学理论和数学模型研究的主流。

第 2 个研究方向是:将动床数值模拟方法作为实际应用的工具。在实际问题当中,因为必须要反映出实际地形,因此与基础研究为目的的模拟相比,实际应用中计算量过大成为应用的瓶颈。因此,目前有直接应用动床泥沙颗粒法模拟的案例,但仅限于单独采用颗粒流模型模拟一些现象。如前所述,以将拦沙坝周边的堆积过程或泥石流扇状区域的形成过程等自然现象视为多相流现象而进行简化为前提,将研究重点放在沙粒尺度粗化的颗粒流特性上,目前也有可能实施数值模拟。并且,基于 Euler-Lagrange 影响域法的模型可与液相模型联系起来,对像局部冲刷等在比较狭小的区域内主要表现为 3 维特性的现象,如前一节介绍的,也可以采用不使用输沙量计算公式的河床演变计算方法。这里存在一个问题,就是流场的时间尺度与泥沙输送的时间尺度不同。由于动床数值模拟是一种模拟河床形态的时间发展过程的计算工具,地形变化要花很长时间方能完成,直接轨迹跟踪的计算方法不能适用。当然,如果能配合使用急变流场的适当模型,对于短时间内剧烈的河床演变现象具有一定的适用性(计算效率可以接受)。例如,可以应用动床数值模拟研究由于泄流引起的冲刷(类似软质地表上的瀑布形成冲刷过程)的问题,以泥沙颗粒法的固液两相流模型为中心开展研究。动床数值模拟方法在模拟河床地形的时间发展过程的基础研究方面表现出较好的性能,如果应用得当,在实际应用中就可以起到较好的作用。河流动力学是以实际应用为目的的学科，国内开展了大量河流治理和水电工程上马施工，如果可以将基于动床数值模拟方法的详细计算结果与作为后处理手段的计算机可视化联系起来，对于不具备基础知识的一般技术人员，也可以增加他们对数学模型的信任。对数值模拟步骤进行详细说明，在数值模拟结果的可靠性方面，也将增加数值模拟结果的说服力。

　　不管是将动床数值模拟作为计算力学中的一种科学研究手段，还是将其作为实际工程应用的一种工具，由于该计算方法对计算机性能要求非常高而受到限制，碰到不少障碍也是事实。近年计算机 CPU 的计算性能呈指数增加趋势（服从摩尔定律），如果现在还能继续增加，也就可以实现在个人计算机上实施数百万量级个数的泥沙颗粒 3 维模拟，基于并行计算技术，同等数量级规模的计算很快能得到普及。因此，开展基于 Lagrange 离散思路的泥沙颗粒轨迹跟踪模拟和粒子法模拟研究具有科学和工程应用的重要意义。

6 Euler-Lagrange 粒子轨迹跟踪模型的应用案例

6.1 研究区域

本章将介绍应用 Euler-Lagrange 粒子轨迹跟踪模型模拟研究三峡库区支流香溪河在 2007 年和 2008 年发生水华过程中浮游藻类增殖及输移过程的案例。

香溪河位于中国湖北省宜昌市境内,发源于湖北省西北部的神农架山区,流经兴山县和秭归县后汇入长江干流,位于东经 110.47°~111.13°、北纬 30.96°~31.67°之间,是长江三峡水库湖北省库区段内的第一大支流,如图 6.1 所示。香溪流域面积 3099km²,均系高山半高山区。上游地势高峻,海拔在 2500m 以上,局部达 3000m。河道流经峡谷,坡陡水急。在兴山新县城以上,有古夫河和两坪河两条支流。兴山城以下,河道右岸有台地,地势渐趋平缓,河谷略见开阔。两岸山势东高西低,不对称高程差约 500m。下游峡口镇的左岸有高岚河汇入。香溪流域内年降水量一般在 1000~1440mm 之间,雨季集中在 6—9 月。香溪流域控制水文站兴山水文站,记录多年平均年径流量 12.7 亿 m³,多年平均流量 40.3m³/s。香溪河干流长 94km,距离三峡大坝仅 36km,三峡水库蓄水后将在香溪河形成回水区,流速下降,水体由自然河流状态转化为类似湖泊的准静止状态,近年来香溪河频繁发生水华现象,且水华发生的时间、频率和水华发生的河段区域均呈不断增加的趋势(李健,2012)。

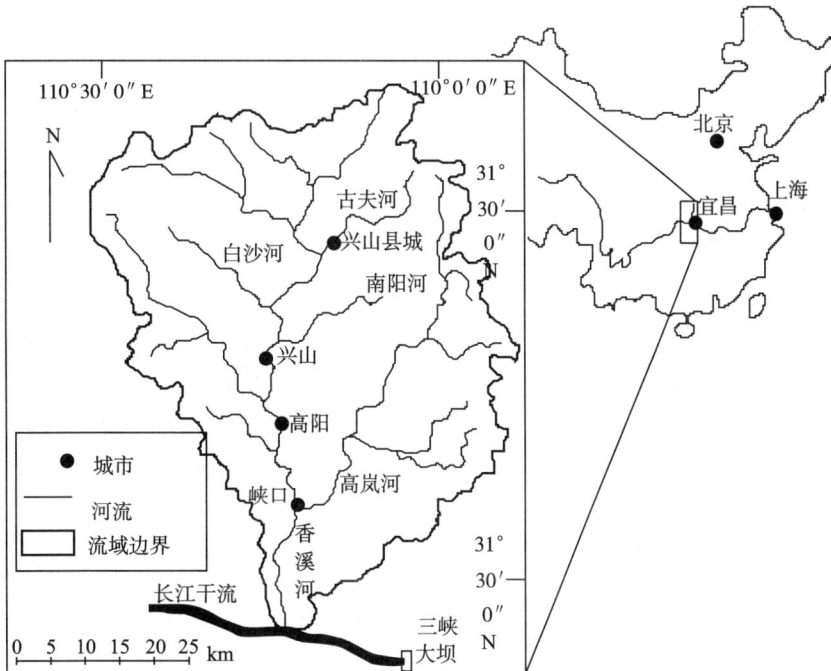

图 6.1　香溪河流域示意图

由于香溪河处于三峡库区内,距离三峡大坝仅 36km,受到三峡蓄水位的影响明显,并且三峡水库调度过程中水位时增时降,导致香溪库湾内的水流条件变得较为复杂,水体处于来回震荡的状态且与长江干流水体有相互交换,因此有必要对其进行更为细致的 3 维数值模拟,了解香溪库湾内水体的水动力学特性。应用海洋动力学 ELcirc 模型和基于欧拉流场驱动的拉格朗日法的粒子跟踪模型(Zhang Yinglong,2004),ELcirc 模型采用非结构网格模式,不仅能很好地适应复杂边界和大比降的河流,并且采用了欧拉—拉格朗日法处理对流项而具有很高的计算效率,通过粒子跟踪法模拟可以初步了解污染物在库湾内的运动轨迹,为进行香溪水华问题的数值模拟研究奠定基础。

6.2 模型输入设置

6.2.1 地形处理

针对香溪水质进行的平面 2 维数值模拟计算范围从香溪上游古夫河和南阳河交汇处的兴山水文站开始至香溪河与长江干流的交汇处,全长约 39km,计算区域包括了受三峡水库蓄水影响的回水区河段和非回水区的自然河道。香溪河呈狭长形、平面摆幅较大(见图 6.2),计算进口处河道深泓高程达 160m,香溪河口深泓高程约 62m,计算区域河段落差接近 100m。根据一些典型横断面的地形分析可知,香溪河道两岸落差较大,在 60~110m之间,下游接近长江干流的河道断面较为开阔,向上游河道断面逐渐变得窄深,呈现出山区河流的特点(见图 6.3)。香溪干流平均比降 3‰,支流高岚河平均比降达 6‰,并且深泓线波动剧烈(见图 6.4)。由以上分析可见,香溪河边界形状和地形变化较为复杂,进行数值模拟之前需要进行地形预处理,以提高模拟的精度。

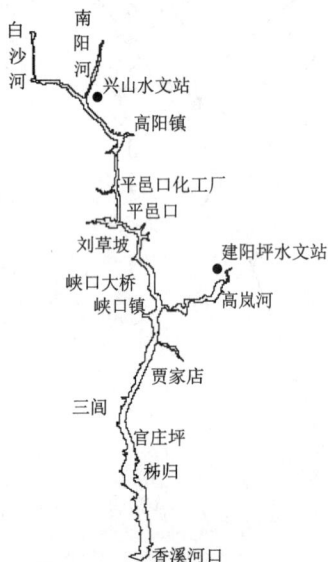

图 6.2 香溪河道示意图

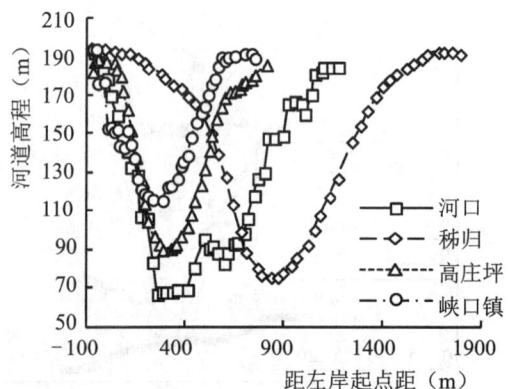

图 6.3 典型断面形状分析

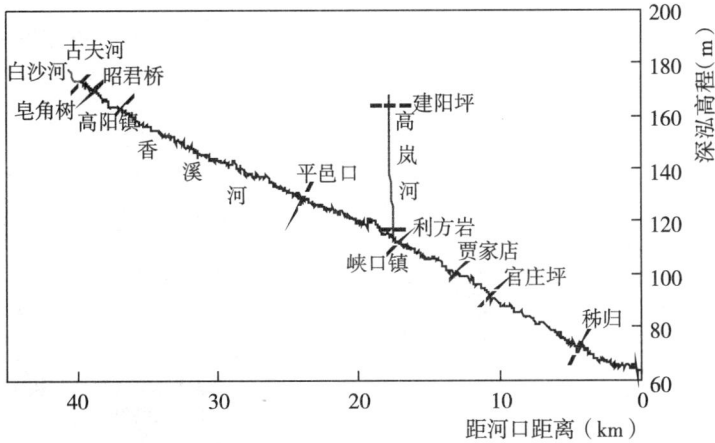

图6.4 香溪河纵向剖面图

高精度的 DEM 地形数据可弥补地形变化剧烈的河流地形测量精度低而影响数值模拟精度的不足,Merwade(2008)针对 DEM 在数值模拟方面的应用提出了建议,如 DEM 分辨率和网格划分精度的匹配以及应用河道深泓线为基准来构建 3 维网格地形等。本文将采用 15m 分辨率的 ASTER-DEM 数据构建数值模拟需要的 3 维网格地形(见图 6.5),采用开发的地形数据提取程序获得地形高程的散点值(见图 6.7),反距离空间插值法进行网格地形插值,并对网格地形进行 Laplacian 平均化处理(Hansen,2005),以避免局部地形变化等造成重力作用夸大对计算结果的影响。本文开发的数学模型采用非结构网格的模式,综合考虑网格划分精度与 DEM 精度的匹配及模型计算量等因素,计算区域内共划分 19512 个四边形网格单元(见图 6.6),平均网格尺寸 20m。

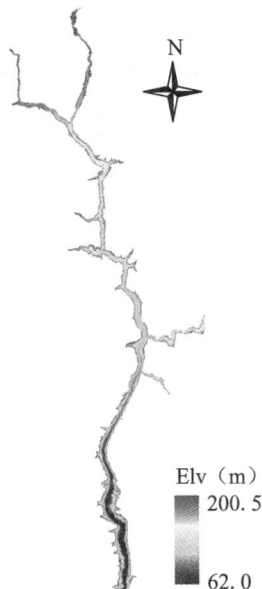

图6.5 香溪河 DEM 地形图(1985 黄海高程系)

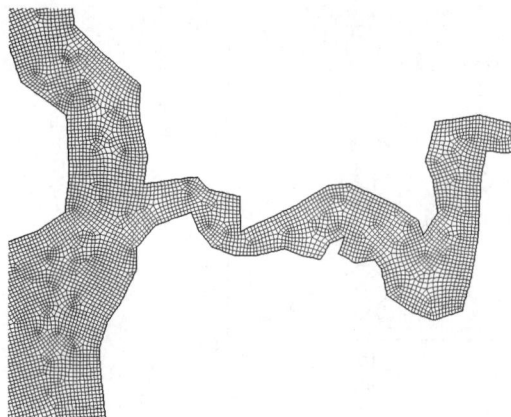

图 6.6　香溪河局部计算网格

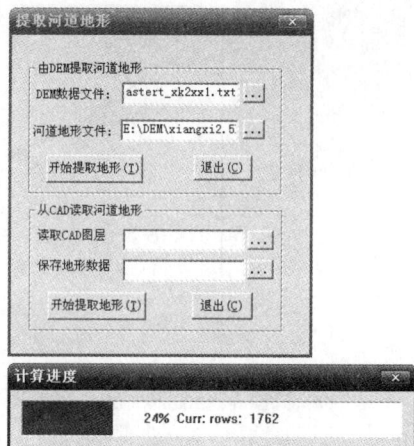

图 6.7　河道 DEM 数据提取程序界面

　　数学模型对河床地形一般比较敏感。由于地形插值造成的非物理性床面变化会影响模拟结果,为减弱局部地形突变的影响采用 Laplacian 网格地形处理方法光滑局部地形(Hansen,2005),但光滑处理一般不能超过 3 次,否则会造成网格地形失真而不能反映出原始地形特征。处理计算公式如下:

$$Z_c = 0.5 \times Z_c + 0.125 \times (Z_w + Z_e + Z_n + Z_s) \tag{6.1}$$

　　式中,Z_c 为网格节点 i 的高程,Z_w、Z_e、Z_n 及 Z_s 为网格节点 i 四周的高程。由于香溪河道横断面高程落差较大,本模型仅对 170m 以下部分地形进行光滑处理。

　　如图 6.8 所示,处理后的断面地形较处理前变得光滑平顺,没有锯齿状的边界,并且地形几乎没有失真的现象。处理前后的深泓高程也没有发生明显变化(见图 6.9),说明地形处理合理,可以用来进行香溪水质的数值模拟研究。处理后的河道地形较处理前平顺,特别是在靠近河道边岸附近(见图 6.10),地形的处理能保证模型的计算稳定性和计算精度。

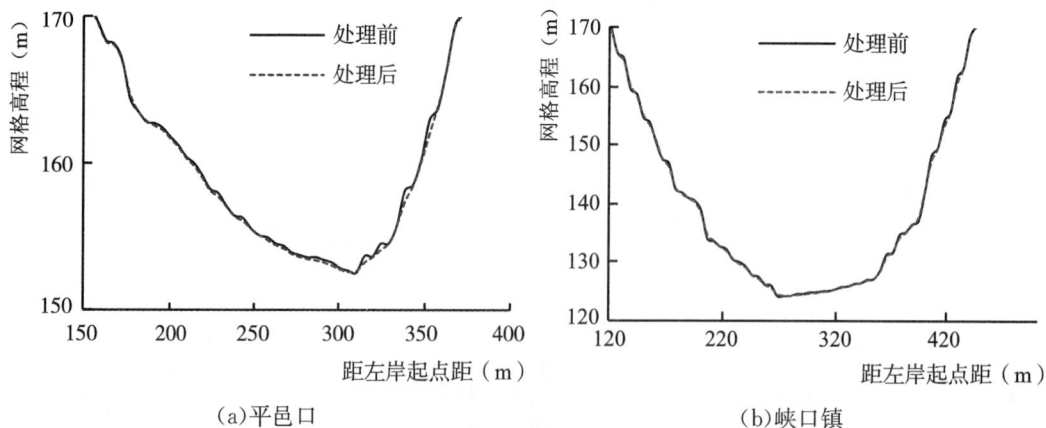

(a)平邑口

(b)峡口镇

图 6.8 处理前后的横断面形态变化

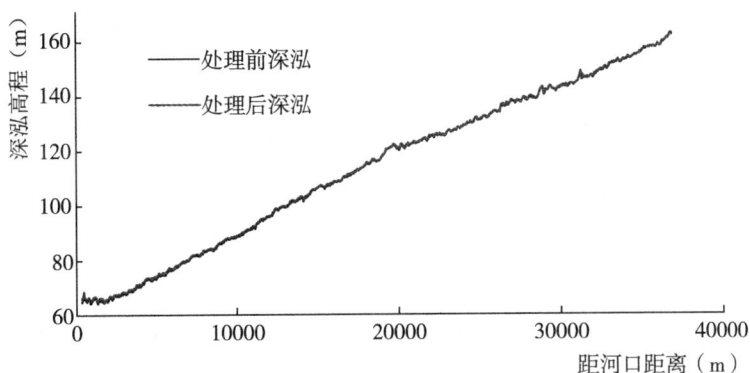

图 6.9 处理前后的深泓高程变化

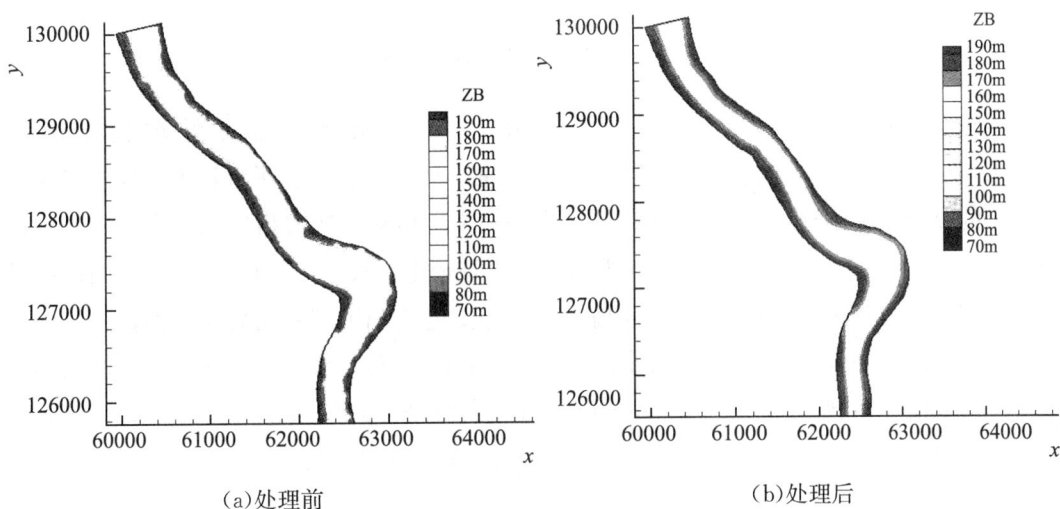

(a)处理前 （b)处理后

图 6.10 处理前后的地形变化

6.2.2 边界条件

三峡大坝建成后采用季节性调节的运行方式,每年汛期(6—9月份),水库以低水位145m运行,下泄流量与天然情况相同,在遭遇大洪水时,水库蓄水以消减洪峰;10—11月份,水库蓄水至最高水位(175m),期间水库运行如同湖泊;枯水季(1—5月份),根据发电和通航要求水库逐渐加大下泄流量至汛限水位145m。

在三峡水库不同的运行时段内(见图6.11),长江干流的水体将对香溪库湾支流起到不同的影响。如在蓄水期三峡库区的水流将倒灌入香溪库湾,产生倒灌异重流,使库湾表层水体流速增大,并将库湾表层浮游藻类输运出河口而降低了藻类生物量(纪道斌等,2010),特别是在蓄水较快的时段(9—10月份),水动力条件将成为香溪水华发生的重要影响因素。而在水库泄水期内(3—5月份),随着蓄水位或香溪河口水位的不断下降,香溪库湾上游由于点源或非点源产生的污染物不断向下游输移,将有利于促使香溪水华的发生。由此可见,三峡水库的运行方式将对三峡库区支流的水质变化及水华现象产生较大的影响。

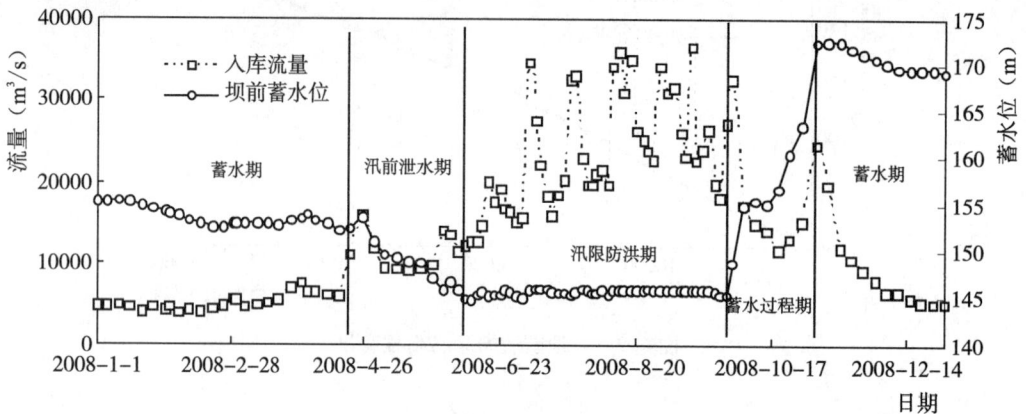

图 6.11 三峡水库运行水位(2008 年)

周建军(2008)指出三峡水库日调节水位作用下,长江干流与支流发生周期性水量交换,有利于减少富营养水体在支流特定环境的滞留时间,抑制藻类生长,干流较大水体稀释从支流出来的藻类密度,有助于防止其腐烂形成水华。王玲玲等(2009)指出三峡水库正常运行条件下,利用水库水位的升降进行生态调度的效果是较为有限的,数值模拟结果表明库湾沿程叶绿素的分布与香溪河口水位没有明显的相关性。也有研究者指出香溪库湾内水华的发生不仅与三峡大坝的水位有关,还与水位的波动频率有关,但增大三峡水库水位的波动频率会有更多的潜在不利影响(Yang Zhengjian et al,2010;Zheng Tiegang et al.,2011)。因此,有必要从研究香溪库湾内的水流、污染物等角度来了解促使香溪水华发生的重要因素,制定合理的水华防治对策。

6.3 香溪库湾水动力 3 维数值模拟

香溪河的地理位置及地形地貌等情况见图。本章将应用 ELcirc 模型研究香溪库湾回水区在 2007 年 9—10 月间三峡蓄水期间内的水流及污染物的运动情况。由于香溪河道比降较大,在三峡水库蓄水后香溪库湾内上游至下游的水深变化较大,在兴山水文站附近的水深不到 5m,而香溪河口水深在 145m 的三峡蓄水位下可达到 80m,ELcirc 模型在垂向上采用的 Z 坐标,垂向上的地形适应性较差,必须通过加密分层数的方式来提高模拟精度,但会导致计算量过大的问题。因此,本章只模拟从高阳镇至香溪河口的河段(包括支流高岚河)来减小 3 维模型的计算量,并研究香溪水华发生的重点河段。

平面网格采用四边形非结构网格,划分网格单元 19512 个,垂向分 50 层,考虑到必须保证 3 维计算网格完全包围真实物理运动水体,又要尽可能地减少了 3 维模拟的计算量,因此在河床以下和实际水体表面以上的计算区域采用较厚的垂向网格分层(60m),接近自由水面和初步估计水位波动范围内的水位区域分层较薄(0.5m),这样充分利用了 Z 坐标系统网格分层的灵活性提高了计算精度。

水动力模拟计算采用的边界条件为:进口采用 2007 年 9 月 25 日至 10 月 8 日期间香溪上游的兴山水文站和高岚河上游建阳坪水文站的实测流量过程,如图 6.12 所示。出口边界条件采用三峡水库对应时间内的蓄水位过程,如图 6.13 所示。河道计算糙率取值与平面2 维模型计算糙率取值相同,参照香溪河水质 1 维计算的糙率取值(王玲玲等,2009),在155m 以上蓄水位时取 0.023,在 155m 蓄水位以下时取 0.024。

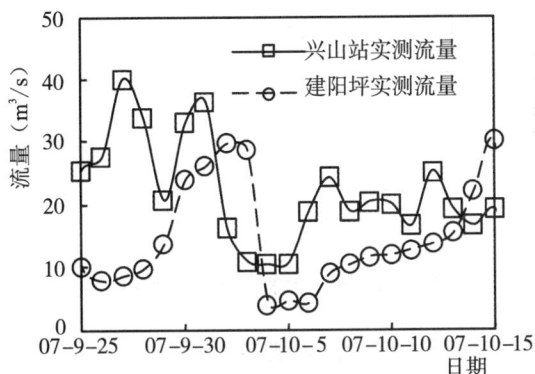

图 6.12　香溪河和高岚河进口流量

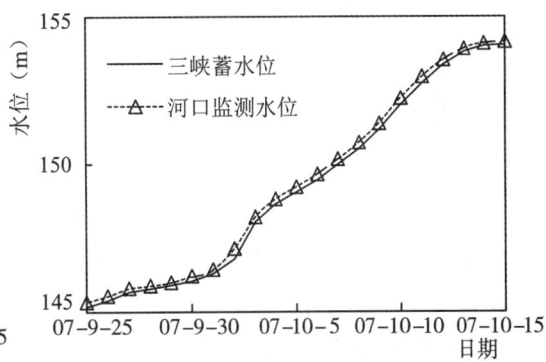

图 6.13　2007 年 9 月三峡蓄水过程

计算时间步长的选取在 3 维非恒定模拟中非常关键,这决定了整个非恒定过程的计算耗时,由于香溪河道地形比降较大,初始计算水位(155m)至非恒定过程的初始水位(145m)落差较大,必须取较小的计算时间步长才能保证计算的稳定性和计算精度,而非恒定过程中的水位变幅较小,为提高计算效率缩短非恒定过程的模拟计算耗时,需要采取较大的计算时间步长。因此,本文采取了热启动的计算方法,在非恒定过程计算之前时间步长取值为0.1s,计算至 145m 稳定水位后保存中间变量的计算结果(包括紊流模型中的变量及 3 维流速、水位波动值等),非恒定过程的模拟则采用 10s 的时间步长进行计算,研究结果表明此方法在保证计算精度的同时较大地提高了模拟计算效率。

在热起动计算中采取三种不同计算时间步长(0.05s、0.1s 和 0.2s),考察水流模拟中逆向跟踪计算的耗时,因为逆向跟踪计算是 ELcirc 模型计算中计算耗时最长的部分(Zhang Yinglong,2004),其计算耗时主要取决于计算时间步长的选取和逆向跟踪计算区域的大小。本文在一定的逆向跟踪计算区域大小的条件下,研究了计算时间步长和逆向跟踪计算耗时的关系,如图 6.14 所示,逆向跟踪计算耗时在模型迭代循环计算若干步以后将趋于平稳,并且计算时间步长越大,逆向跟踪的计算稳定越差。当时间步长为 0.05s 时,逆向跟踪计算耗时稳定值约为 1.5s,而时间步长为 0.1s 时,逆向跟踪计算耗时稳定值约为 2.0s,可见计算时间步长增加 1 倍,而逆向跟踪计算耗时并未增加 1 倍,说明欧拉—拉格朗日逆向跟踪算法的采用只是减弱了 CFL 条件的限制作用而提高了计算效率,但并不能无限制地增大时间步长,否则会导致计算失稳,计算过程终止。香溪河 2007 年秋季蓄水期的模拟过程中,经过多次计算后选取最终的计算时间步长为 10s,由于水位波动幅度较热启动前的计算要小很多,逆向跟踪计算耗时下降很多,非恒定过程模拟中的逆向跟踪计算耗时不断地波动,但不会超过 0.85s,如图 6.15 所示。

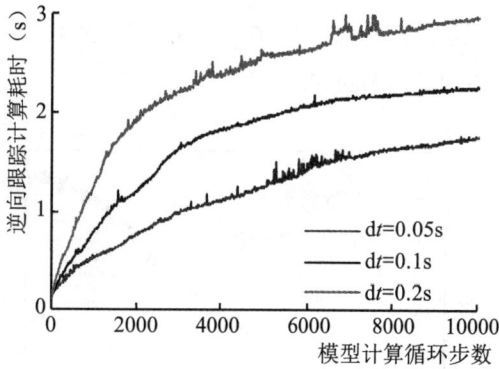

图 6.14　逆向跟踪耗时(不同计算时间步长 Δt)

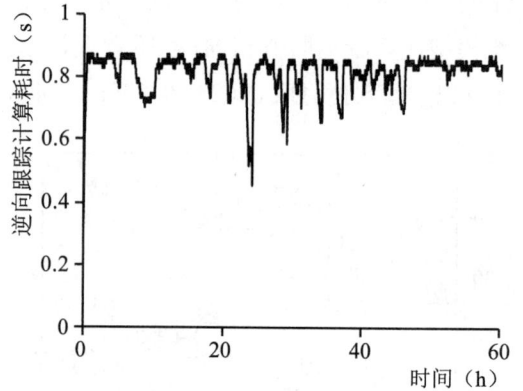

图 6.15　逆向跟踪耗时($\Delta t = 10s$)

热启动前期计算至稳定水位 145m 作为非恒定过程模拟的初始状态,如图 6.16 所示,可见三峡蓄水至 145m 时,香溪库湾内的回水范围大致到达平邑口的位置,高岚河大部分处于回水区内,与第 3 章中的平面 2 维模拟结果大致相同。在香溪河口河段河道向西南方向弯曲,3 维模型可以模拟出水流的偏转现象,表层水流与底层水流矢量之间有明显的偏转角度,但由于水体流速很小,表层和底层流速大小差距很小,如图 6.17 所示。

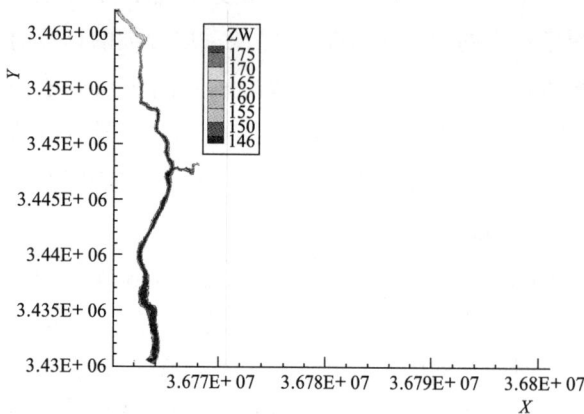

图 6.16 计算水位平面分布

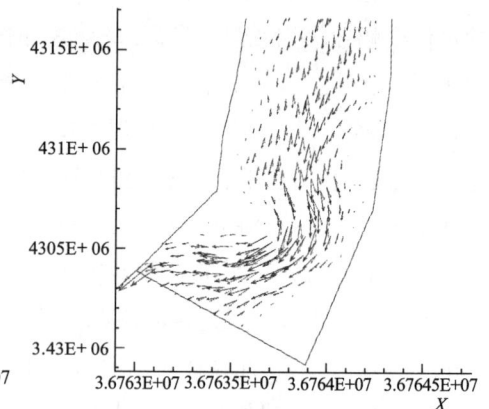

图 6.17　河口附近的计算流场图

(→为表层,→为底层)

2007 年 9 月三峡蓄水期的 3 维水动力模拟计算的香溪库湾内某些测点处的水位变化如图 6.18 和图 6.19 所示,处于回水区范围内的平邑口、秭归处的水位变化与三峡蓄水位变化同步,并且距进口较近的平邑口处水位与秭归处的水位相差较小,与第 3 章的平面 2 维模型的计算结果相同。

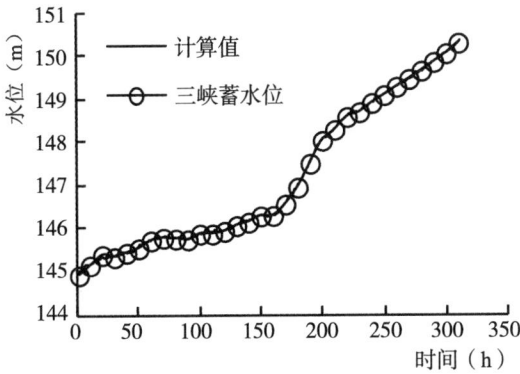

图 6.18　平邑口水位变化过程

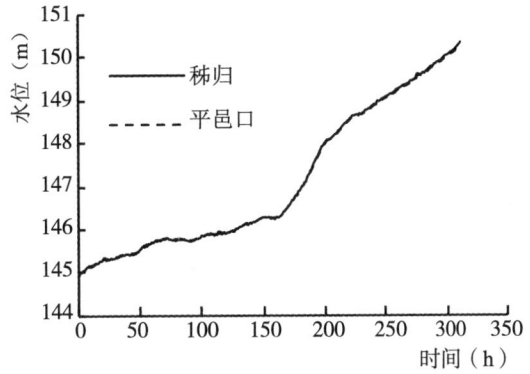

图 6.19　秭归计算水位变化过程

三峡水库蓄水时长江干流水体将大量倒灌入香溪河(见图 6.20),而三峡水库泄水时香溪河口表层水流向下流动,如图 6.21(a)所示,但底部仍有水体缓慢倒灌入香溪河,如图 6.21(b)所示,水流条件较为复杂。表层水流流速明显大于底部,但均远小于 0.01m/s,处于准静止状态,水体的复杂流动将影响对污染物的输移。

3 维水动力模拟中采用 Mellor-Yamada 双方程紊流模型来封闭微分方程组,Mellor-Yamada 双方程模型可以计算水流的紊动动能 k 和紊动混掺长度 l,本文将通过紊流模型的计算来研究在三峡蓄水后香溪库湾内的水体紊动掺混特性。如图 6.22 所示,计算结果表明:位于香溪上游的平邑口处的水体的紊动动能在水深方向上较小,均不超过 1.0×10^{-7} m^2/s^2,几乎为静止水体,而紊动导致的混掺长度在水面和水底部位较大,可达到 0.1m,而在水体中层接近零,说明三峡蓄水导致香溪库湾水体紊动及混掺减弱,不利于污染物的扩散净化等,将为水藻的大量繁殖提供有利的水动力条件。

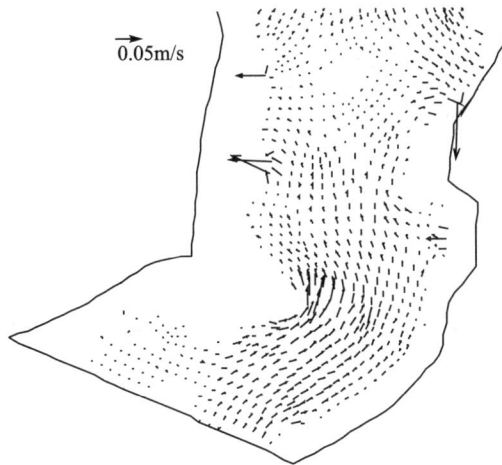

图 6.20　蓄水时河口附近计算流场(表层)

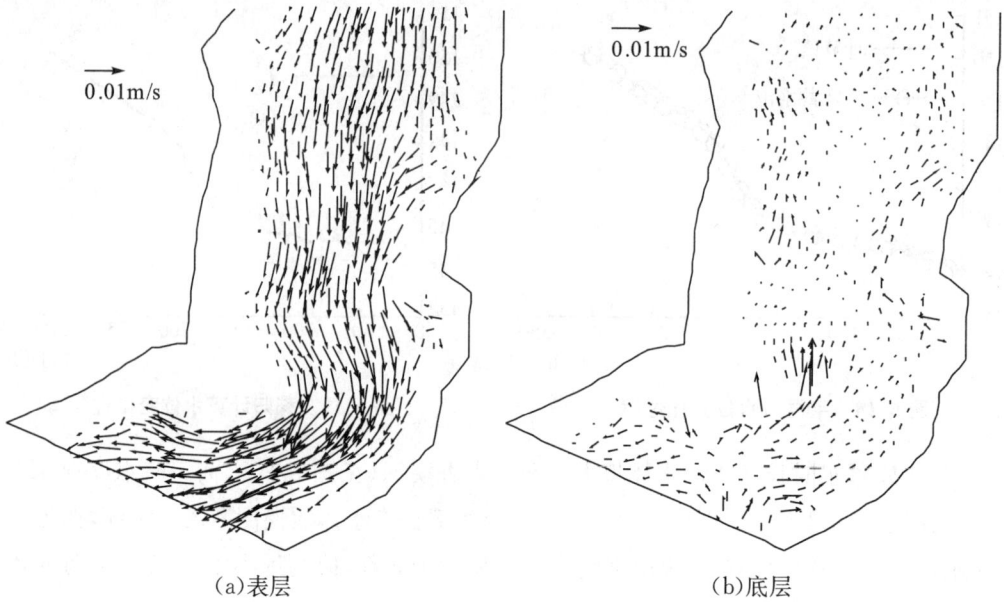

(a)表层   (b)底层

图 6.21 泄水时河口附近计算流场

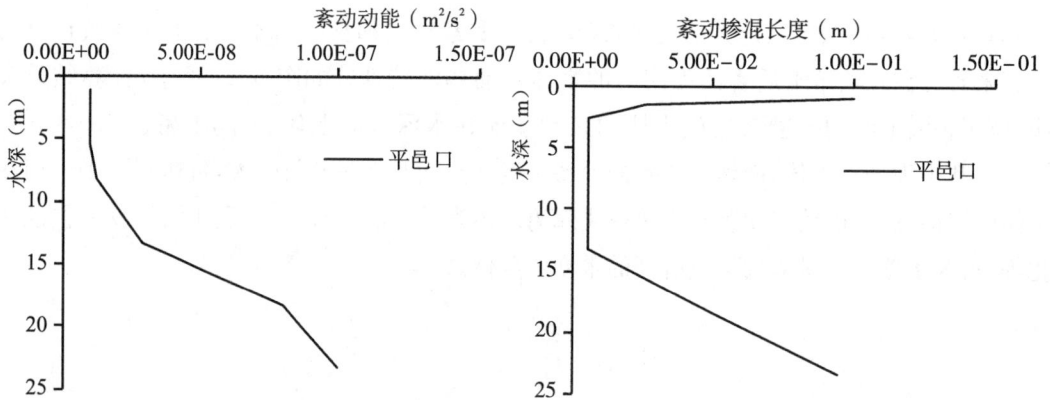

图 6.22　紊动动能和紊动掺混计算值(峡口镇测点)

如图 6.23 所示,香溪上游至下游的 4 个测点(平邑口、峡口镇、贾家店和秭归)处的计算流速沿水深方向的分布表明,平邑口处的流速(0.01m/s)较下游要大,而下游河段的流速均低于 0.01m/s,并且有些测点的计算表层流速大于底层流速(如平邑口、峡口和贾家店),而秭归处的表层流速低于底层流速,此现象可能由于倒灌异重流导致(纪道斌等,2009)。

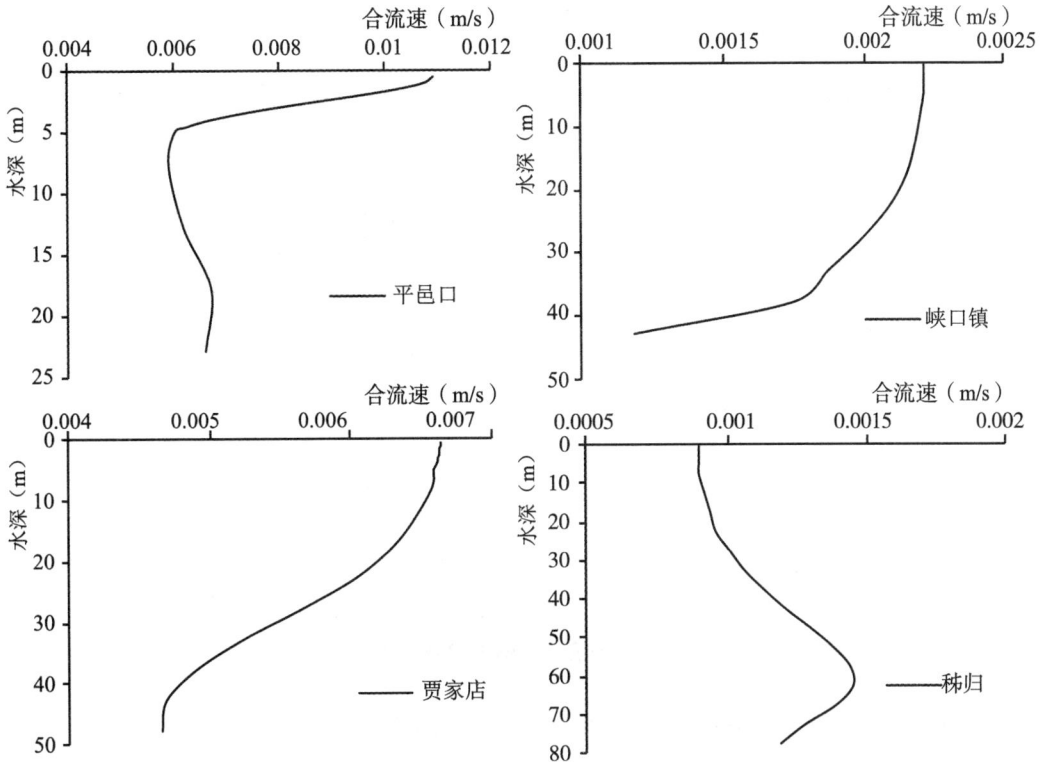

图6.23 计算流速的垂向分布

6.4 香溪河粒子轨迹跟踪模型介绍

6.4.1 控制方程

将采用拉格朗日法的粒子跟踪技术来研究颗粒污染物在香溪库湾内的扩散轨迹。模型是基于 ELcirc 模型生成的水动力流场驱动拉格朗日粒子运动,模拟 2007 年 9 月三峡蓄水期间香溪库湾内污染物的运动情况。粒子在每一计算时间步内移动的位置由式(6.2)～式(6.4)计算:

$$X(t+\delta t) = X(t) + u\delta t + R_x \sqrt{2K_h\delta t} \tag{6.2}$$

$$Y(t+\delta t) = Y(t) + v\delta t + R_y \sqrt{2K_h\delta t} \tag{6.3}$$

$$Z(t+\delta t) = Z(t) + w\delta t + R_z \sqrt{2K_v\delta t} + \delta t \frac{\partial K_v}{\partial Z} \tag{6.4}$$

式中,(X,Y,Z) 是粒子在新、旧时刻的空间位置,(u,v,w) 是水动力模型计算得到的 3 维流速(m/s),K_h,K_v 为水平和垂向扩散系数(m^2/s),同 3 维水动力模型中的紊动扩散系数,(R_x,R_y,R_z) 为均匀分布的随机数,范围在 -1～$+1$ 之间。粒子从扩散度高的位置向扩散度低的位置移动。

6.4.2　粒子轨迹跟踪计算

如图 6.24 所示,为一颗粒子在网格单元中运动轨迹的 2 维示意图,其中假设粒子在单元 E1 中由轨迹 1 运动至轨迹 3,至单元 E4 中的轨迹 4,至单元 E5 中的轨迹 5。

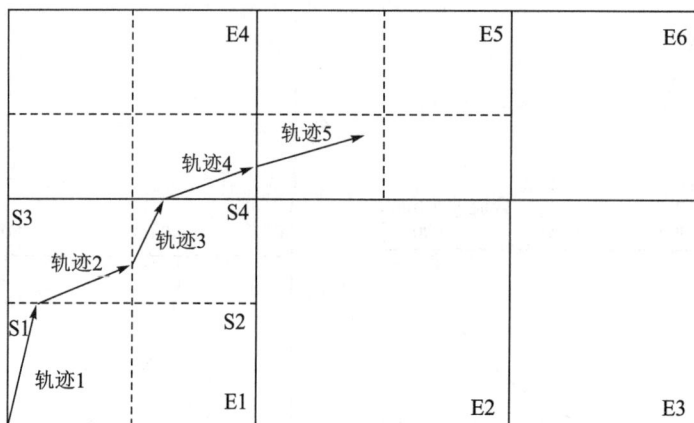

图 6.24　粒子运动轨迹 2 维示意图

粒子跟踪的整个过程包括(Cheng H. P. et al.,1996):

(1)开始进行粒子的跟踪计算

不管释放多少颗粒子,都能分别独立地进行每颗粒子的跟踪模拟。

(2)确定粒子开始运动的第一个单元 M

考虑网格单元间的几何关系,可以判定在计算流场下粒子是否穿过网格单元。如果粒子处于计算边界上或以外区域以及粒子速度方向指向计算区域外方向,即判定此粒子成为不动的"死粒子",否则总可以在相邻的网格单元中搜索到此粒子的位置。

(3)将计算单元 M 细分为若干子单元 NM

在细分过程中,将产生 NM 个计算子单元和 NPM 个计算节点。子单元节点处的坐标和计算流速值均由单元 M 节点上的坐标值和流速值插值得到。计算子单元和计算节点间的连接关系也由计算得出。2 维单元中 NM 和 NPM 根据式(6.5)或式(6.6)计算:

四边形单元:

$$NW = NXW \times NYW$$
$$NPW = (NXW+1) \times (NYW+1) \tag{6.5}$$

三角形单元:

$$NW = NXW \times NYW$$
$$NPW = (NXW+1) \times (NYW+2)/2 \tag{6.6}$$

式中,NXW、NYW 分别为 X 和 Y 方向的细分个数。

（4）确定粒子开始运动的第一个子单元 MW

计算方法同第 2 步。

（5）计算子单元 MW 中的粒子跟踪轨迹

计算子单元中的粒子跟踪轨迹需要进行以下两个步骤：①确定计算子单元中粒子结束运动的边，计算思路同第 2 步中的方法；②确定单元边上结束粒子的位置。基本思路为：根据粒子结束运动位置点周围的单元节点的坐标值和流速值插值得出。因此，需要计算插值参数，插值参数根据线性的速度—位移关系计算，插值计算可采用单流速计算法（粒子起始运动时刻的流速）或双流速计算法（取粒子运动起始和结束时刻流速的平均值）。两种方法均可采用 Newton-Raphson 法求解插值参数。此计算步中需要作 2 个判定：

判定 1：是否达到设定的跟踪时间？

对于在子单元 MW 中的粒子，通过比较设定的跟踪时间（跟踪计算的时间步长）和已进行的跟踪计算耗时的长短来判定。如果已达到设定的粒子跟踪时间，则粒子即已到达单元的边上（如图 6.24 中轨迹 1 和轨迹 2 的终点）。否则，一个单元内的粒子跟踪计算将继续进行。

判定 2：粒子是否会穿过单元 M 的其他边？

可以通过检验：①最新计算步的粒子终点是否位于单元 M 的边上；②如果粒子位于单元 M 的边上，此时粒子的速度方向是否指向离开单元 M 的方向。如果粒子继续在单元 M 内移动（如图 6.24 中轨迹 1 和轨迹 2 的终点），则需要确定粒子移动的下一个子单元，否则下一跟踪计算步将在相邻的单元 M 中进行（如图 6.24 中轨迹 3 的终点）。

（6）确定下一个粒子移动穿过的单元 MW1

第 5 步计算确定的粒子运动结束点成为下一时刻粒子运动的起始点。下一时间步粒子运动到达的单元可采用第 4 步中的方法通过计算子单元与新的运动起始点的连接关系确定。如图 6.24 所示，子单元 S4 的粒子轨迹 3 是由子单元 S3 的粒子轨迹 2 确定。

（7）令 MW＝MW1

更新计算子单元以继续粒子轨迹跟踪计算。

（8）确定粒子运动穿过的下一个单元 M1

与第 6 步计算基本相同，除了计算中的粒子是位于计算单元间的界面上和搜索下一个运动穿过的单元，而不是在子单元中进行运动轨迹计算。

（9）令 M＝M1

更新计算单元以继续粒子轨迹跟踪计算。

（10）结束粒子跟踪计算

由于水动力模型中采用的时间步长比较大，粒子跟踪模型使用的时间步长要将水动力模型的时间步长分解为多个子步以防止由于时间步长过大而造成粒子的下一时刻的计算位置超出计算区域范围导致计算失败的问题。粒子在新旧时刻位置的搜索采用 3 维空间位置搜索算法进行,较为复杂,具体介绍见 6.4.3 节。基于欧拉网格计算流场驱动的拉格朗日粒子跟踪模型的大致计算流程如图 6.25 所示。

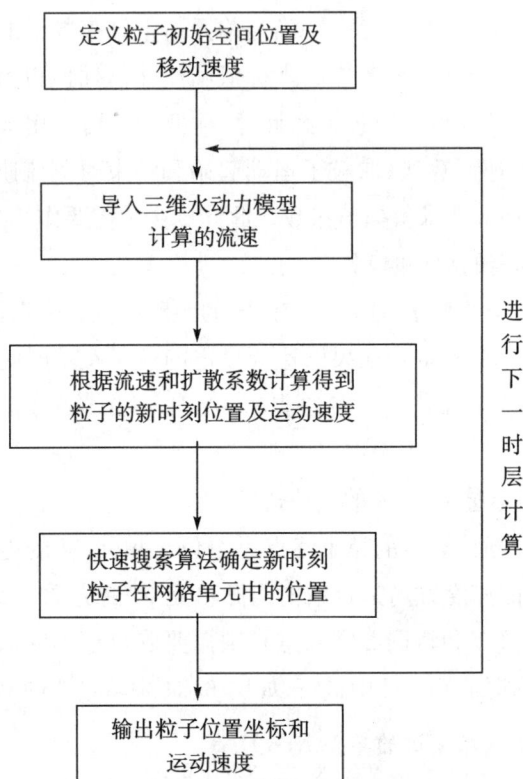

图 6.25　粒子跟踪模型计算流程图

6.4.3　粒子运动位置搜索算法

拉格朗日粒子跟踪模型的核心是模拟粒子的运动轨迹和运动历时,粒子在计算时间层的开始和结束时的空间位置对计算精度至关重要,因此粒子的 3 维空间位置定位及搜索成为粒子跟踪模型的核心算法。下面介绍 2 维和 3 维空间下在三角形和四边形单元中的粒子跟踪运动轨迹和运动历时的计算算法(Suk H. J. and Yeh G. T., 2009),随后(Suk Heejun and Gour-TsyhYeh,2010)又将以上算法拓展到任意形式网格单元或单元体中(如四面体、六面体、八面体等)。在 2 维空间中粒子运动位移和运动历时根据线性速度—位置关系,式(6.2)和式(6.3)可写为式(6.7)~式(6.9)形式:

$$\Delta x = x_q - x_p = \Delta t \cdot V_x \tag{6.7}$$

$$\Delta y = y_q - y_p = \Delta t^* \cdot V_y \tag{6.8}$$

$$\Delta t^* = \frac{\sqrt{(x_q - x_p)^2 + (y_q - y_p)^2}}{\sqrt{V_x^2 + V_y^2}} \tag{6.9}$$

式中，$(\Delta x, \Delta y)$ 为粒子运动位移；(x_p, y_p) 为粒子运动起点 p 的坐标；(x_q, y_q) 为粒子运动终点 q 的坐标；(V_x, V_y) 为粒子运动速度；$\Delta t^* = t^* - t^n$ 为粒子由起点 p 运动至终点 q 的历时，其中 t^n 为粒子运动起始时间，t^* 为粒子到达终点 q 的时间，如图 6.26 所示。式(6.10) 定义线性时间插值因子 θ 来计算时间 t^*：

$$\theta = \frac{t^* - t^n}{t^{n+1} - t^n} = \frac{\Delta t^*}{\Delta t} \tag{6.10}$$

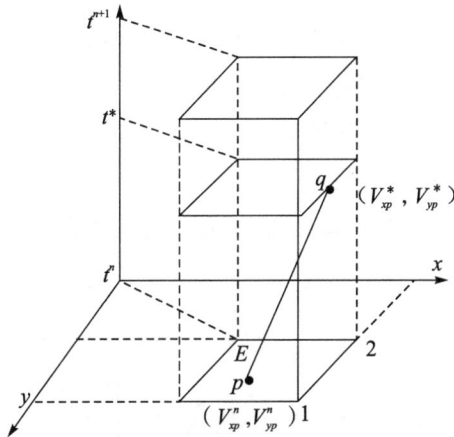

图 6.26 粒子轨迹 3 维示意图

式中，Δt 为设定的跟踪计算时间步。因为 $\Delta t^* > 0$，线性时间插值因子 $\theta > 0$。

对于 2 维粒子跟踪，如图 6.27 所示。假设粒子运动穿过单元边，终点 q 所在边的两个端点 1 和 2，终点 q 的坐标采用式(6.11)和式(6.12)的线性空间插值因子 ξ 计算：

$$x_q = \xi x_1 + (1 - \xi) x_2 \tag{6.11}$$

$$y_q = \xi y_1 + (1 - \xi) y_2 \tag{6.12}$$

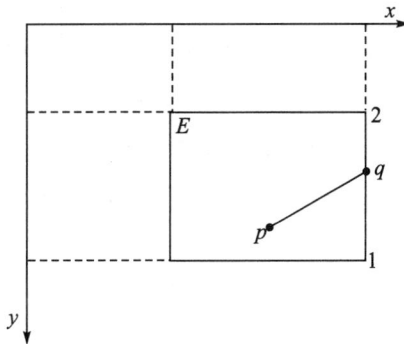

图 6.27 粒子轨迹 2 维示意图

式中，(x_1,y_1) 和 (x_2,y_2) 分别为端点 1 和 2 的坐标位置；ξ 为定位 q 点位置的线性空间插值因子，$0 \leqslant \xi \leqslant 1$。

将式(6.9)代入式(6.7)和式(6.8)，考虑 ξ 和 θ 之间的显式函数关系，粒子运动速度可表示为 θ 的函数，式(6.7)和式(6.8)可分别转化为如下 x 和 y 方向目标函数的形式：

$$F(\theta) = \left[x_q(\theta) - x_p\right] \sqrt{V_x(\theta)^2 + V_y(\theta)^2} - \sqrt{\left[x_q(\theta) - x_p\right]^2 + \left[y_q(\theta) - y_p\right]^2} \cdot V_x(\theta) = 0$$
$$(6.13)$$

$$G(\theta) = \left[y_q(\theta) - y_p\right] \sqrt{V_x(\theta)^2 + V_y(\theta)^2} - \sqrt{\left[x_q(\theta) - x_p\right]^2 + \left[y_q(\theta) - y_p\right]^2} \cdot V_y(\theta) = 0$$
$$(6.14)$$

式中，$F(\theta)$ 和 $G(\theta)$ 分别为 x 和 y 方向的目标函数，仅为 θ 的函数。

式(6.13)和式(6.14)中的 x_p 和 y_p 为已知量，而 $[x_q(\theta), y_q(\theta)]$ 和 $[V_x(\theta), V_y(\theta)]$ 为未知量，且仅为 θ 的函数。因此，线性时间插值因子 θ 可采用 Newton-Raphson 法求解式(6.13)和式(6.14)得到，求解公式推导如下：

式(6.7)~式(6.9)的粒子跟踪运动速度可以由粒子起始点 p 和终点 q 的流速平均求得：

$$V_x = \frac{1}{2}(V_{xp}^n + V_{xq}^*) \tag{6.15}$$

$$V_y = \frac{1}{2}(V_{yp}^n + V_{yq}^*) \tag{6.16}$$

式中，(V_{xp}^n, V_{yp}^n) 为在时刻 t^n 在起始点位置的粒子运动速度。起始运动速度 (V_{xp}^n, V_{yp}^n) 可由 p 点周围节点流速双线性空间插值得到。终点运动速度 (V_{xq}^*, V_{yq}^*) 表示在终点 q 处 t^* 时刻的粒子运动速度，是未知量。粒子终点位于断面为 1 和 2 的单元边上（见图 6.27），(V_{xq}^*, V_{yq}^*) 可由线性空间插值因子 ξ 表述为式(6.17)和式(6.18)：

$$V_{xq}^* = \xi V_{x1}^* + (1-\xi)V_{x2}^* \tag{6.17}$$

$$V_{yq}^* = \xi V_{y1}^* + (1-\xi)V_{y2}^* \tag{6.18}$$

式(6.17)和式(6.18)中：

$$V_{x1}^* = \theta V_{x1}^{n+1} + (1-\theta)V_{x1}^n, \quad V_{y1}^* = \theta V_{y1}^{n+1} + (1-\theta)V_{y1}^n \tag{6.19}$$

$$V_{x2}^* = \theta V_{x2}^{n+1} + (1-\theta)V_{x2}^n, \quad V_{y2}^* = \theta V_{y2}^{n+1} + (1-\theta)V_{y2}^n \tag{6.20}$$

式中，(V_{x1}^*, V_{y1}^*) 和 (V_{x2}^*, V_{y2}^*) 分别为端点 1 和 2 处在时刻 t^* 的粒子速度；$(V_{x1}^{n+1}, V_{y1}^{n+1})$ 和 $(V_{x2}^{n+1}, V_{y2}^{n+1})$ 分别为两个端点在新时层 t^{n+1} 的粒子速度；(V_{x1}^n, V_{y1}^n) 和 (V_{x2}^n, V_{y2}^n) 分别为两个端点处在旧时层 t^n 的粒子速度。

为确定 ξ 和 θ 的函数关系需要做如下公式推导：

(1)将式(6.7)和式(6.8)代入式(6.11)，可得：

$$\xi = \frac{x_2 - x_p - \Delta t^* \cdot V_x}{x_2 - x_1} \tag{6.21}$$

$$\xi = \frac{y_2 - y_p - \Delta t^* \cdot V_y}{y_2 - y_1} \tag{6.22}$$

（2）将式（6.15）～式（6.18）代入式（6.21）和式（6.22），式（6.21）和式（6.22）可写为如下形式：

$$\xi = \frac{x_2 - x_p - \Delta t^* \cdot \frac{1}{2}(V_{xp}^n + \xi V_{x1}^* + (1-\xi)V_{x2}^*)}{x_2 - x_1} \tag{6.23}$$

$$\xi = \frac{y_2 - y_p - \Delta t^* \cdot \frac{1}{2}(V_{yp}^n + \xi V_{y1}^* + (1-\xi)V_{y2}^*)}{y_2 - y_1} \tag{6.24}$$

（3）将式（6.19）和式（6.20）代入式（6.23）和式（6.24），式（6.23）和式（6.24）可写为如下形式：

$$\xi = \frac{x_2 - x_p - \Delta t^* \cdot \frac{1}{2}\{V_{xp}^n + \xi[\theta V_{x1}^{n+1} + (1-\theta)V_{x1}^n] + (1-\xi)[\theta V_{x2}^{n+1} + (1-\theta)V_{x2}^n]\}}{x_2 - x_1} \tag{6.25}$$

$$\xi = \frac{y_2 - y_p - \Delta t^* \cdot \frac{1}{2}\{V_{yp}^n + \xi[\theta V_{y1}^{n+1} + (1-\theta)V_{y1}^n] + (1-\xi)[\theta V_{y2}^{n+1} + (1-\theta)V_{y2}^n]\}}{y_2 - y_1} \tag{6.26}$$

（4）最后，将式（6.9）代入式（6.25）和式（6.26），整理可得：

$$\xi(x_2 - x_1) = x_2 - x_p - \frac{\theta \Delta t V_{xp}^n}{2} - \frac{\theta^2 \Delta t V_{x2}^{n+1}}{2} - \frac{\theta \Delta t V_{x2}^n}{2} + \frac{\theta^2 \Delta t V_{x2}^n}{2}$$
$$- \xi\left(\frac{\theta^2 \Delta t V_{x1}^{n+1}}{2} + \frac{\theta \Delta t V_{x1}^n}{2} - \frac{\theta^2 \Delta t V_{x1}^n}{2} - \frac{\theta^2 \Delta t V_{x2}^{n+1}}{2} - \frac{\theta \Delta t V_{x2}^n}{2} + \frac{\theta^2 \Delta t V_{x2}^n}{2}\right) \tag{6.27}$$

$$\xi(y_2 - y_1) = y_2 - y_p - \frac{\theta \Delta t V_{yp}^n}{2} - \frac{\theta^2 \Delta t V_{y2}^{n+1}}{2} - \frac{\theta \Delta t V_{y2}^n}{2} + \frac{\theta^2 \Delta t V_{y2}^n}{2} - \xi\left(\frac{\theta^2 \Delta t V_{y1}^{n+1}}{2}\right.$$
$$\left. + \frac{\theta \Delta t V_{y1}^n}{2} - \frac{\theta^2 \Delta t V_{y1}^n}{2} - \frac{\theta^2 \Delta t V_{y2}^{n+1}}{2} - \frac{\theta \Delta t V_{y2}^n}{2} + \frac{\theta^2 \Delta t V_{y2}^n}{2}\right) \tag{6.28}$$

（5）将式（6.27）和式（6.28）中的 ξ 项进行合并，ξ 表示为 θ 的函数，式（6.27）和式（6.28）变成式（6.29）和式（6.30）：

$$\xi(\theta) = \frac{2(x_2 - x_p) - \theta \Delta t V_{xp}^n - \theta^2 \Delta t V_{x2}^{n+1} - \theta(1-\theta)\Delta t V_{x2}^n}{2(y_2 - y_1) + \theta^2 \Delta t(V_{x1}^{n+1} - V_{x2}^{n+1}) + \theta(1-\theta)\Delta t(V_{x1}^n - V_{x2}^n)} \tag{6.29}$$

$$\xi(\theta) = \frac{2(y_2 - y_p) - \theta \Delta t V_{yp}^n - \theta^2 \Delta t V_{y2}^{n+1} - \theta(1-\theta)\Delta t V_{y2}^n}{2(y_2 - y_1) + \theta^2 \Delta t(V_{y1}^{n+1} - V_{y2}^{n+1}) + \theta(1-\theta)\Delta t(V_{y1}^n - V_{y2}^n)} \tag{6.30}$$

线性空间插值因子 $\xi(\theta)$ 可以用线性时间插值因子 θ 来定义，同样，$[x_q(\theta), y_q(\theta)]$、$[V_x(\theta), V_y(\theta)]$ 和 $[V_{xq}^*(\theta), V_{yq}^*(\theta)]$ 也可以由式（6.11）、式（6.12）、式（6.15）～式（6.18）分别定义为 θ 的函数。

与 2 维粒子跟踪模拟计算的数学推导过程相似,3 维粒子跟踪同样是基于位移—速度的线性关系式推导,x、y 和 z 方向的关系式为式(6.31)～式(6.33):

$$\Delta x = x_q - x_p = \Delta t^* \cdot V_x \tag{6.31}$$

$$\Delta y = y_q - y_p = \Delta t^* \cdot V_y \tag{6.32}$$

$$\Delta z = z_q - z_p = \Delta t^* \cdot V_z \tag{6.33}$$

$$\Delta t^* = \frac{\sqrt{(x_q - x_p)^2 + (y_q - y_p)^2 + (z_q - z_p)^2}}{\sqrt{V_x^2 + V_y^2 + V_z^2}} \tag{6.34}$$

假设 3 维粒子跟踪计算是在四边形单元中进行,粒子运动终点位于四边形单元的边上,x_q、y_q 和 z_q 可定义为式(6.35)～式(6.37):

$$x_q = \sum_{i=1}^{4} x_i N_i(\varepsilon, \eta) \tag{6.35}$$

$$y_q = \sum_{i=1}^{4} y_i N_i(\varepsilon, \eta) \tag{6.36}$$

$$z_q = \sum_{i=1}^{4} z_i N_i(\varepsilon, \eta) \tag{6.37}$$

式中,ε、η 为局部空间坐标;基函数 $N_i(\varepsilon, \eta)$ 可由下式计算:

$$N_1 = \frac{1}{4}(1-\varepsilon)(1-\eta) \tag{6.38}$$

$$N_2 = \frac{1}{4}(1+\varepsilon)(1-\eta) \tag{6.39}$$

$$N_3 = \frac{1}{4}(1+\varepsilon)(1+\eta) \tag{6.40}$$

$$N_4 = \frac{1}{4}(1-\varepsilon)(1+\eta) \tag{6.41}$$

在 3 维粒子跟踪计算中,粒子将通过单元体的面,而 2 维情况下是单元的一条边,因此粒子在每一步到达时刻 t^* 的粒子速度可表示为:

$$V_{xq}^* = \sum_{i=1}^{4} V_{xi}^* N_i(\varepsilon, \eta) \tag{6.42}$$

$$V_{yq}^* = \sum_{i=1}^{4} V_{yi}^* N_i(\varepsilon, \eta) \tag{6.43}$$

$$V_{zq}^* = \sum_{i=1}^{4} V_{zi}^* N_i(\varepsilon, \eta) \tag{6.44}$$

将式(6.10)、式(6.14)、式(6.15)、式(6.35)、式(6.38)～式(6.41)、式(6.42)代入式(6.31),可得:

$$\left(\frac{x_1 + x_2 + x_3 + x_4 - 4x_p}{4}\right) + \left(\frac{-x_1 + x_2 + x_3 - x_4}{4}\right)\varepsilon + \left(\frac{-x_1 - x_2 + x_3 - x_4}{4}\right)\eta$$

$$+ \left(\frac{x_1 - x_2 + x_3 - x_4}{4}\right)\varepsilon\eta = \frac{1}{2}\theta\Delta t\left(\frac{4V_{xp}^n + V_{x1}^* + V_{x2}^* + V_{x3}^* + V_{x4}^*}{4}\right)$$

$$+ \frac{1}{2}\theta\Delta t(\frac{-V_{x1}^* + V_{x2}^* + V_{x3}^* - V_{x4}^*}{4})\varepsilon + \frac{1}{2}\theta\Delta t(\frac{-V_{x1}^* - V_{x2}^* + V_{x3}^* + V_{x4}^*}{4})\eta$$

$$+ \frac{1}{2}\theta\Delta t(\frac{V_{x1}^* - V_{x2}^* + V_{x3}^* - V_{x4}^*}{4})\varepsilon\eta \tag{6.45}$$

将式(6.45)中的 V_{xi}^* 用式(6.19)和式(6.20)代替,按 ε、η 和 θ 的顺序将式(6.45)重新整理可得:

$$F(\varepsilon,\eta,\theta) = A_1 + A_2\varepsilon + A_3\eta + A_4\varepsilon\eta + A_5\theta + A_6\theta^2 + A_7\theta\varepsilon$$

$$+ A_8\theta\eta + A_9\theta\varepsilon\eta + A_{10}\theta^2\varepsilon + A_{11}\theta^2\eta + A_{12}\theta^2\varepsilon\eta = 0 \tag{6.46}$$

其中,

$$A_1 = (x_1 + x_2 + x_3 + x_4) - 4x_p \tag{6.47}$$

$$A_2 = (-x_1 + x_2 + x_3 - x_4) \tag{6.48}$$

$$A_3 = (-x_1 - x_2 + x_3 + x_4) \tag{6.49}$$

$$A_4 = (x_1 - x_2 + x_3 - x_4) \tag{6.50}$$

$$A_5 = -\frac{1}{2}\Delta t[4V_{xp}^n + (V_{x1}^n + V_{x2}^n + V_{x3}^n + V_{x4}^n)] \tag{6.51}$$

$$A_6 = -\frac{1}{2}\Delta t[(V_{x1}^{n+1} - V_{x1}^n) + (V_{x2}^{n+1} - V_{x2}^n) + (V_{x3}^{n+1} - V_{x3}^n) + (V_{x4}^{n+1} - V_{x4}^n)] \tag{6.52}$$

$$A_7 = -\frac{1}{2}\Delta t[-V_{x1}^n + V_{x2}^n + V_{x3}^n - V_{x4}^n] \tag{6.53}$$

$$A_8 = -\frac{1}{2}\Delta t[-V_{x1}^n - V_{x2}^n + V_{x3}^n + V_{x4}^n] \tag{6.54}$$

$$A_9 = -\frac{1}{2}\Delta t[V_{x1}^n - V_{x2}^n + V_{x3}^n - V_{x4}^n] \tag{6.55}$$

$$A_{10} = -\frac{1}{2}\Delta t[-(V_{x1}^{n+1} - V_{x1}^n) + (V_{x2}^{n+1} - V_{x2}^n) + (V_{x3}^{n+1} - V_{x3}^n) - (V_{x4}^{n+1} - V_{x4}^n)] \tag{6.56}$$

$$A_{11} = -\frac{1}{2}\Delta t[-(V_{x1}^{n+1} - V_{x1}^n) - (V_{x2}^{n+1} - V_{x2}^n) + (V_{x3}^{n+1} - V_{x3}^n) + (V_{x4}^{n+1} - V_{x4}^n)] \tag{6.57}$$

$$A_{12} = -\frac{1}{2}\Delta t[(V_{x1}^{n+1} - V_{x1}^n) - (V_{x2}^{n+1} - V_{x2}^n) + (V_{x3}^{n+1} - V_{x3}^n) - (V_{x4}^{n+1} - V_{x4}^n)] \tag{6.58}$$

式(6.46)中所有的 A_i 值均已知,式(6.46)是 ε、η 和 θ 的非线性函数。与推导出 x 方向的目标函数过程相似,可由式(6.32)~式(6.34)推导出 y 和 z 方向的目标函数。可采用 Newton-Raphson 法求解目标函数得到 ε、η 和 θ。

得到 θ 值后就可以求出粒子运动终点位置和移动速度,由式(6.10)可以求得跟踪耗时 Δt^*。如果 $\Delta t^* < \Delta t$,粒子将继续运动,直到粒子到达计算区域边界或设定的跟踪计算时间。当 $\Delta t^* > \Delta t$ 时,终点 q 处的粒子坐标由式(6.59)~式(6.61)计算,并作为下一时层的跟踪计算起始点,此后不断地循环计算。

$$x_q^r = x_p + (x_q - x_p)\frac{\Delta t}{\Delta t^*} \tag{6.59}$$

$$y_q^r = y_p + (y_q - y_p) \frac{\Delta t}{\Delta t^*} \tag{6.60}$$

$$z_q^r = y_p + (z_q - z_p) \frac{\Delta t}{\Delta t^*} \tag{6.61}$$

式中,(x_q^r, y_q^r, z_q^r)为采用计算得到的(x_q, y_q, z_q)和Δt^*重新计算得出的粒子运动终点位置坐标。

6.5 粒子跟踪模型的验证

本章将利用 Chang 连续弯道水槽试验(Chang Y. C.,1971)的 3 维水动力欧拉场模拟计算框架下进行拉格朗日粒子跟踪模型的验证计算。在弯道水槽的进口处释放 5 个中性粒子对其运动轨迹进行跟踪模拟,粒子在 3 维水流模拟计算稳定后即刻释放。需要定义 5 个粒子的初始空间位置坐标,粒子的 XY 坐标可以采用非结构网格节点坐标来定义,也可以自定义但需保证粒子处于水流计算区域当中,粒子的 Z 坐标值表示距离水面的距离,例如 $Z=-0.01$ 表示粒子位于水面以下 0.01m 处,Chang 弯道水槽的粒子跟踪计算中的粒子初始位置是自定义的;粒子的初始速度可以设置为猜测值,也可以不定义,模型当中粒子的运动速度是根据 ELcirc 模型计算的 3 维流速值计算值得出,初始计算参数设置如表 6.1 所示。

表 6.1 粒子跟踪计算初始参数设置

粒子编号	粒子释放时刻	粒子初始位置(XYZ坐标)			粒子初始速度(UVW)		
		X	Y	Z	U	V	W
1	0.0	99.852	102.610	0.0	−99	−99	−99
2	0.0	100.129	102.336	−0.01	−99	−99	−99
3	0.0	100.410	102.064	−0.05	−99	−99	−99
4	0.0	100.689	101.788	−0.08	−99	−99	−99
5	0.0	100.962	101.511	0.0	−99	−99	−99

如图 6.29 所示,在水槽进口处粒子释放后经过一段时间后,粒子随水流运动至水槽出口,当不考虑水流紊动的随机扩散作用时,如图 6.29(a)所示,粒子的运动取决于 3 维流场的驱动,运动轨迹是规则光滑的曲线,当考虑水流紊动的随机扩散作用后,粒子的运动轨迹不再光滑,在弯道处可以反映出弯道水流输移的特点,在水体表面附近横向上粒子有从凸岸游移至凹岸的趋势,如图 6.29(b)所示,可见,考虑对流扩散作用的拉格朗日轨迹跟踪模型与基于欧拉场的非结构网格水质模型同样可以模拟出弯道水槽输移的一些水力学特性。

本文采用的粒子跟踪模型是 3 维模型,不仅可以模拟粒子在水平空间的运动,也可以模拟在垂向上的运动,如图 6.30 所示,5 颗粒子经过水流的输移后,接近水面的粒子有向水底运动的趋势,模型可以反映出 3 维空间的水流对流扩散对粒子的输移作用。

计算表明,粒子从释放到到达水槽出口约需要120s,与基于非结构网格欧拉场模拟计算得出的污染物传播至整个水槽达到饱和状态的经历时间大致相同,说明基于拉格朗日法计算结果是可靠的。

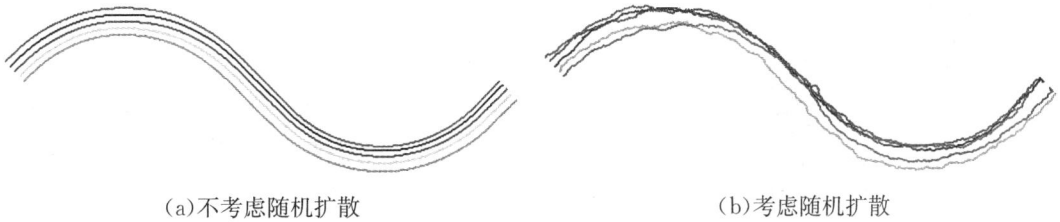

（a)不考虑随机扩散　　　　　　　　　　　　（b)考虑随机扩散

图 6.29　弯道水槽内的粒子运动轨迹

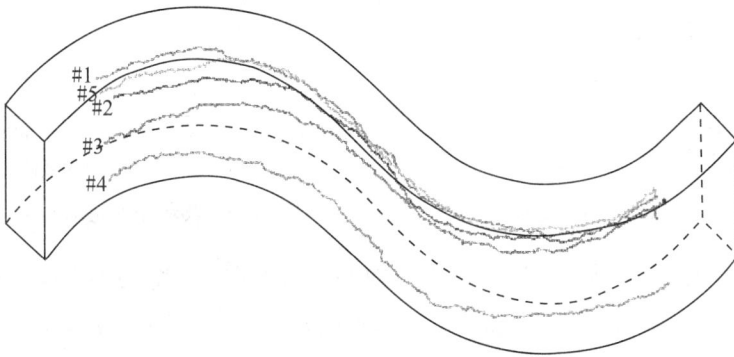

图 6.30　粒子 3 维运动轨迹图

6.6　粒子跟踪模型在香溪河的应用

6.6.1　秋季三峡蓄水期香溪的粒子跟踪模拟

本文将上述经过水槽试验初步验证的粒子运动轨迹跟踪模型应用于香溪河在 2007 年秋季三峡蓄水期间库湾内的污染物运动的模拟。粒子的初始位置位于贾家店至秭归的香溪河下游河段,共释放 2228 颗中性粒子,布置方式是采用非结构网格节点坐标来定义粒子的初始平面位置,如图 6.31 所示,图中的红色线代表 3 维流场模拟计算采用的非结构网格线,黑色点表示粒子的平面初始位置,由于香溪库湾的水流紊动掺混较弱,并且库湾水深变化较大,本文不进行粒子在垂向上的轨迹跟踪计算,因此粒子的垂向位置定义在水面处。

如图 6.32 所示,跟踪香溪库湾内释放的某一颗粒子在运动 200h 后的运动轨迹,可见不考虑紊动扩散时粒子的运动轨迹几乎为一条直线,考虑紊动扩散后粒子的运动轨迹较不考虑紊动扩散时的运动轨迹有所偏离,说明香溪库湾内的水体紊动扩散作用相当微弱。并且在历时 200h 后,粒子在横向上的运动距离不到 400m,粒子的横向运动方向与河势相关,粒子沿河道方向的运动距离不到 600m,平均运动速度约 0.0007m/s,且向上游方向运动,表明在三峡蓄水的情况下,水体向库湾上游倒灌将导致污染物无法排出库湾,并且上游来流的污染物向下游搬运而下游的污染物也有向上游输移的趋势,也将导致污染物在香溪河中游位置累加而浓度不断增大。

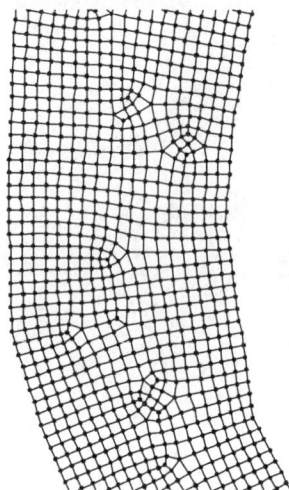

图 6.31 初始粒子布点位置示意图

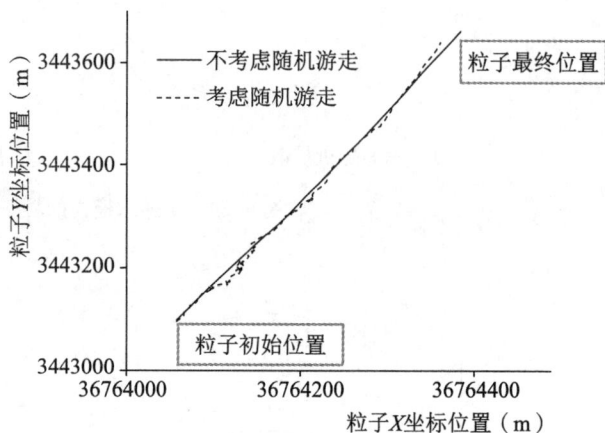

图 6.32 某粒子的运动轨迹

如图 6.33 和图 6.34 所示,在香溪河贾家店至秭归河段释放 2228 颗粒子后,大群的粒子向上游运动,考虑紊流随机扩散和不考虑紊流随机扩散,粒子的运动状况没有明显差别,说明水流的紊动扩散作用在污染物的运动中不起明显作用。约 200h 内上游的粒子仅从贾家店位置运动到峡口镇附近,运动距离约 600m,边岸处由于流速较河道中间位置的小,因此边岸处的粒子有滞留现象,如 2007-10-8 的粒子位置分布图。

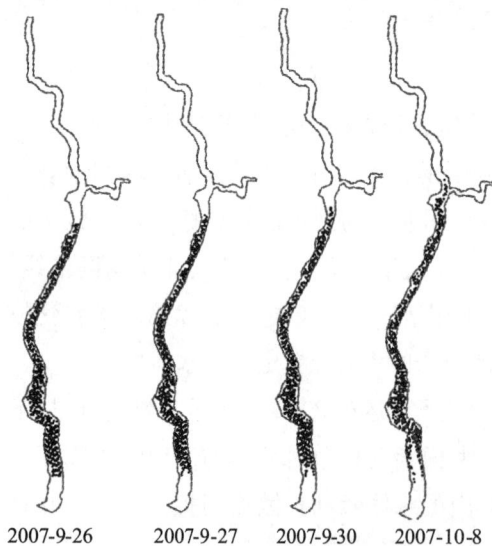

2007-9-26   2007-9-27   2007-9-30   2007-10-8

图 6.33 香溪库湾内的污染物输移运动
（不考虑随机扩散）

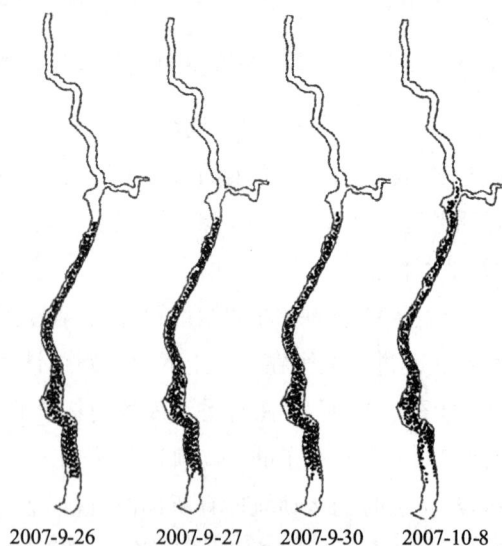

2007-9-26   2007-9-27   2007-9-30   2007-10-8

图 6.34 香溪库湾内的污染物输移运动
（考虑随机扩散）

6.6.2 夏季汛期三峡蓄水位下香溪的粒子跟踪模拟

在进入夏季汛期三峡水库蓄水位约保持在 145m 左右不变,这时长江干流水体对香溪库湾的倒灌影响微弱,香溪内的水流可以留出库湾。本文将采用 2007 年 9—10 月的兴山水文站的实测流量过程作为进口边界条件,香溪出口水位设为 145m 不变,采用 ELcirc 水动力模型、Lagrange 粒子跟踪模型和 Euler 污染物输移模型来模拟 2007-9-25—10-8 期间香溪河道的污染物输移特性。

维持恒定的出口水位后,香溪河的水流不断向下游流动,但仍然受到三峡水库回水的影响。如图 6.35 所示,在平邑口附近的水流流速变化明显,平邑口附近上游河段在回水影响范围外,流速可达 0.1m/s,而以下河段流速降低较大,在 0.002~0.1m/s。

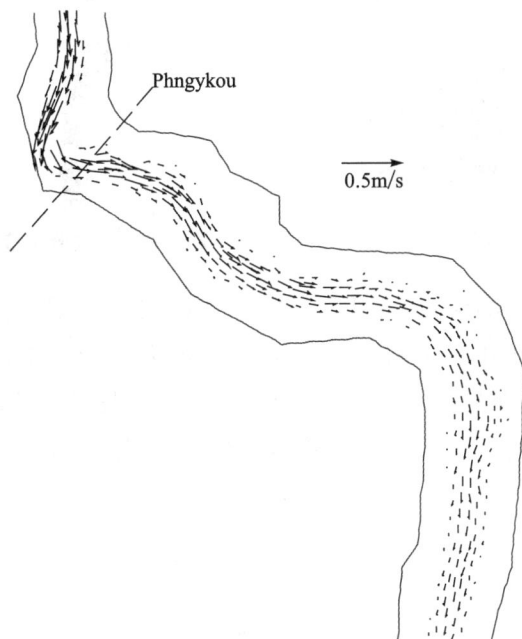

图 6.35 平邑口局部流场矢量图

在平邑口附近河段释放 4611 颗粒子,基于 ELcirc 模型计算得到的流场模拟粒子群的运动轨迹,并与欧拉法污染物输移模型的模拟效果进行对比。污染物输移模型的初始浓度条件为:在与释放粒子相同河段设置初始浓度为 1.0mg/L 的污染物分布,其他河段背景浓度为 0.0mg/L。拉格朗日法的粒子初始位置分布和欧拉场法的污染物浓度初始分布分别如图 6.36 和图 6.37 所示。

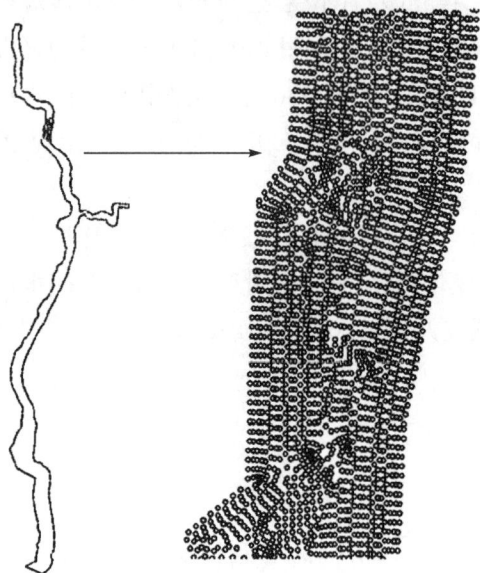

图 6.36　粒子初始位置分布

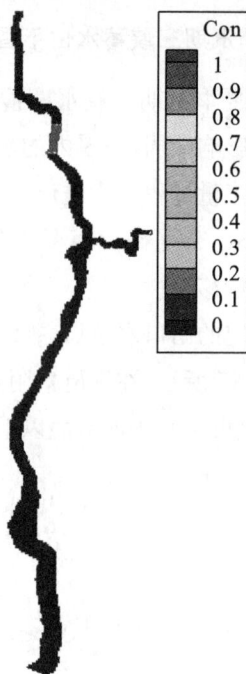

图 6.37　污染物浓度初始分布(单位:mg/L)

如图 6.38 所示,模拟了从上游至下游方向不同位置的 4 个粒子的运动轨迹。不同部位的粒子运动受到不同大小和方向的流场的影响结果也不同。图 6.38(a)的粒子在 312h 的历时内运动的距离最远,横向和纵向运动幅度均达到 2km;而图 6.38(b)的粒子位于平邑口附近水流条件变化复杂的河段,随机运动轨迹也较为复杂;图 6.38(c)和图 6.38(d)的粒子均沿河势向下游运动,但受回水顶托作用移动距离均较小。

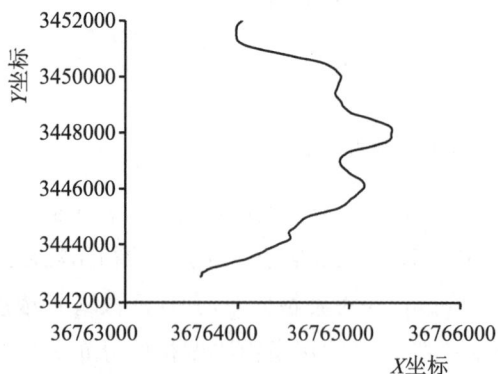

(a)

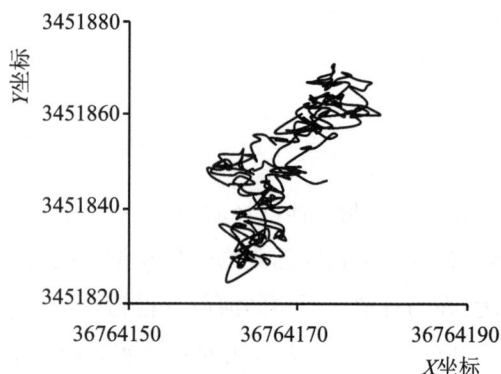

(b)

（c）

（d）

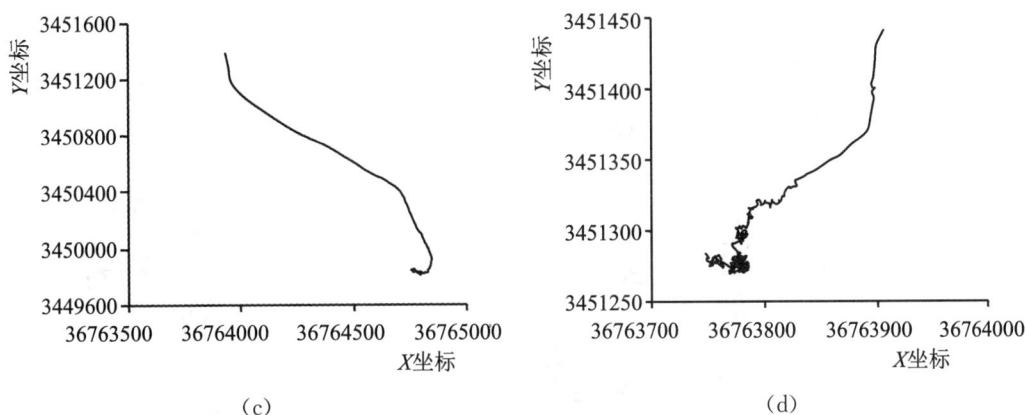

图 6.38　粒子运动轨迹跟踪

由于初始设置的粒子中有些位于没有水流流动的干地形中,有些位于水流计算区域中,因此在跟踪计算开始后,其中的一部分粒子将被认为是"死粒子"而不被计算,而计算过程中由于水流干湿边界变化及边岸的滞留作用,跟踪计算的粒子个数不断地变化。如图 6.39 所示,在 13 天的模拟期内跟踪粒子个数从约 2280 个下降至约 1700 个。

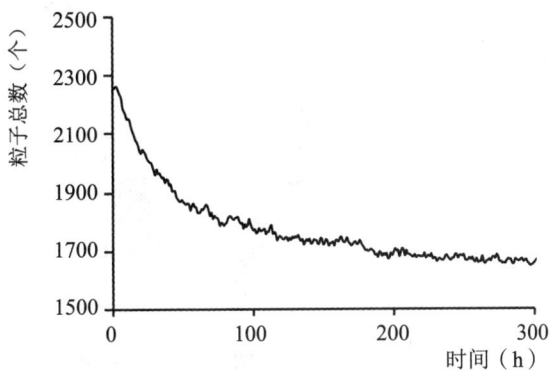

图 6.39　运动粒子个数变化

如图 6.40 所示,分别比较了经过 100h、200h 和 310h 后拉格朗日粒子跟踪法和欧拉场的污染物输移模拟的结果。可以看出:两种方法的模拟结果相似,并且由于河流中间部位的紊动比边岸处要大,而边岸附近的流速较小,粒子在接近边岸处有滞留现象,而欧拉场法的污染物浓度计算分布也表明边岸的浓度较河道中间部位的要高,说明两种方法的模拟结果合理。由于香溪河下游流速极小,在模拟期结束时(310h 后)粒子和污染物浓度达到官庄坪附近而几乎不向下游传输,说明三峡蓄水对香溪库湾的污染物输移和分布均造成明显影响。

由以上模拟分析可见:基于拉格朗日法的粒子跟踪模型和基于欧拉场法的污染物浓度输移模型均有其优势,粒子跟踪法可以研究污染物的运动路径和历时,可提供单个粒子和粒子群的运动信息,而欧拉场法可以给出污染物浓度场的分布信息,两种方法结合应用为研究自然河流中污染物的运动研究提供思路。

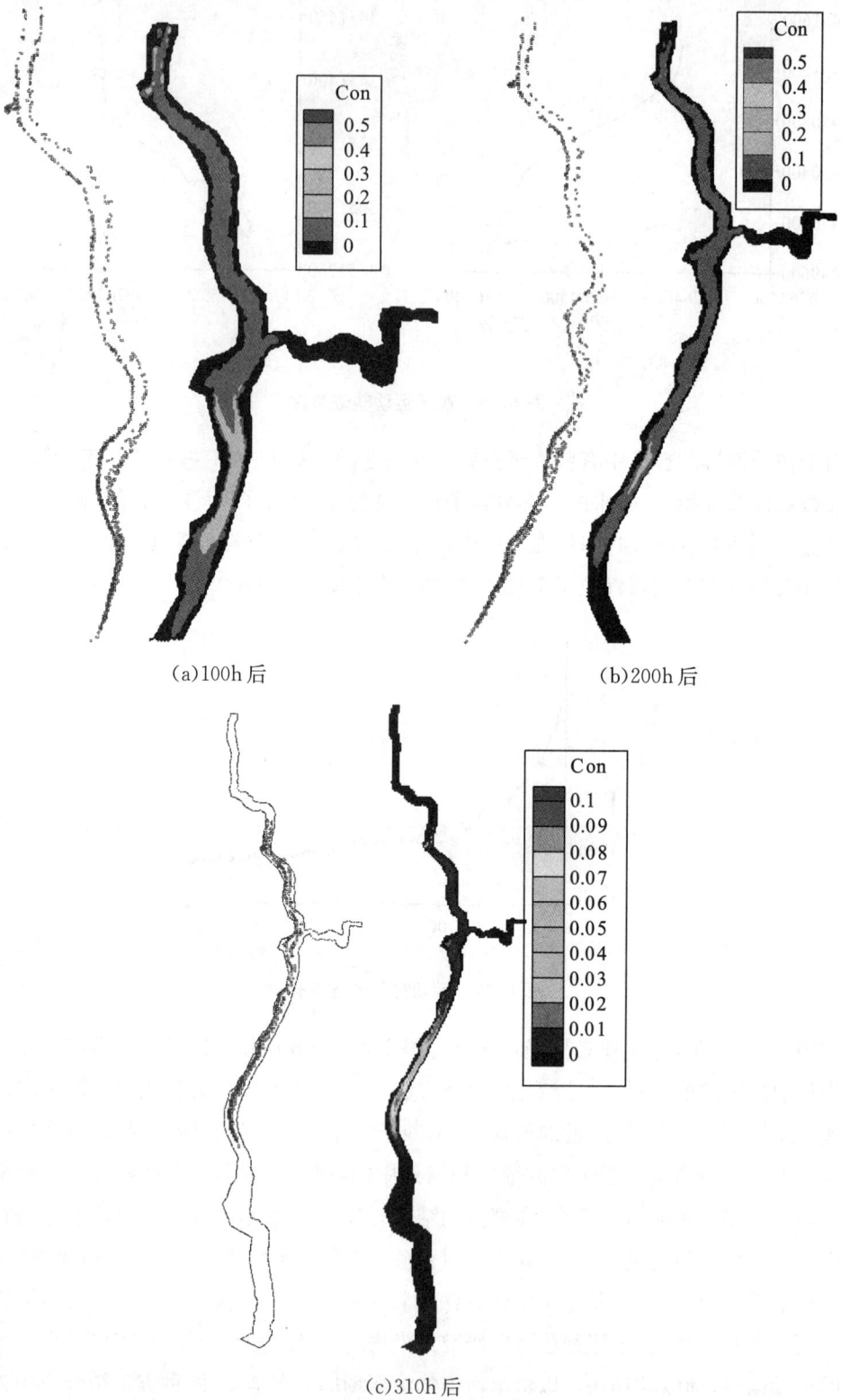

(a)100h后

(b)200h后

(c)310h后

图 6.40 拉格朗日法(左)和欧拉法(右)模拟污染物输移对比图

7 河流系统演变数学模型研究进展

本书最后对近几十年研究人员开展的河流系统演变数学模型研究进行综述,对未来的数学模型研发进行展望(Marco et al.,2011)。河流系统演变数学模型包括水文模型、洪水淹没模型、河床演变模型、河网模型、蜿蜒河道和辫状河道演变模型、冲积河流底层分层模型和地貌演变模型,这些模型的时间尺度悬殊很大,从几十年到数万年,且不同模型模拟河流系统对环境变化(如气候或土地使用类型变化)反馈的信息不同。每种模型均有其功能、优势和限制。本文综述了这些模型近年的发展、不足和问题,包括模型计算的时空尺度和分辨率、数据可获取性、表征的物理过程及物理参数、模型率定和验证、非线性及不确定性。最后,指出河流系统模拟方法的研究趋势。

7.1 河流系统演变的模拟研究

河流是陆地上地貌演变最为活跃的地质单元之一。河流通过水流的搬运、侵蚀和沉积等作用塑造、破坏或改变着与之相邻的陆地表面形态。短期的河流地貌演变过程,诸如河岸崩塌或泥沙输移和沉积,将塑造出各种不同形态的河流地貌,如弯道取直、江心洲、牛轭湖或河滩阶地等。

河流系统演变过程的速率、幅度和频率在很大程度上受到下垫面物理特性的影响,如泥沙或岩石、气候条件或土地利用等。因此,环境因素的任何变化都可能影响河流系统演变或冲积河流地貌。例如,较大强度的降雨将引起山坡上泥沙高强度的侵蚀输移,继而引起河道中高浓度泥沙输移,继而可能将蜿蜒型河道转化为辫状河道,然而这些输移的泥沙又将沉积形成冲积河流底层的分层结构,可将其看作是历史环境变化过程的记录。因此,准确掌握河流系统演变过程或规律将对了解过去发生的环境变化具有重要的研究意义。

现场观测的研究方法有一些缺陷。首先,河流系统(或流域)的演变具有较大的时空分布差异性,若要全面了解过去环境变化下整个河流演变历史则需要对整个河谷进行全3维的分析,实际上这几乎不可能实现,即使目前已有了一些新的研究手段,如雷达、遥感等。其次,即使可实现河流的3维分析,由于河流剧烈的冲淤过程也将部分或全部破坏(侧向侵蚀或垂向侵蚀)以往已沉积形成的河流地质结构,也难以再现过去发生的环境变化过程。另外,由于河流系统的独特性、时空差异性和引起地貌演变的环境因子变化的不可重复性,难以实现具有普遍物理意义的现场观测研究结论。然而,物理模型和数学模型可在很大程度上弥补现场观测研究方法的不足。

可操控的室内物理模型实验可获得环境因子变化引起的河流地貌演变信息,但其功能也是有限的。物理模型实验采用的时空比尺具有很多不确定性。即使时空比尺可充分地进行缩小,实验也将受到初始条件或外部控制参数的影响而变得很复杂。

数学模型提供了研究河流系统的另外一种方法。数学模型的基本思想就是建立可控的虚拟世界来描述和再现现实的河流系统(Darby et al.,2003)。另外,该虚拟世界是可分析的且完全无人为干扰。因此,可采用数学模型再现或检验已发生的环境变化引起的动力学过程的假设,或则通过不同的情景(工况)计算预测未来的环境变化(如土地利用方式变化、气候变化和人类活动干扰等)的影响。但是,数学模型将现实世界转化为虚拟世界的过程也存在很多困难之处(Darby et al.,2003)。

7.2 数学模型分类

在过去的几十年内已有多种不同类型的数学模型研发,可模拟河流系统不同方面的演变行为。可按照不同的分类方法对其分类,如按模拟技术分有基于过程、黑箱子和优化模型,按数学方法分有统计、解析和数值模型,按计算方法分有元胞自动机、有限差分、有限体积和有限单元模型等。还可按模型的模拟对象对其进行分类。根据环境变化对河流系统的影响模拟内容,也可将数学模型分为水流模型(模拟通过流域或河道的水流通量)和地貌演变模型(模拟地形或地貌的演变情况)两大类。前者如水文模型、洪水淹没模型等,后者如河床演变模型、层序分层模型、蜿蜒或辫状河道演变模型、河网模型和地貌演变模型。下面对以上提到的各种模型进行概括,分析各自的模拟功能。

7.2.1 水文模型

水文模型和降雨径流模型是模拟水流在流域内分布、流动和滞留的数学模型。这类模型本质上是将时空分布的降雨转化为流域出口的径流过程。一般水文模型的输出结果就是流域内一点或多个点的水文时间序列过程。这些输出的水文过程与输入数据(如降雨量)有关,用于描述流域系统的水文输送特性。因此,水文模型可以模拟目前情况下或人工合成的气候和土地利用条件下的洪水或干旱的发生频率、幅度和持续时间。

但是水文模型在模拟长时段内流域对环境变化的响应方面存在两个主要缺陷。一是水文模型不模拟泥沙通量,因此不能描述流域的地貌演变动力过程,即默认假设在模拟期间流域地貌恒定不变,在很多种情况下该假设不成立,因为地貌演变过程会引起地形较大的改变(如河道侵蚀和扩宽、河道类型改变、支流河网合并等),特别是在更长的时间尺度模拟情况下(如数世纪或数百万年),该问题将更为突出。流域地形变化将改变流域的水文特性,使的水文模拟结果无意义。二是关于水文模型的率定和验证问题。用于率定和验证水文模型的流量记录数据只在一定时期内的才能获取,更长时间的流量只能通过洪水痕迹地质学调查。然而水文模型仍然是地貌演变研究的重要部分,因为水文模型可研究水流、地貌演变过程和植被情况等的相互作用机理。因此,在模拟河流系统对环境变化的响应时可应用流域水文模型。

7.2.2 洪水淹没模型

洪水淹没模型可模拟某一暴雨或溃坝事件导致的洪水时空淹没范围变化。该类模型主要是用于评估一定量级洪水的淹没风险或重现期,一般仅计算一段河道或较小区域。采用一定的数值方法近似求解描述流体基本物理特性(如质量和动量守恒)的 N-S 方程获取流场。最常用的是 1 维洪水波模型,1 维模型是求解一系列河道断面上的洪水淹没深度,洪水淹没范围只能通过由连续断面上的计算水位插值并结合切割的数字地形模型(DTM)得到。2 维和 3 维模型中流场和水深分布是在覆盖河道或洪泛区的网格单元和节点上计算得到,淹没范围直接由流场计算得出。洪水流动时的流场非常复杂,受到河道地形和洪泛区地形的明显影响,因此模型需要细致处理干湿单元动态变化。

应用洪水淹没模型研究环境变化问题的能力很有限。理论上,该类模型可以模拟环境变化影响和特殊气候变化下的洪水淹没风险和淹没的未来工况,但实际上,洪水淹没模型较少模拟泥沙通量和地形演变阻碍了该方向研究,因为在模拟期间河道和洪泛区地形均处于变化当中。一种方法是将洪水淹没模型与地形演变模型耦合求解(近年的研究前沿)。

7.2.3 河床演变模型

河床演变模型可模拟河道中的泥沙输移通量和地形演变过程,模型的空间尺度一般只模拟某一段河道或更小尺度的河段(如单个弯道或汇口)。该类模型重点研究河道中的水流和河床形态演变(如沙纹、沙波、沙丘等),近年也发展了考虑河道横向调整的数学模型,可模拟河岸崩塌和河宽调整及漫滩泥沙输移通量和洪泛区地形演变。类似于洪水淹没模型,河床演变模型在求解表征水流质量和动量守恒的 N-S 方程获得流场的基础上,计算泥沙的起动、输移和沉积,然后一般采用经验公式计算河床变形。由于河道边界变化会影响流场,需要耦合计算流场和河道地形演变,因此需要频繁计算水流情况,使得该类模型的计算量很大,河道演变模型的研究时空尺度相对较小。

河床演变模型一般应用于水利工程涉及领域,也逐渐被应用到地貌学领域,但目前由于该类模型需要大量数据输入以及较长时间尺度研究时的计算量巨大,导致其还不能应用于环境变化研究,如果能减小计算耗时(结合并行化技术),将使该类模型可应用于未来趋势模拟研究。

7.2.4 冲积地层学模型

冲积河流地层学模型也称之为层序地层学模型,用于模拟冲积型河流随时间推移河道垂向上的泥沙沉积分层过程。通过泥沙的冲刷和淤积模拟,重构不同地质年代的 3 维空间发育的地质分层序列。层序地层学模型从 20 世纪 70 年代发展到 21 世纪已变得明显复杂。

该类模型可模拟的空间尺度范围很广,从单个的河道弯道,较大范围的河道连续弯道到整个流域。根据模型中分层单元的计算方法,可将该类模型分为结构模拟型和过程模拟型。结构模拟法是通过不断重复更替不同冲积结构(沙洲、漫滩淤积、溃口扩展)的位置来模拟洪泛区的发展,发生时间点及空间位置、各分层结构的几何形状和大小均随机确定,该类模型一般用于复演已确定的地貌形态。过程模拟法是模拟影响相应结构(泥沙输移、河道分汊)

发育的主要物理过程,因此该方法更真实地模拟了泥沙沉积结构的形成过程。尽管物理过程模拟法主要是确定性计算,但也包含部分随机模块(如河道分汊的发生时间和位置),但该类模型不是用于复演已确定的地貌形态,可以用于理解冲积河流系统的分层结构演化过程。近年的研究是试图融合以上两类模型的优点形成混合形式的分层学模型。

分层学模型的主要功能是用于模拟河床以下分层面的各项异性演变、含水层的透水性及探明地下石油存在的可能性等。然而,基于物理过程模拟的分层学模型也可用于研究环境变化对冲积河流结构的影响,可通过一系列的工况模拟来探明冲积河流地貌对不同气候情景和环境因子变化的敏感性。但是,分层学模型中对物理过程的大量简化可能无法提供关于冲积河流演变的很多细节信息,如分层学模型中的河道几何形态往往是描述性的,而不是水沙相互作用的结果。另外,地质分层学模型中的随机模块使得模拟结果不具有可重复性,造成不同的地形模拟结果到底是由环境变化引起的,还是模型的随机特性引起的。

7.2.5　河道蜿蜒演变模型

河道蜿蜒演变模型可模拟单一河道在数百万年的时间尺度上的平面摆动过程。模型计算的基本思路是首先模拟河道流场,然后计算得到河道迁移速率,在推导出简单的河岸侵蚀机理。河道蜿蜒演变模型中一般采用考虑二次环流效应的 1 维线性水动力模型,近年来也采用了非线性的 2 维、3 维模型。所有模型中河岸侵蚀后退均是基于水流流速和采用经验侵蚀系数的河道曲率来计算,且均假设河道宽度均一,因此弯道内凸岸与凹岸的侵蚀速率相同,即河道的侧向摆动直接等于凹岸侵蚀率。更复杂的模型的基本思路与上述相同,但河道蜿蜒模型是在洪泛区内进行,因此该种模型中蜿蜒河道调整可在侧向(河道迁移)和垂向(下切和沉积)上同时进行,可模拟出新的沙洲沉积体和牛轭湖。另外,此类模型还采用沿河道漫滩方向泥沙沉积率衰减的形式模拟泥沙漫滩沉积过程。

更复杂的河道蜿蜒演变模型可用于研究蜿蜒河道的平面摆动及垂向上沉积过程,构建 3 维空间的地质分层结构,但该类模型也存在以下几点不足:一是仅能模拟单一河道演变,而天然河流一般存在多个江心洲或在蜿蜒河流与辫状河流之间波动。二是该类模型一般假设河道宽度固定,实际上河流在平面及垂向上均有变化。三是假设弯道凸岸处的泥沙沉积率与凹岸的侵蚀率相等,这在天然情况下极少见,实际情况一般是凹岸侵蚀率大于凸岸沉积率。

7.2.6　辫状河道演变模型

由于辫状河流的动力演变机理复杂以及探明地下含水层和燃料库,大量开展了辫状河流的研究。最初采用随机游走模型生成统计学意义上的辫状河流发育模式,但该类模型没有物理意义且为静态,因此不能说明辫状河道动态的迁移本质性机理。Murray and Paola(1994)发展了一个描述辫状河流的细胞元模型,可简单模拟水流在网格单元上的"流路",根据流量确定河床冲淤。该类模型中迭代求解不同区域的流场,改变地形和细胞单元高程,产生不同冲淤模式。水沙相互作用生成辫状河道模式、迁移和演变,具有一定的合理性,该项研究的重要意义在于阐明了可通过水流与泥沙输移之间的简单相互作用,可在侧向上无约束的环境下生成复杂的辫状河道形态。

数学模型模拟结果与水槽实验结果的对比发现,尽管辫状模式是真实存在的,但上述模型不能精确计算"河道"中的水流的水深与流速。然而细胞元模型模拟辫状河流系统的行为方向具有一定的研究价值。随后有研究人员开发了更复杂的辫状河道细胞元模型,模型中改进了水流流路算法,以及研究了植被情况对辫状河道演变的影响(Murray and Paola, 2003)。耦合河道蜿蜒演变模型与辫状河道演变模型将为研究环境变化下的冲积河流演变过程提供有力的研究手段,然而,目前的河道蜿蜒演变模型仅限于单一河道,而辫状河道演变模型也不能模拟出河道的蜿蜒形态,但Coulthard et al.(2006)指出在细胞元模型中耦合上述两种模型是可能的。

7.2.7　河网发育模型

河网发育模型可模拟流域内河网系统模式的发育过程。有三种河网发育模型:随机游走模型、优化河网模型和地貌发育模型。

随机游走模型产生于20世纪60年代(Leopold and Langbein, 1962),通过在流域面上不同节点处布置随机的水流方向生成河网,虽然可以生成与自然河网相似的河网形态,但基于拓补法的计算过程无法提供任何关于河网生成的内在机理信息。因此又开发了优化河网模型,此类模型通过侵蚀计算建立流域河网,侵蚀计算不能直接复演物理过程,仅采用一些最大或最小优化方法定义流域的某些物理特性,如最小能量耗散、最小河流功率、最小熵、最大摩阻或最大泥沙输移能力等。优化模型的物理机理尚不清楚,能生成统计意义和分形特征上与实际河网类似的水系,但除了能反映水系河网的拓补结构外,不能给出陆地地貌信息。另外,优化模型仅能给出最终的平衡状态的水系模式,不能用于研究处于非平衡态下的河网系统发育过程以及对某一暴雨事件或长期环境变化响应下的河网演变。

7.2.8　地貌演变模型

地貌演变模型(LEM)是基于物理过程的模型,其试图复演形成一定地貌形态的主要物理过程。该类模型模拟了水文过程、泥沙冲积过程和山坡形成过程,有时也考虑了其他物理过程(如冰川、黄土和地壳运动等)。LEM模型的空间尺度一般在$10\sim1000\text{km}^2$的整个流域(Willgoose et al., 1991),也可扩展应用于较小的子流域。时间尺度根据研究问题的性质从几十年到数百万年不等。

LEM模型通过计算流域DEM上的水流流路和根据流域侵蚀及坡面冲刷过程改变网格单元高程的方法模拟地貌演变,一般要判别是坡面单元还是河流单元。考虑多种物理过程综合作用下的LEM模拟不仅使得流域地貌对环境变化的响应过程的比较分析成为可能(不同于各物理过程的单独影响计算),而且还能分析各物理过程之间的相互作用及相关的反馈机制。例如坡面侵蚀不仅与整个流域地貌演变有关,还与河流冲淤及河网演变相关,因为坡面是河道泥沙的主要供给源,坡面侵蚀间接影响到山谷沟渠内的泥沙输移动力学过程及储存量。另外,坡面侵蚀过程本身也与河道泥沙输送能力相关。因此,LEM 模型可以实现坡面和沟道的耦合模拟,模拟影响流域地貌演变的物理过程的相互作用。

LEM 模型同样存在一些缺陷。其中主要的问题是协调不同时空尺度的物理过程,如坡面侵蚀与河道泥沙输移的数量级差好几倍。另外,模型中考虑的物理过程越多其不确定性越大,模型的率定和验证则更复杂。由于地貌演变精细模拟的计算量巨大,因此目前 LEM 模型仅能以较粗的网格分辨率运行,而此时不能充分反映出流域地貌的各向异性及河流系统的演变行为。最后,模型的初始条件设置和计算结果验证存在明显的困难,实际研究中 LEM 模拟结果仅能与理论解对比。

近期的研究对以上地貌演变模型的缺陷进行了改进,如 Caesar 模型考虑了很多其他模型没有考虑到的河道演变过程,包括水流分汊、床面粗化及多级配泥沙输移等(Coulthard et al.,2006),另外又考虑了悬移质泥沙输移和侧向侵蚀(Coulthard and Van De Wiel,2006)。为解决空间分辨率问题,也有模型采用自适应可变尺寸的网格的模型,在复杂的河道区域采用较细的网格,而在空间差异性不大的坡面区域采用较粗的网格。Caesar 模型基于规则网格增加网格的空间分辨率,如采用尺寸较小的网格覆盖河道区域,但仅周期性的检查坡面单元的空间演变情况,减小计算量。

7.2.9 讨论与总结

开发的各种数学模型可用于模拟环境变化(包括气候变化、土地利用方式变化和植被变化等)对河流系统演变的影响,通过不同工况(假设不同的初始条件和已知的外部环境驱动因子)的模拟结果对比,可以评估未来环境变化下河流系统演变的趋势。模拟的地貌形态可与当前的地貌进行对比来检验假设情况的真实性。不同类型模型模拟河流系统的功能不同,计算的时空尺度也不同,选择应用模型的类型依赖于研究对象的性质。

7.3 数学模型评价

由以上对各种类型的数学模型的评价可以看出,数学模型为研究环境变化(气候、植被、土地利用等)及河流系统响应的研究提供了有力的手段,但应用这些数学模型之前必须了解各自功能的局限性,方可能正确地运行模拟和理解模拟结果。下面将从时间离散、空间离散、物理过程描述、数据需求、率定和验证、不确定性等 6 个方面对数学模型研究的主要问题进行阐述,前 3 点是数学模型开发的基础问题,关系到如何将现实世界转化为计算机语言描述的虚拟世界,后 3 点是关于数学模型的实际应用的问题,关系到模拟的可实施性和计算结果的可靠性。以上提到的 6 点问题中有些是相互关联的,将在后面的阐述中适时提到。

7.3.1 空间离散

大多数的数学模型是采用包含有固定数目离散点的网格离散物理空间,在网格上计算得到一些物理参数(包括地形高程、水深、流速、泥沙浓度等)的离散值。网格一般为 2 维和 3 维,前者只考虑模拟区域的平面结构,而后者还考虑了垂向结构,也有 2.5 维网格,如 DEM,在散点上记录高程。采用的网格可以是结构网格,也可以是非结构网格,一般来说采用结构网格可较容易地求解控制方程,而非结构网格具有较高的计算效率。

可从空间尺度的层次来看地貌系统:每种地貌系统均由若干个较小的(低层次)系统组成,同时低层次系统是高层次系统的组成部分。地貌系统的数学模型从 3 个空间层次上求解(Darby and Van de Wiel,2003)。最高层次是研究范围(如整个网格离散范围),在这个层次上观察和探讨变化和演变模式,即研究目的。第二个层次即网格离散点和离散单元,在这一层次上求解控制方程,因此是数学模型的核心(描述物理过程)。第三个层次(也是最低层次)是次网格层次,次网格过程的特征长度小于网格尺寸,因此不在模型中求解,而是在网格层次上考虑其累积影响,一般要假设次网格过程时空重现概率假设(不确定性)。

数学模型中离散物理空间时,如划分网格,必须考虑两个问题:尺度和网格分辨率。模型尺度由研究对象的范围决定,而网格分辨率由离散点的密度及描述物理过程的细节层次决定。对于某一特殊问题,模型尺度和网格分辨率的确定取决于研究问题的性质、需要的模拟精度、输入数据的可获取性及硬件计算能力等。

不同类型的模型研究的尺度差异很大,从单个弯道到整个流域。尽管较小尺度的模型适于研究某些特殊问题,但研究环境变化对河流系统的影响研究最好还是采用流域尺度的模型,小尺度的数学模型(如子流域模型或河道模型)不能包括所有的流域地貌演变相关因子,特别是空间分布差异性较大的因子,如泥沙输移。

尽管建议选择的研究尺度是流域模型,然而模型的分辨率选择标准并非单一。网格分辨率对模拟结果有显著影响。有人认为网格分辨率越高,模拟精度即越高,这种想法混淆了精度与细节的概念,很有可能建立一个考虑细节全面但是错误的模型。网格分辨率越高,考虑的物理过程数目和需要的数据输入越多,这也增大了模型的复杂度和不确定性(数据需求和不确定性)。另外,需要的计算资源(计算时间和处理能力)也将随网格分辨率增大呈指数形式增加。因此,选择合适的网格分辨率需要在对控制性物理过程的理解、模型复杂度、数据可获取性和计算资源等方面进行平衡。

7.3.2 时间离散

与空间离散类似,模型计算在时间维上将非恒定过程离散为若干时间步。在每一时间步内进行模型迭代计算,在网格空间上物理参数值发生连续的变化,因此,也要选择合适的时间尺度进行模型计算研究,时间尺度代表模拟的整个时间跨度,而计算时间步长反映计算精度。

数学模型的时间尺度从数天、数周、到数年、数世纪、数百万年不等。时间尺度的选择与研究对象有关,例如模拟某一场次洪水过程,选择数天到数周的时间尺度是合适的,模拟流域地貌演变,则需要选择几十年、数百年甚至数百万年的时间尺度。另一方面,时间步长(时间分辨率)的选择应能捕捉改变地表形态的事件,如洪水事件模拟的时间步长可选择秒,而水文模拟的时间步长可选择天,甚至是年。在一些基于物理过程的模型中,显格式的计算时间步长与网格分辨率是相关的,受到 CFL 条件的限制,即在一个时间步长内通量传播距离不能超过一个网格间距,这个限制避免了数值不稳定性,越密的网格分辨率就需要更小的时间分辨率。

增加时间分辨率(即较小的计算时间步长)将增大时间边界条件数据的需求量(数据需求)和计算量。因此,选择合适的时间分辨率将要在考虑的物理过程层次、可获取的数据和计算资源之间进行平衡。一种有效的平衡以上因素的计算方法是动步长技术,模型可以根据水流计算的限制条件自动进行计算步长的调整,即在流量变化较小时采用较大的时间步长,在流量变化较大时采用较小的时间步长。利用该项技术,计算时间步长可从洪峰流量时的 1s 变化到基流时的 1h。

7.3.3 物理过程描述

建模的重要步骤就是确定模型中应该考虑的物理过程,这一步往往是主观和定性的,部分取决于研究对象的性质、时空尺度和建模者对不同物理过程重要性的评估。建模者必须了解涉及到的物理过程的主次,主要的物理过程是那些在采用的时空尺度和分辨率下对地貌演变起到主要作用的过程,一般情况下,一个模型需要考虑到所有的主要物理过程,次要物理过程即不对地貌演变起到直接的影响,但有可能对主要物理过程有显著影响。几乎还没有研究涉及到影响地貌演变的主要和次要物理过程的分析。在模拟全新世地貌演变时,主要物理过程可能包括地表径流、河道水流、泥沙输移和滑坡等,次要物理过程可能是地下水、植被动态变化和地壳抬升等。是否考虑次要过程取决于建模者的主观选择,或者基于对模型应用的设想。另外,主要或次要物理过程的区别在一定程度上依赖于尺度大小,在某一尺度上被认为是次要的物理过程,而在另一尺度上可能变为主要的物理过程。例如,当模拟1000 年内处于地壳运动缓慢地区的河道演变时,地壳运动将不值得考虑,而模拟超过十万年时则需要考虑。相反地,试图模拟冲积河流在若干世纪内的演变时需考虑床面粗化,而在200 万年的尺度上床面粗化的影响微弱。

描述物理过程的建模方法主要有两种:还原论和简化论。还原论是将尽可能考虑到的主次要物理过程均反映到模型中,认为考虑的物理过程越多将提高模拟结果的真实性。该种方法有两个缺陷:一是总有一些物理过程(如地貌、生态、气象或人类学的)无法考虑周全,这些过程对模拟结果的影响也存在争议;二是考虑的物理过程过多将增加模型的复杂度和模拟结果的不确定性。因此,还原论的建模研发存在争议。简化论则通过尽可能地简化模型来回避上述缺陷,简化论模型的目的在于通过忽略尽可能多的次要物理过程,或者尽可能地合并一些控制方程来保证模型结构简单,同时也保证模拟的真实性。因此,简化论模型没有还原论模型那么严格,但由于简化模型结构简单及计算量小,方便于长时间尺度的模拟,因此在河流系统演变模型(包括地貌演变模型、蜿蜒及辫状河道演变模型和冲积分层模型)中广泛应用。

在确定了相关的物理过程后,需要推导与之相应的数学公式。对于一些物理过程可获得相应的理论公式,但对于大多数的水文模型和地貌演变模型,通常只能获得一些经验关系式(如泥沙起动和输移、河岸侵蚀速率和气候变化等)。对于每种类型的数学模型,数学公式推导过程存在一定差异。对应一定物理过程的数学公式推导需要考虑一个或多个物理参数(如糙率、输沙率和侵蚀系数等),这些参数存在经验值,需要率定。由于参数之间也可能存在相互关系,因此考虑的参数越多,模型预测的不确定性也会增大。

引入过多的物理参数将增大模型的不确定性,是尽可能减少模型考虑到的次要物理过程的主要原因。尽管从概念的角度认为考虑一些次要的物理过程会提高模型的真实性,同时也增大了模拟结果的不确定性。因此,往往在考虑了次要物理过程的综合性模型的好处与模型的复杂度与不确定性之间存在争议。是否有必要扩展数学模型的模块取决于对考虑的物理过程对模型带来的好处及坏处的权衡,诸如不确定性、数据需求及计算量等方面。理想情况下,应该对模型是否考虑了一些次要物理过程进行测试对比,评价这些过程对模型不确定性的影响。

7.3.4　数据需求

所有的数学模型均需要数据输入才能运行,一般需要两种类型的数据输入:初始条件和边界条件(外部驱动条件)。初始条件定义模拟开始时刻物理变量的空间分布(如地形高程、水深、泥沙粒径和糙率等),边界条件定义模拟期间外部施加于河流系统的时空变化过程,如降雨量(流域尺度模型)、入口流量(河道模型)、人类活动干扰下的土地利用变化和地壳抬升等。

数据需求与模型的时空分辨率密切相关。初始条件需要以网格分辨率定义,因此模型的网格分辨率增大,需要定义的初始条件数据也要增加。近年来出现的新技术方便了足够高分辨率初始条件数据的获取,如遥感技术(空中雷达、LiDAR、穿地雷达),可获取当前的高分辨率的地形、土地利用及地下土壤结构。对于河道中的初始条件,数据比较稀少,因为高分辨率的人工采样难以实现,往往只能在一些有限数目的采样点或测量点进行数据测量(如泥沙粒径、土壤侵蚀和河道地形等),然后通过平均、累加、插值等手段获得整个计算网格区域的数值。由于输入数据的空间差异性,很多情况下难以保证数据精度,进行过去环境下的模拟时该问题将更加突出,由于没有过去的 LiDAR 图像等,必须通过保存在当前景观中的地貌形态和泥沙沉积物重构或类推,得到过去的景观状态的初始条件。一些重构方法的空间分辨率很粗糙,带来相当大的不确定性。这些重构方法在古环境模拟研究中的应用又增加了模拟结果的不确定性。

边界条件数据也存在与初始条件相类似的问题。例如在水文模型中，在近期场次或历史场次的降雨数据具有较高的时间分辨率，但空间分辨率却很低（受气象站点布置限制）。而第四纪的气象数据只能通过诸如树木年轮、岩层记录、洞穴堆积物、泥潭沼泽分层记录等重构得到，大多数这样重构的气象数据的时间分辨率很低（年或数十年），远远超过了模型的时间分辨率（一般为小时或更短时间）。长期的气象数据插值来匹配模型需要的时间分辨率数据不能反映出降雨在短期内的变化（受场次暴雨影响）。为此，通常可采用概率或随机模型生成与重构或预测的气象数据相同的日平均、月平均或年平均值的时间变化的降雨形式，但这些统计模型需要做一系列的假设，还不能得到长期实测气象数据的验证。

7.3.5　率定和验证

在应用开发的数学模型之前，一般需要对其进行测试才能使其成为预测或解释性的研究工具，这是为了确保模型的质量，需要对已获取了相应的实测数据的情况进行模拟，将计算值与实测数据进行比较。由于模型有很多个参数，研究者需要调整参数计算值，调试过程一般分两个阶段：率定和验证。率定是应用一组给定的数据对模型参数进行优化的过程，即调整参数使计算值与实测值达到最佳符合程度。中心思想就是这些优化的参数值可应用于其他相似情况，例如，其他不同的流域（河流）或相同流域（河流）不同时间的情况。率定结果的有效性在验证阶段进行检测，采用参数率定后的模型进行另一组计算，计算结果与率定阶段使用的数据相独立的实测数据进行比较。

尽管研究人员经常采用率定验证后的数学模型进行研究，但率定和验证的过程仍然存在争议，主要有三个方面的主要缺陷：

第一个缺陷是不同情况的模拟可能需要不同的参数值，模型验证只能保证参数值对采用的实测数据的可应用性，但不能保证对其他实测数据的可转移应用性。应用于其他情况的模拟验证能证明参数取值的可转移应用性，但一般很少进行这一步的分析计算。

第二个缺陷是优化参数的唯一性假设。但是，可能存在很多组参数值均可获得计算值与实测值相同吻合效果，增加参数数目使该现象出现的可能性增大，导致无法确定该应用哪一组参数值用于模型的验证或应用。多组最优参数还会引起理论分析的问题，如多组优化参数能给出多种物理过程（包括主要和次要的）组合作用复演出真实的地貌状态，但无法确认哪种情况才是真实情况。另外，上述现象也有可能反映出真实的地貌结构形成过程，当前观测到的地貌形态由不同的物理过程或不同的初始条件塑造形成。

第三个缺陷是模型本身的假设会使简单的率定和验证无效或是错误的。模型率定和验证仅是基于一种情况的模拟，往往将模拟误差归结于初始条件或边界条件的误差，而不是模型假设本身的误差。另外，通常在不舍弃当前的模型假设的情况下，向模型添加新的特征或物理过程模块会改善模拟精度。

以上提到的三种模型率定和验证的缺陷已受到一些研究者和模型开发组织的关注，提出了一些解决方案。

然而,由模型的率定和验证过程又会引出另一个问题:应该使用哪种数据和哪种度量用于计算值与实测值之间的比较。主要问题是缺乏实测数据。例如,水文模拟中一般用流量过程评价模拟精度,在流域内的某一点位置,比较观测到的由场次暴雨形成的流量过程与该点模拟的流量过程,但其中已假设要实测流量数据是正确的,另外这也只是检验了水文模型中的某些模块,当用于模拟泥沙输移通量时,将泥沙输移率过程作为度量,因为泥沙输移受到初始条件较大的不确定性和其他物理变量(如土壤深度、湿度和黏性等)的各向异性或之前的变化影响,实测泥沙输移通量也是不可靠的。

7.3.6 不确定性

水文模拟中不确定性是一个最受争议的问题,但在地貌学模拟中关注较少。在工程学领域不确定性是与"误差"相联系的一个概念,是描述观测值与模拟值之间偏离的误差分布的变量。但是在很多非线性模型中,如地貌演变模型(LEM),不可能计算误差(无法获取观测值),从这一角度看,不确定性是指无法计算出模型误差的程度。

模拟研究应包括不确定评估和给出的模拟结果,这一观点在水文模型研究中被广泛采纳。然而,实际上评价不确定性的计算量非常大,一般采用 Monte Carlo 法,需要运行多种工况计算。该方法目前在地貌演变模型研究领域还无法实施,因为运行单次模拟可能需要耗时数周或数月(应用一般配置的个人桌面电脑),但依靠提高计算硬件性能和并行化技术,细化模型中考虑的物理过程和定量化模型的不确定性已提上日程。尽管目前地貌学模拟中还难以定量化不确定性,但存在不确定性的事实需要明确指出。

地貌演变模型中的不确定性来源较多,Haff(1996)将模型的不确定性分为:模型缺陷、物理过程考虑不全、边界条件的外部干扰、缺乏了解初始条件、无法了解的各向异性及对初始条件的敏感性。以上的不确定性部分受建模者的影响,部分固有存在于模型中,无法控制。

模型的物理过程考虑不周和模型缺陷均与建模者的观点相左,但两者的概念完全不同。物理过程考虑不周不确定性是由于数学描述物理过程不完善引入的不确定性,而模型缺陷是建模者对地貌演变过程及其相互作用缺乏了解或数学公式简化引入的。增加模拟过程模块需要增加新的参数和数据需求,而另一方面,简化物理过程模块会使模型简化,但会增加不确定性。因此,尽管建模者对该类不确定性可施加影响,但仍然处于进退两难的境地。另外,是否应该考虑一些物理过程无法事先得知,增加模型的物理过程模块可能会增加模型复杂度、参数数目和数据需求,相比忽略这些物理过程,会引入更大的不确定性。需要做敏感度分析计算,确定增加物理过程模块后引入的不确定性量级。

缺乏对初始条件的了解与数据可获取性直接相关。初始条件一般由稀疏的实测数据点插值得到,或由其他不同流域的类比获得。这显然会引入不确定性,在一定程度上可受人为控制。加密测量数据可减小插值引入的不确定性,但即使实测点数据密度与网格节点数相同也不能完全消除初始条件带来的不确定性,因为测量误差和各向异性仍然存在。每个变量(如植被覆盖、土壤类型及泥沙级配等)的初始条件是由网格节点或单元上的值表征的,而实际上这些变量在次网格量级上的分布仍然是变化的。尽管通过加密计算网格分辨率的方法可降低该种不确定性,但各向异性固有存在于地貌系统中,无法从模型中消除。

边界条件是不确定性的另一来源。驱动模型运行的边界条件数据一般有稀疏的时间序列测量值插值得到(如气象数据预测和重构)。同样,边界条件不确定性也受到时间形式的各向异性影响,忽略了一个时间步内的变量变化(如小时降雨量)。但是,对于某些特殊情况,如模拟环境变化对河流系统的影响,边界条件不确定性不是问题。因为模型一般按照假设分析模式运行,假设边界条件已知,模拟的目的是考察流域对外部环境条件变化的反映。

率定优化的模型与能较好处理不确定性的模型并不相同(Shrestha and Nestmann,2009)。不能很好处理不确定性的模型的率定结果的有效性会受到质疑,因为率定用的数据本身也存在不确定性。理想状况下,评价一个模型预测结果的不确定性时,应考虑事先了解输入数据和率定用数据的不确定性,例如输入数据和参数值的概率分布(Shrestha and Nestmann,2009)。

7.3.7 非线性

河流系统本身即是一个非线性系统,非线性表现在控制流域演变的物理过程和外部驱动条件(如气候和土地利用)两个方面。非线性可采用地貌演变过程与地貌景观之间的反馈、系统的内在演变阈值或相对初始条件的敏感度等表述,后者表示很小的初始地貌景观或外部条件变化会引起较大的模拟预测结果的变化。初始条件和边界条件由于插值引入的不确定性会由于模型的非线性被放大。由于地貌演变本身的非线性,这种放大的不确定性固有存在于模型中,不受建模者控制。

与非线性相关的一个问题是自组织临界性,用于描述系统动力学过程的尺度不变性。地貌演变的物理模型实验和数值模拟均发现流域系统也存在自组织临界性。例如,相似的降雨过程能引起流域出口非线性的泥沙输移过程。从某种意义上这表明了流域系统的不可预测性,即不能准确预测特殊环境条件变化下的地貌演变反馈。但仍然可以考察环境变化对系统的整个动力学过程的影响,如泥沙输移量的变化分布。

因此,物理过程的非线性、自组织临界性和初始条件的不确定性意味长期的单点细节预报结果是不可信的。然而,这不是说模拟结果是任意的和无价值的。尽管较小的初始条件变化可能会引起河流系统局部地貌的显著改变,但对可能发生的变化仍然存在诸多限制。其中最重要的限制就是流域整体地貌不会受到显著影响,也就是说非线性变化和不确定性对河流整体系统的影响比局部地貌受到的影响度要小。例如,在初始地形小幅度变化后,河流位于流域内的不同位置,但河道类型(蜿蜒或辫状)及其输送水沙的能力依然是相似的。

必须在与模型率定和验证相同的定性度量层次上理解模型的预测结果,如较大时间尺度下冲积河流演变的相似性。

7.3.8 讨论与总结

尽管以上综述的各类河流系统数学模型存在一些问题和限制,但数学模型仍然存在其优势,前提是要合理开发适宜的模型。河流系统较大的时空尺度下,现场观测研究往往不可行,而室内物理模型实验会受到时空比尺效应的影响,数学模型往往是研究环境条件变化下河流系统响应的唯一可行的手段。除了尺度问题,非线性和初始条件的不确定性是影响数学模型模拟河流系统演变的最大问题,但这两个问题同样影响现场观测和室内物理模型实验。

采用数学模型研究地貌演变具有一个明显的优势:可以全面控制初始条件和参数值,数值是不确定的,但可以人为设定。这带来若干种好处:首先,模型对初始条件和参数变化的敏感度是可评估的,从某种意义上说,不确定性成为了一种优势,可应用于风险管理研究;第二,这意味着数值实验是可重复的(至少对于确定性模型);第三,可以施行假设检验的多工况计算,河流系统的行为可以通过不同气候变化或土地利用变化工况的计算来了解,这是另外一种意义上的敏感度分析(不是针对初始条件和参数进行),而是河流系统对外部驱动条件变化的敏感度,也可以通过这种方法,研究不同优化组合参数得到相似模拟结果的情况。

非线性和自组织临界性可能是河流系统动力学模拟的主要问题。但是,这些问题可以在评估和理解模拟结果时采用合适的度量方法或者采用集合预报或概率形式的结果来解决。

7.4 河流数学模型研究展望

过去20多年内河流系统演变的数学模型发展历程表明该领域的数学模型研究是一门发展迅速的科学。准确预测该门学科的发展趋势较为困难,但可从3个方面对其发展趋势进行分析:概念、结构和技术。这3个方面可用于分析所有时空动态变化系统的数学模型分析,但本文仅限于河流系统演变的模拟研究。

更好地理解物理过程即更好的物理过程数学表述可推动概念层面上的模型进展。这类似于还原论的建模方法,即假设更细节的物理过程考虑可提高模拟精度。如水文模型中越来越多地考虑植被动力学过程,近期也有研究者呼吁应在水文模型中考虑生态和地貌演变过程。但增加新的模块带来了增大模型复杂度、更多参数、更大的计算量和更多的不确定性等问题,增大模型的真实性是否会提高模拟精度尚不清楚,但对于理解物理过程以及不同过程之间的相互作用在概念上是有进步的。

数学模型在结构和技术上的进步也反映出目前数值模拟的局限性。模型结构上的进展影响到模型中的算法和数学原理。例如水文和气象模拟中的"升尺度和降尺度"研究,可为输入数据的尺度和分辨率相关的问题,如各向异性和空间变化,提供一个数学分析手段。还有定量化和管理模型的不确定性和模型参数敏感度的研究,可为改善模型的健壮性提供一个研究手段。如计算流体动力学(CFD)模拟中采用非结构化网格(如四边形和三角形网格)及有限体积法和有限单元法等,可根据模拟的需要(如增大局部河道的网格分辨率)自动调整局部网格的空间密度(自适应网格技术),这样减小了模型的计算量,但该项技术需要额外的调整网格密度的算法,目前较少应用于地貌演变模型中。河流演变模拟中将大尺度的河段分成小尺度的河段进行高分辨率模拟,或者对上游支流流域进行粗网格模拟,输出结果作为下段河道精细模拟的输入数据(即耦合模拟)。计算流体力学领域的研究也开始逐渐推动地貌演变模拟的发展(Lane et al.,2004),但由于 CFD 的计算量很大,目前还不能应用于地貌模拟中,但可以进行耦合模拟,如洪水淹没模型 LISFlood 与地貌演变模型 CASER 模型的耦合计算。

在过去的 20 年里,计算机技术的发展也同样推动了数学模型的发展,如计算机处理速度和储存能力的提高。并行计算和并行处理硬件(包括图像处理单元 GPU)的广泛应用,大大降低了模型的计算耗时。另外,近年发展的一些新技术方便了数据收集和提高了数据的可靠性,如遥感技术,包括 LiDAR、穿地雷达、X 线断层摄影术等,可保证较高的数据质量及较高分辨率下获取地表和地下的数据。这不仅提高了输入数据的精度,同时也方便了模型的率定和验证。

数学模型在概念、结构和技术上的进步是相互促进发展的,模型的不确定性分析和敏感度分析由于计算量大,无疑会受益于有效算法和计算技术的发展。同时,扩展模型可模拟的物理过程的范围,也将有助于加强对河流系统演变的认识。

附录 A　粒子法简介

A.1　粒子法研究现状

　　粒子法是对伴随流体发生分离和汇聚过程中产生的复杂界面运动特征进行轨迹跟踪模拟的一种计算方法,非常适用于复杂边界变形模拟研究。水力学及河流动力学常以自由液面流动为研究对象,界面(即水面)的轨迹跟踪是水流模型中必须具备的部分。这里首先通过与一般 Euler 型模型作比较,深入了解粒子法的研究现状。以复杂水面形状为研究对象时,数学模型必须能够描述水面存在多值水位特征。翻卷的波浪形状破碎或者跌水等是水力学中常见的物理现象,数值模拟很多情况下不能保证水面存在唯一水位的数值特解。能描述水面多值水位特性的模型中,较早的如 MAC(marker-and-cell)法(Harlow and Welch, 1965),近年来 VOF(volume of fluid)法(Hirt and Nicholas,1981)得到广泛应用。这两种研究方法的共同之处就是均采用固定计算网格的 Euler 型计算方法,MAC 法是在计算网格内根据局部流速设置标记,移动计算网格节点位置,将含有标记的区域和不含有标记的区域界面定义为自由水面,而 VOF 法导入表示流体单元体积占有率 F 的辅助变量,求解流体单元体积占有率 F 的对流方程,对计算区域内的 F 值变化进行轨迹跟踪,将 $0 < F < 1$ 的流体单元定义为自由液面。

　　MAC 法中由于标记分布会发生畸变,而降低了水面轨迹跟踪的精度,因此必须在对水面进行轨迹跟踪时设置大量标记,这种方法的计算效率比较低,是其一大缺点。VOF 法可消除低效率的问题,但求解变量 F 对流方程容易产生数值扩散,因此难以对水面进行高分辨率的轨迹跟踪。可以说,使用 MAC 法时如果能保证足够多的标记数量,就可以实施对复杂水面变形进行高分辨率轨迹跟踪模拟。综上所述,MAC 法中对水面轨迹跟踪要设置大量标记,会降低计算效率(计算量较大),而 VOF 法存在对流计算产生数值扩散的问题。

　　目前已经有了抑制数值扩散的方法。和 MAC 法相似,可以采用 Lagrange 法的思路对水面变形进行轨迹跟踪模拟。例如,已研究出折中使用计算网格 Euler 型方法与 Lagrange 计算方法思路的计算方法,即 GAL(grid-averaged Lagrange)法(滩冈,1996)。GAL 法基于采用局部(计算网格平均)的 Lagrange 模型作对流计算的结果,可有效减小数值扩散效应。同时也有研究改善水面轨迹跟踪计算采用大量标记导致低效率模拟的问题,MAC 法中如果能灵活应用水面轨迹跟踪计算中标记法来模拟流体运动,可大幅度改善标记计算的低效率问题。本书提出的粒子法能够实现以上目标,其实施途径是使用完全的 Lagrange 型计算方法。粒子法是根据粒子间的相互作用力对流体运动控制方程进行概化,存储物理量的计算节点对标记进行同一化处理,发展出相互作用力标记的计算法,可以解决 MAC 法中对标记进行轨迹跟踪计算的低效率问题。

A.2 基本方程和矢量微分算子

粒子法的代表模型有 SPH(光滑粒子水动力学)法(Gingold,1982)和 MPS(半隐格式移动粒子)法(Koshizuka,1996)。粒子法中基于粒子(计算点)移动的轨迹跟踪计算对流项,因此可以消除数值扩散的影响。粒子法主要应用于不需要采用使用大量计算网格的模型,采用网格单元体积占有率变化等辅助变量或抑制消除数值扩散的方法,也可以高精度地计算水面形状的复杂变化。粒子法模型的离散过程简洁,因此与基于计算网格 Euler 型的自由表面流动的数学模型相比,Euler 型数学模型存在很多计算项基本方程的离散求解,粒子法模型的离散公式形式简单,容易实现编程。这里以第 4 章中介绍的固液两相流 MPS 法为例,以基本的单相流模拟为例进行说明。越塚(1997)的专著对 MPS 法进行了详细解说。

MPS 法在计算区域内设置很多数量的粒子(计算点),采取在各粒子周围设置一定影响域的形式,处理粒子间的相互作用,对基于以上思路推导出的基本方程的各项作概化。

采用均质无质量变化的粒子,保持粒子数量密度(一个单位体积中的粒子数)为定值 n_0,这样可满足不可压缩条件。基于在粒子周围设置影响域(2 维情况下为圆形)内的粒子与粒子间相互作用,对动量方程(Navier-Stokes 方程)中[见式(A.1)]的对流项、压力项、黏性项和重力项各项进行离散化处理。

$$\frac{\partial \vec{u}}{\partial t} + (u \cdot \nabla) = -\frac{1}{\rho} \nabla p + \nu \nabla^2 \vec{u} + \vec{g} \tag{A.1}$$

式中,$\vec{u}$ 为速度矢量,p 为压力,ρ 为流体密度,$\vec{g}$ 为重力加速度矢量,ν 为动力黏性系数。

如前所述,是通过对粒子移动的轨迹跟踪来计算对流项的,因此不需要复杂的计算步骤,可避免由对流项的差分离散计算引起数值扩散问题。

各个粒子的压力项和黏性项计算,必须要计算矢量微分算子、梯度和拉普拉斯算子。MPS 法中,如图 A.1 所示的概念图,梯度为 2 个粒子间的压力梯度加权求和后的压力梯度,而拉普拉斯算子是对粒子间物理量的相互分配(交换)的概化。粒子 i 的压力项和黏性项可根据方程[见式(A.2)～式(A.5)],表述为与存在于附近的粒子间的相互作用形式(D_0 为维数)。

$$-\frac{1}{\rho}[\nabla p]_i = -\frac{1}{\rho}\frac{D_0}{n_0}\sum_{j \neq i}\left[\frac{p_j - p_i}{|\vec{r_{ij}}|^2}\vec{r_{ij}} \cdot \omega(|\vec{r_{ij}}|)\right] \tag{A.2}$$

$$\vec{r_{ij}} = \vec{r_j} - \vec{r_i} \tag{A.3}$$

$$\nu[\nabla^2 \vec{u}]_i = \frac{2\nu D_0}{n_0 \lambda}\sum_{j \neq i}\left[(\vec{u_j} - \vec{u_i})\omega(|\vec{r_{ij}}|)\right] \tag{A.4}$$

$$\lambda = \frac{\sum_{j \neq i}\left[\omega(|\vec{r_{ij}}|)|\vec{r_{ij}}|^2\right]}{\sum_{j \neq i}\omega(|\vec{r_{ij}}|)} \tag{A.5}$$

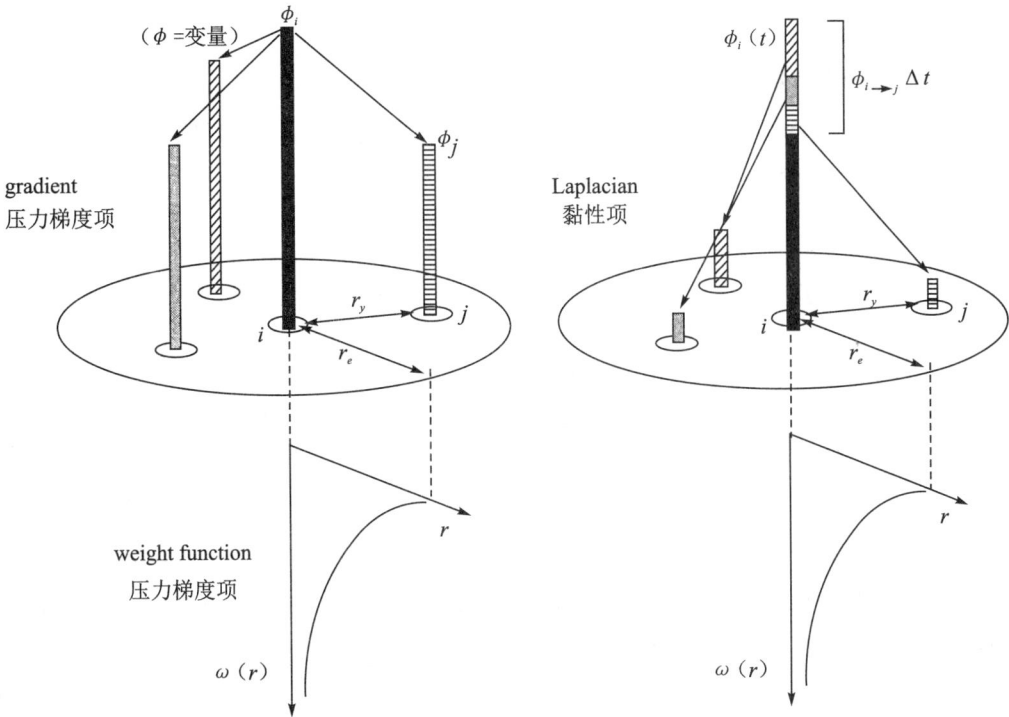

图 A.1　梯度和拉普拉斯运算

由粒子间相互作用产生的影响范围,可根据权重函数[见式(A.6)],限定在以该粒子为中心、半径为 r_e 的圆形区域内部:

$$\omega(r) = \begin{cases} \dfrac{r_e}{r} - 1 & (r \leqslant r_e) \\ 0 & (r > r_e) \end{cases} \tag{A.6}$$

并且,粒子数量密度采用权重函数(式(A.7))来定义:

$$n_i = \sum_{j \neq i} \omega(|\vec{r}_{ij}|) \tag{A.7}$$

SPH 法中设定粒子(计算点)附近物理变量的分布,采用核函数(如高斯分布函数)确定物理变量的分布形状。物理变量的空间分布通过核函数的加权求和进行计算,微分算子也采取核函数的形式。而相对于 SPH 法,MPS 法中物理变量定义在计算点上,不考虑物理变量分布形状,微分运算是采用权重函数形式的粒子间相互作用的计算方法实现的。MPS 法不考虑计算点周围的物理量分布形状,因此与 SPH 法相比,存在降低了空间解析分辨率的缺点,但微分运算比 SPH 法更加简便,进行计算机模拟中设置相同计算量的情况下,设置足够多计算点(粒子)数时,可以确保足够分辨率的解析。

A.3　算法和边界条件

对基本控制方程采用 2 步时间段的时间积分计算方法,描述流速矢量更新过程:

$$\vec{u}_{k+1} = \vec{u}_k + \Delta \vec{u}_k^* + \Delta \vec{u}_k^{**} \qquad (A.8)$$

式中，k 为计算步数。

第 1 个阶段中，根据黏性项和重力项，计算粒子运动速度（流速），可明确表示出计算粒子中间计算步的位置和中间计算步的数量密度 n_k^* 的更新过程，在这一阶段中速度修正值变为：

$$\nabla \vec{u}_k^* = (\nu \nabla^2 \vec{u})_k \Delta t + \vec{g} \Delta t \qquad (A.9)$$

式中，Δt 为计算时间步长。

另外，中间计算步的流速、中间计算步的粒子位置（相当于对流过程）可分别表示为：

$$\vec{u}_k^* = \vec{u}_k + \Delta \vec{u}_k^* ; \vec{r}_k^* = \vec{r}_k + \Delta \vec{u}_k^* \cdot \Delta t \qquad (A.10)$$

第 1 个阶段更新的流场中，由于不满足质量守恒原则（粒子数量密度与定值 n_0 一致），并且第 1 个阶段没有考虑压力项，在第 2 个阶段中根据各个粒子的速度变化 $\Delta \vec{u}_k^{**}$ 的计算结果，计算出数量密度的再修正量 Δn_k^{**}，数量密度的再修正量 Δn_k^{**} 满足如下关系，可进行压力场的隐式求解：

$$n_k^* + n_k^{**} = n_0 \qquad (A.11)$$

第 2 个阶段的速度修正量 $\Delta \vec{u}_k^{**}$，可写为：

$$\Delta \vec{u}_k^{**} = -\frac{1}{\rho} \nabla p_{k+1} \Delta t \qquad (A.12)$$

因为速度和数量密度在第 2 个阶段的修正量满足质量守恒原则，可得：

$$\frac{1}{n} \Delta n_k^{**} + \nabla \cdot (\Delta u_k^{**}) \cdot \Delta t = 0 \qquad (A.13)$$

将上式代入式（A.12），可得到压力泊松方程：

$$\nabla^2 p_{k+1} = \frac{\rho}{(\Delta t)^2} \frac{n_k^* - n_0}{n_0} \qquad (A.14)$$

对上式作隐式求解，更新压力场，并且更新粒子速度[见式（A.15）]，综合式（A.14）和式（A.15），修正粒子的位置坐标。

$$\vec{u}_k + \Delta \vec{u}_k^{**} = \vec{u}_{k+1} \qquad (A.15)$$

采取规则排列数层厚度固定粒子的方法组成固定壁面。MPS 法以影响域（2 维时为半径 r_e 的圆形）内的粒子对计算对象的粒子作数量密度计算，因此在壁面厚度不足时，垂直于壁面的附近流体粒子的数量密度由于基准值设定，可能导致计算值过小。如果处于这种状态时，由于要保证一定的粒子数量密度，需要移动部分粒子，流体粒子被过多地吸引聚集在壁面附近处。为防止发生以上问题，必须将壁面厚度设置的比影响域半径 r_e 要大。与流体相接触的壁面粒子，需要设定流速（如果是无滑移边界条件，则流速为零），不需要进行坐标更新（对流）计算，只需要进行压力更新计算。

自由水面可根据粒子数量密度条件来判定,设定压力边界条件($p=0$):

$$n_i^* < \beta \cdot n_0 \tag{A.16}$$

式中,β 为模型参数,可取标准值 $\beta=0.97$。

这一判定条件不依赖于水面的形状,因此可较为容易地应用于水体分离等复杂激烈的水面变形现象。但是当产生孤立粒子(相当于溅起的泡沫)的情况,不能计算与该粒子附近粒子间的相互作用。换言之,孤立粒子是在设定一定的初始速度(处于孤立状态时粒子流速)状态下,在重力场中作自由落体运动的粒子。当粒子处于孤立状态时,落入水体时再次计算与周围粒子间的相互作用,可作为流体粒子考察其运动特性。

计算时间步长可根据 Courant 稳定条件进行设定:

$$\Delta t = \min(\alpha_{dr} d_0 / u_{max}, 1.0 \times 10^{-3}) \tag{A.17}$$

式中,α_{dr} 为计算时间步长与 Courant 数之比,u_{max} 为最大粒子瞬时速度,d_0 为粒子的粒径(规定粒子之间间隔的长度尺度)。

因为粒子法可以有效抑制数值扩散,是可以对水面变形进行精确轨迹跟踪的优秀算法,与使用计算网格的 Euler 模拟方法相比,不存在一些传统方法中常见的缺点。第一,当发生压力扰动时,粒子法中根据粒子间的互斥作用保持各粒子的坐标。换言之,过度的粒子集中会诱发局部压力增大的问题,需要构建能产生粒子间相互排斥力的模型。因此,不可避免地存在一定数量级的压力扰动。特别是在进行粒子尺度以下以紊流结构为研究对象的数值模拟研究时,克服该问题是需要解决的问题。第二,设置模型的空间解析分辨率的自由度存在一定制约。在使用计算网格模型中,由于计算网格密度会发生变化,可以调整空间的解析分辨率,然而在粒子法中,由于一般采用均质粒子,调整解析分辨率并不简单。可采取加入额外可保证高分辨率解析的一定坐标粒子的处理方法,但加入额外粒子会产生对流输移,因此也很难对特定点连续地进行高精度解析。存在一定复杂性的研究中,诸如研究水体分离和聚合的物理现象,可体现出粒子法的价值。

粒子法中,需要了解计算对象粒子附近粒子的具体坐标。确定了附近粒子的位置,就可以计算出粒子间的距离,这一计算过程的计算量相当大,与采用计算网格 Euler 型计算方法相比,是造成粒子法计算速度较慢的主要原因。根据计算对象的不同,粒子法的计算量大小也有所不同,对水体分离等压力场采用隐格式算法求解,计算量并不是明显很大的情况,占整个计算耗时 70%～80%都花在附近粒子的搜索计算上面。为改善这种低效率问题,必须对附近粒子的搜索计算进行特殊处理。具体来说,在实际计算时设定比各个粒子附近搜索区域面积要大一些的预备搜索区域,为了确定附近粒子的相对位置,仅对预备搜索区域内的粒子(即附近的候补粒子)实施粒子间距离计算,因此可提高计算效率。Koshizuka(1998)采用比影响圆形区域要大一圈的附近粒子搜索圆形区域,数个计算步后,更新原始影响域以外和设置的大圈影响圆形区域之间区域的附近粒子搜索区域内的粒子(附近的候补粒子)列表,采用仅计算附近候补粒子的粒子间距的方法,最优化附近候补粒子列表的更新计算时间步长。如果设置特定的计算时间步长,对附近粒子的搜索耗时与粒子总数 N 的 2 次方成正比,在 Koshizuka(1998)的计算方法中采取最优化后,对附近粒子的搜索耗时与粒子总数 N 的 1.5 次方成正比。后藤(2003)将附近粒子搜索的计算网格覆盖到整个计算区域上,采用仅对含有相关计算粒子周围的网格单元内所包含的粒子进行粒子间距计算的处理方法,附近粒子的搜索耗时缩短到仅与粒子总数 N 的 1 次方成正比的量级。粒子法的距离指标就是粒子间离,在保持这种光滑性的条件下,Koshizuka(1998)的方法是最适用的,如果允许采用仅进行附近粒子搜索的计算网格的模式,有望能显著降低计算量。这种改善附近粒子搜索路径的方法,对粒子数很大的情况特别有效,在个人计算机上实施数万个粒子的模拟,必须采用经过一定处理的搜索算法。

参考文献

第 2 章参考文献

Bagnold R. A. 1957. The flow of cohesionless grains in fluids. Philosophical Trans, Royal Society of London. Vol. 249.

Einstein H. A. 1942. Formulas for the transportation of bed load/ Trans. ASCE, Paper No. 2140, pp: 561-597.

Shields W. W. 1933. Settling velocities of gravels, sand and silt particles, American Journal of Science, Vol. 25, pp: 325-338.

Vanoi V. A. 1975. Sedimentation Engineering, ASCE Task Committee for the Preparation of the Manual on Sedimentation of the Sedimentation Committee of the Hydraulic Division.

邵学军, 王兴奎. 2005. 河流动力学概论. 清华大学出版社.

芦田和男, 道上正規. 1972. 移動床流れの抵抗と掃流砂量に関する基礎的研究. 土木学会論文報告集. 第 206 号. pp. 59-69.

中川博次・辻本哲郎(1979): 砂礫の運動に伴う移動床砂面の擾乱発生過程. 土木学会論文報告集. 第 291 号. pp. 53-62.

中川博次・辻本哲郎・細川泰廣(1979): 移動床における掃流砂れきの不規則運動性状について. 京都大学防災研究所年報. 第 22 号 B-2, pp. 553-573.

第 3 章参考文献

Tchen C. 1947. Mean value and correlation problems connected with the motion of small particles suspended in a turbulent fluid. Doctoral dissertation, Technische Hogschool, Delft, Netherland.

澤本正樹・山口清一 1978. 進行波による砂漣上の境界層内の流れおよび浮遊砂に関する研究. 東京工業大学土木工学科研究報告. No. 23, pp. 1-30.

澤本正樹・山下俊彦 1985. 波による半周期漂砂量. 土木学会論文集. 第 363 号/Ⅱ-4. pp. 195-204.

辻本哲郎・中川博次 1984. 掃流粒子のSaltationの確率過程論的解析. 土木学会論文集. 第 345 号 / Ⅱ-1. pp. 83-90.

早川典生・多仁正芳・涌井正樹 1985. 砂漣上の砂移動機構と岸沖漂砂量公式の検討. 第 32 回海岸工学講演会論文集. pp. 288-292.

襧津家久. 1977. 開水路乱流の乱れ強度に関する研究. 土木学会論文報告集. 第 261

号. pp. 67-76.

Yalin M. S. and Krishnappan B. G. 1973. A probabilistic method for determining the distribution of suspended solids in open channels. Proceedings of Internationalsymposium on River Mechanics, Bangkok, Thailand, Vol. 1, pp:603-614.

Ferziger J. H and Peric M. 2001. Computational methods for fluid dynamics. Springer Press.

第 4 章参考文献

Choi Y. D. and Chung M. K. 1983. Analysis of turbulent gas-solid suspension flow in a pipe. Journal of Fluid Engineering, ASME, Vol. 105, pp:908-922.

Coleman N. L. 1981. Velocity profiles with suspended sediment. Journal of Hydraulic Research, Vol. 19, No. 3, pp:211-229.

Crowe C. T. , Sharma M. P and Stock D. E. 1977. The particle-source-in cell(PSI-CELL) model for gas-droplet flows. Journal of Fluid Engineering, ASME, pp:325-332.

Kajishima T. and Takiguchi S. 2002. Interaction between particle clusters and fluid turbulence. Internaltional Journal of Heat and Fluid Flow, Vol. 23, Issue 5, pp:639-646.

Koshizuka S. and Oka Y. 1996. Moving-particle semi-implicit method for fragmentation of incompressible fluid. Nuclear Science and Engineering. Vol. 123, pp:421-434.

Nadaoka K. , Nihei Y. and Yagi H. 1999. Grid-averaged Lagrangian LES model for multiphase turbulent flow. International Journal of Multiphase Flow. Vol. 25, pp: 1619-1643.

Vanoni V. A. and Nomicos G. N. 1959. Resistance properties of sediment-laden streams. Journal of Hydraulic Engineering, ASCE, 85(5):77-107.

梶島岳夫(2002):粒子を含む乱流に対する数値実験手法. 第 27 回混相流レクチャーシリーズ. pp. 71-85.

後藤仁志・辻本哲郎・中川博次(1994):流体・粒子相互作用系としての掃流層の数値解析. 土木学会論文集. 第 485 号/Ⅱ-26. pp. 11-19.

後藤仁志・Jorgen Fredsoe(1999):Lagrange 型固液二相流モデルによる海洋投棄微細土砂の拡散過程の数値解析. 海岸工学論文集. 第 46 巻. pp. 986-990.

後藤仁志・林 稔・安藤 怜・酒井哲郎(2003):固液混相流解析のためのDEM-MPS法の構築. 水工学論文集. 第 47 巻. pp. 547-552.

関根正人・吉川秀夫(1988):掃流砂の停止機構に関する研究. 土木学会論文集. 第 399 号/Ⅱ-10. pp. 105-112.

日野幹雄(1963):固体粒子を浮遊した流れの乱流構造の変化. 土木学会論文集. 第 92

号．pp. 11-20.

第 5 章参考文献

後藤仁志・原田英治・酒井哲郎（2000）：数値移動床による混合粒径流砂の流送過程のシミユレーシヨン．水工学論文集．第 44 巻．pp. 665-670.

後藤仁志・原田英治・酒井哲郎（2001）：混合粒径シートフロー漂砂の鉛直分級過程．土木学会論文集．第 691 号／Ⅱ-57. pp. 133-142.

原田英治・後藤仁志・酒井哲郎（2002）：分級過程の三次元性に関する計算力学的アプローチ．水工学論文集．第 46 巻．pp. 619-624.

Parker, G. (1986)：粗粒化について．土木学会論文集．第 375 号／Ⅱ-6, pp. 17-27.

関根正人・吉川秀夫（1988）：掃流砂の停止機構に関する研究．土木学会論文集．第 399 号／Ⅱ-10. pp. 105-112.

Campbell C. S. and Brennen C. E. (1985) Computer simulation of granular shear flow. Journal of Fluid Mechanics, 151:167-188.

Cundall P. A. and Strack O. D. L. (1979) A discrete numerical model for granual assemblies. Geotechnique, 29(1):47-65.

Egiazaroff I. V. (1965) Calculation of nonuniform sediment concentrations. Journal of Hydraulic Division, ASCE, 91(HY4):225-247.

Kennedy J. F. 1963. The mechanics of dunes and antidunes in erodible-bed channels. Journal of Fluid Mechanics, 16(4):521-544.

第 6 章参考文献

Zhang Yinglong, Antonio M. Baptista, Edward P. Myers. 2004. A cross-scale model for 3D baroclinic circulation in estuary-plume-shelf systems: I. Formulation and skill assessment. Continental Shelf Research, 24:2187-2214.

李健．2012. 香溪河水华数值模拟研究．清华大学博士学位论文．

Merwade, V. , Cook, A. , Coonrod, J. , 2008. GIS techniques for creating river terrain models for hydrodynamic modelling and flood inundation mapping. Environmental Modelling and Software, 23:1300-1311.

Hansen, Glen A. , Douglass, R. W, Zardecki, Andrew. 2005. Mesh enhancement. Imperial College Press.

周建军．2008. 优化调度改善三峡水库生态环境．科技导报, 26(7):64-71.

王玲玲, 戴会超, 蔡庆华．2009. 河道型水库支流库湾富营养化数值模拟研究．四川大学学报（工程科学版）, 41(2):18-23.

Zheng Tiegang,Mao Jingqiao,Dai Huichao et al. 2011. Impacts of water release operations on algal blooms in a tributary bay of Three Gorges Reservoir. Science China (Technological Sciences),54:1588-1598.

Yang Zhengjian,Liu Defu,Ji Daobin et al. 2010. Influence of the impounding process of the Three Gorges Reservoir up to water level 172.5 m on water eutrophication in the Xiangxi Bay. Science China (Technological Sciences),53:1114-1125.

纪道斌,刘德富,杨正健 等. 2010. 三峡水库香溪河库湾水动力特性分析. 中国科学：物理学力学天文学,40:101-112.

Cheng,H. P. ,Cheng,J. R. ,Yeh,G. T. ,1996. A particle tracking technique for the Lagrangian Eulerian finite element method in multi-dimensions. International Journal for Numerical Methods in Engineering,39:1115-1136.

Suk H. ,Yeh G. T. ,2009. Multidimensional finite-element particle tracking method for solving complex transient flow problems. Journal of Hydrologic Engineering,ASCE,14 (7):759-766.

Heejun Suk,Gour-TsyhYeh. 2010. Development of particle tracking algorithms for various types of finite elements in multi-dimensions. Computers & Geosciences, 36: 564-568.

Chang Y. C. 1971. Lateral Mixing in Meandering Channels. Iowa City:Department of Mechanics and Hydraulics,University of Iowa.

第 7 章参考文献

Marco J. Van De Wiel,Tom J. Coulthard,Mark G. Macklin,et al. 2011. Modelling the response of river systems to environmental change:Progress,problems and prospects for palaeo-environmental reconstructions. Earth-Science Reviews,104:167-185.

Darby S. E. ,Van De Wiel M. J. ,2003. Models in fluvial geomorphology. In:Kondolf, G. M. ,Piégay,H. (Eds.),Tools in Fluvial Geomorphology. John Wiley,Chichester,UK.

Murray A. B. ,Paola C. ,1994. A cellular model of braided rivers. Nature,371:54-57.

Murray A. B. ,Paola C. ,2003. Modelling the effect of vegetation on channel pattern in bedload rivers. Earth Surface Processes and Landforms,28:131-143.

Coulthard T. J. , Van De Wiel M. J. , 2006. A cellular model of river meandering. Earth Surface Processes and Landforms,31 (1):123-132.

Leopold L. B. ,Langbein W. B. ,1962. The concept of entropy in landscape evolution. USGS Professional Paper,500-A.

Willgoose, G. , Bras, R. L. , Rodríguez-Iturbe, I. , 1991. A coupled channel network growth and hillslope evolution model. 1. Theory. Water Resources Research，27：1671-1684.

Haff，P. K. ，1996. Limitations on predictive modeling in geomorphology. In：Rhoads，B. L. ，Thorne，C. E. （Eds. ），The Scientific Nature of Geomorphology. John Wiley，Chichester，UK，pp. 337-358.

Shrestha，R. R. ，Nestmann，F. ，2009. Physically based and data-driven models and propagation of input uncertainties in river flood prediction. Journal of Hydrologic Engineering，ASCE，14 （12）：1309-1319.

Lane，S. N. ，Hardy，R. J. ，Elliot，L. ，Ingham，D. B. ，2004. Numerical modelling of flow processes over gravelly surfaces using structured grids and a numerical porosity treatment. Water Resources Research 40 （1），W01302. doi：10. 1029/2002WR001934.